云南省土壤侵蚀

丁剑宏　白致威　陶余铨　段兴武 等　著

科 学 出 版 社

北　京

内 容 简 介

本书基于“云南省 2015 年土壤侵蚀调查”项目成果，概述了云南省的自然地理特点、水土流失成因及危害和防治效益、土壤侵蚀调查工作开展情况，介绍了云南省 2015 年土壤侵蚀调查的技术路线、资料收集、土壤侵蚀影响因子计算和土壤侵蚀强度评价方法，分析研究了云南省土壤侵蚀影响因子计算结果及其空间分异、土壤侵蚀强度分级及其空间分异，对比分析了土壤侵蚀强度及其动态变化，提出了云南省土壤侵蚀防治对策。

本书可供高等院校、科研院所相关专业的教师、研究生、科研人员，以及水土保持管理部门和相关规划设计单位的工作人员阅读参考。

审图号：云 S（2019）015 号

图书在版编目（CIP）数据

云南省土壤侵蚀/丁剑宏等著. —北京：科学出版社, 2019.11
ISBN 978-7-03-060754-6

Ⅰ. ①云… Ⅱ. ①丁… Ⅲ. ①土壤侵蚀–研究–云南 Ⅳ. ①S157

中国版本图书馆 CIP 数据核字(2019)第 043115 号

责任编辑：王海光 王 好 闫小敏 / 责任校对：郑金红
责任印制：吴兆东 / 封面设计：刘新新

科学出版社 出版
北京东黄城根北街 16 号
邮政编码: 100717
http://www.sciencep.com

北京虎彩文化传播有限公司 印刷

科学出版社发行 各地新华书店经销

*

2019 年 11 月第 一 版 开本：720×1000 1/16
2019 年 11 月第一次印刷 印张：15
字数：300 000

定价：198.00 元

(如有印装质量问题，我社负责调换)

前言

云南位于东亚、东南亚和南亚接合部，是国家向西开放战略中的前沿和窗口，也是我国西南地区生态安全屏障，承担着维护区域、国家乃至国际生态安全的重要任务。同时，云南处在金沙江、珠江、元江、澜沧江、怒江、独龙江等水系的上游或源头地区，地质构造复杂，山高坡陡谷深，坡耕地分布广泛，气候条件变化多样，生态环境敏感脆弱，水土流失比较严重，防治任务十分艰巨。

从 20 世纪 80 年代开始，云南省在水土保持预防保护、综合治理、监督管理等方面取得了显著成效，水土流失面积比例降低近 11 个百分点。土壤侵蚀调查作为掌握水土流失状况的重要手段，在水土保持生态建设中起到了重要的支撑和指导作用。经过 30 多年的研究和实践，云南省在土壤侵蚀理论研究和强度评价方面取得了较大进展，数据精度有了较大提高，积累了大量具有重要意义的研究成果和科学数据。为了查清云南省土壤侵蚀分布特征及动态变化，客观评价过去几年的水土流失防治成效，科学指导当前和今后一个时期的水土保持工作，云南省水利厅组织云南省水利水电科学研究院、云南省地图院、云南大学等单位完成了云南省 2015 年土壤侵蚀调查。

本书基于“云南省 2015 年土壤侵蚀调查”项目的成果撰写而成。全书共六章。第一章概述了云南省的自然地理特点、水土流失成因及危害、水土流失防治效益、土壤侵蚀调查进展；第二章介绍了云南省 2015 年土壤侵蚀调查的方法，包括技术路线、资料收集及土壤侵蚀影响因子计算和土壤侵蚀强度评价方法；第三章详细分析了云南省土壤侵蚀影响因子的计算结果及其空间分异；第四章在对土壤侵蚀影响因子分析计算的基础上，利用中国土壤流失方程计算了云南省土壤侵蚀强度，重点分析了云南省土壤侵蚀强度分级及其空间分异；第五章在历次土壤侵蚀调查成果的基础上，对比分析了云南省土壤侵蚀强度及其动态变化情况；第六章介绍了云南省土壤侵蚀防治对策。

本书第一章由白致威、王伟撰写；第二章由段兴武、陶余铨撰写；第三章由丁剑宏、李海燕撰写；第四章由丁剑宏、李季孝、吴昊、解永翠、刘冬黎、刘丽、陈丽、李加顺、谢淑彦、肖提荣、何照攀撰写；第五章由陶余铨、李季孝撰写；第六章由丁剑宏、白致威撰写。全书由丁剑宏、白致威统稿。

本书撰写过程中，引用了“云南省 2015 年土壤侵蚀调查”项目的成果和数据，以及国内外专家学者的相关研究，并得到了云南省水利厅、云南省水利水电科学研究院、云南省地图院、云南大学等单位及相关领域专家的大力支持，在此深表谢意。

限于著者知识水平、思考深度和写作思路，书中不足之处在所难免，恳请读者批评指正，也敬请各位专家、学者多提宝贵意见。

著　者

2018年12月10日

目　　录

第一章 绪 论

云南属典型高原山区，山地面积占全省土地总面积的 94%，坝子仅占 6%。特殊的地形地貌、多变的地质构造、复杂的气候特点等自然因素，以及植被遭受破坏、陡坡垦殖严重、基础设施建设（产生负面作用）等人为因素，为水土流失的发生提供了条件，导致云南水土流失具有范围广、面积大、区域差异明显、侵蚀类型多样、坡耕地侵蚀严重等特点。

第一节 自然地理特点

一、地理位置

云南省地处我国西南边陲，位于北纬 21°08′32″～29°15′08″、东经 97°31′39″～106°11′47″，北回归线横穿其间。西北紧靠西藏自治区，北与四川省相连，东与广西壮族自治区和贵州省相邻，西、西南与缅甸接壤，南与越南、老挝毗邻。全省东西宽 865km，南北长 990km，土地总面积 38.32 万 km^2，辖昆明、曲靖、玉溪、保山、昭通、丽江、普洱、临沧、楚雄、红河、文山、西双版纳、大理、德宏、怒江、迪庆 16 个市（州），共 129 个县（区、市）。

二、地形地貌

云南属青藏高原南延部分，地形以元江谷地和云岭山脉南段的宽谷为界，分为东西两大地形区。东部为滇东、滇中高原，称云南高原，系云贵高原的组成部分，平均海拔 2000m 左右，地形表现为波状起伏和缓的低山与浑圆丘陵，发育着各种类型的岩溶地形；西部为横断山脉纵谷区，高山深谷相间，海拔高差较大，地势险峻；南部海拔一般为 1500～2200m；北部海拔为 3000～4000m；西南部边境地区地势渐趋和缓，河谷开阔，一般海拔为 800～1000m，个别地区下降至海拔 500m 以下，是全省主要的热带、亚热带地区。全省整体地势从西北向东南倾斜，海拔变化较大，最高点为滇藏交界处德钦怒山山脉梅里雪山的主峰卡瓦格博峰，海拔 6740m；最低点在与越南交界的河口南溪河与元江汇合处，海拔仅 76.4m。最高、最低两地直线距离约 900km，高低相差达 6000 多米。

三、地质地层

云南是一个多种地质构造交织复合的地区，有南北向、东西向、北东向、北西向等方向构造，还有弧形构造，地质构造十分复杂。由于构造运动作用，全省形成了由哀牢山断裂带、小江断裂带和澜沧江断裂带三条深大断裂带控制的富宁大断裂、文麻大断裂、弥勒—师宗大断裂、南盘江大断裂、嵩明大断裂（小江深断裂西支）、普渡河大断裂、元谋—绿汁江大断裂、程海—宾川大断裂、元江大断裂、安定大断裂、阿墨江大断裂、柯街—南汀河大断裂、怒江大断裂、翁水河—小金河大断裂等。

云南具有从早古生代到新生代的各种地层，各时代地层齐全，地层岩块破碎，风化作用强烈，岩石种类繁多，常见的具有代表性的岩石有花岗岩、玄武岩、砂岩、页岩、泥岩、石灰岩、片麻岩、片岩和板岩等。大部分岩石易风化，且风化层较深，抗冲刷力弱，一旦地表植被遭受破坏或在外营力扰动下，极易发生土壤侵蚀，且不易治理，其中尤以深变质花岗岩为甚。

四、气候

云南地处低纬度高原，冬季受干燥的大陆季风控制，夏季盛行湿润的海洋季风，气候主要属低纬度高原季风气候。全省气候类型丰富多样，有北热带、南亚热带、中亚热带、北亚热带、南温带和高原气候区等气候类型。由于地形复杂和垂直高差大等，气候垂直变化差异明显，立体气候特点显著。年温差小，日温差大，年温差为 10～15℃，日温差可达 15～20℃。夏季阴雨天气多，太阳光被云层遮蔽，温度不够高，最高温一般为 19～22℃；冬季受干暖流控制，晴天多，日照充足，温度较高，最冷月均温为 6～8 ℃。云南大部分地区年降雨量在 1100mm，但由于冬夏两季受不同大气环流的控制和影响，降雨量在季节上和地域上的分配极为不均。降雨量最多的是 6～8 月，约占全年降雨量的 60%，11 月至次年 4 月的冬春季节为旱季，降雨量只占全年的 10%～20%。

五、河流水系

云南流域面积在 100km^2 以上的河流共有 908 条，其中 1000km^2 以上的有 180 条，多为入海河流的上游，分属金沙江、珠江、元江、澜沧江、怒江和独龙江六大水系，分别注入东海、南海、安达曼海和北部湾、莫踏马湾、孟加拉湾，归到太平洋和印度洋两大洋。六大水系中，除珠江、元江的源头在云南，其余均为过境河流，发源于青藏高原。金沙江、珠江为国内河流，独龙江、怒江、澜沧江和元江属国际河流，独龙江流经缅甸入海，怒江流经缅甸入海，澜沧江流经缅甸、老挝、泰国、柬埔寨和越南入海，元江流经越南入海。

六、土壤

云南土壤类型复杂，分属7土纲19土类41亚类175土属。各土壤类型空间分布上不仅有水平地带性和垂直地带性差异，还有受母质和地形影响的非地带性土壤类型。在水平地带性方面，由南向北依次出现南部低海拔地带的砖红壤与砖红壤性红壤，北部亚热带的红壤与山地黄壤。在垂直地带性方面，从上到下相继出现热带性质的砖红壤，亚热带性质的红壤、黄壤，温带性质的棕壤、黄棕壤与暗棕壤，以及高山灌丛草甸下的草甸土等。同时，在干旱河谷地区还有燥红土出现。受母质影响发育的非地带性土壤，以石灰（岩）土和紫色土最为普遍，还有火山灰土、水稻土、冲积土等。红壤是云南分布最广、面积最大的土类，占总面积的30.21%；其次为赤红壤，占13.94%，紫色土占12.84%；占比最小的是火山灰土和沼泽土，分别占总面积的0.04%和0.01%。

七、植被

云南具有地带性植被类型和非地带性植被类型过渡和镶嵌的特点，有喜马拉雅植物区系、印缅植物区系等，滇东南文山和红河有华南植物区系的特色，横断山区有许多植物区系互相过渡及镶嵌的现象。植被类型由南到北、从低海拔到高海拔，依次分布有北热带沟谷雨林、季雨林，南亚热带山地雨林，亚热带常绿阔叶林、暖热性针叶林、针阔混交林，暖温带针阔混交林，温带针阔混交林，寒温带针叶林，寒带高山灌丛草甸、高山苔原地衣、流石滩稀疏植被等，干热河谷还分布有稀树灌木草丛。

八、土地利用

依据土地利用调查结果，云南土地总面积383 210.02km^2，其中：耕地82 012.93km^2，占总面积21.40%；园地16 768.37km^2，占总面积4.38%；林地237 072.12km^2，占总面积61.86%；草地29 616.71km^2，占总面积7.73%；城镇村及工矿用地7701.10km^2，占总面积2.01%；交通运输用地334.61km^2，占总面积0.09%；水域及水利设施用地4270.20km^2，占总面积1.11%；其他土地5433.98km^2，占总面积1.42%。

第二节 水土流失成因及危害

一、水土流失成因

独特的自然环境和频繁的人为活动造成了云南省水土流失呈现面积大、分布广、强度高的特征。降雨充沛并常伴随短历时局地强降雨、陡坡长坡的地形地貌、破碎复杂的地质构造和岩性、覆盖不良的植被、可蚀性大的土壤质地成分等自然因素是造成云南省水土流失广泛分布的主要因素，分布较广的陡坡耕地，以及顺坡耕作、轮歇等不合理的耕作方式和大量的生产建设活动等人为因素加剧了水土流失。

二、水土流失危害

水土资源是人类生存和经济社会发展的基础性自然资源与战略性经济资源。水土流失导致水土资源被破坏、耕地退化及减少、江河湖库淤积、生态环境恶化、洪旱灾害加剧，威胁生态安全、粮食安全、防洪安全、饮水安全和生存安全，制约着云南省经济社会的可持续发展。

1. 耕地地力退化，破坏土壤资源

水土流失是导致耕地质量下降的重要原因。云南省每年流失土壤 4 亿多吨，大多是肥力强、颗粒细、有机质含量高的表层土壤，导致耕地耕作层变薄、肥力下降、保水能力变差，氮、磷、钾等养分大量流失，土地资源遭受破坏，农业生产发展受到制约。

2. 江河湖库淤积，毁坏基础设施

水土流失导致大量的泥沙流入河道、湖泊和水库，造成淤积，削弱河床泄洪和湖库调蓄能力，严重影响水利工程的安全 41

运行，妨碍防洪、城乡供水、灌溉效益提高。水土流失导致的滑坡、崩塌和泥石流能够摧毁道路、桥梁、房屋等基础设施，造成巨大的经济损失。

3. 生态环境恶化，加剧洪旱灾害

水土流失造成林地、耕地、草地和湿地等生态系统功能退化甚至丧失，生态环境遭到破坏，导致土地沙化、石化、盐碱化。水资源时空分布极端化，形成干旱和洪涝灾害交替出现的恶性循环。

4. 水质下降，加重山区贫困

水土流失是面源污染的主要载体，在搬运泥沙的同时还携带化肥、农药残留物及其他污染物进入水体并污染水质。江河源头的水源涵养功能区、重要水源地由于水土流失，水源涵养与水质维护能力下降，容易发生水源枯竭、水质变差，如遇干旱年份则更为突出，使贫困山区的贫困加重。

第三节　水土流失防治

“十一五”和“十二五”期间，在云南省委、省政府的领导下，在国家各部委的大力支持下，云南省水土保持工作紧紧围绕“预防保护、综合治理、生态修复、监测评价”四项主要任务，以促进水土资源的可持续利用和保护改善生态环境为目标，着力推动水土流失防治工作并取得新进展。

1. 预防监督

出台了《云南省水土保持条例》，夯实水土保持法律基础。通过强化事前、事中、事后监管，生产建设项目水土保持“三同时”制度得到有效落实。云南省共编报水土保持方案 2.41 万件，验收水土保持设施 3693 件，征收水土保持设施补偿费 9.12 亿元。

2. 综合治理

以长江上中游水土保持重点防治工程（简称“长治”）、珠江上游南北盘江石灰岩地区水土保持综合治理工程（简称“珠治”）、生态修复项目、世界银行贷款项目、坡耕地综合治理项目、重点小流域治理项目、石漠化综合治理项目、农业综合开发项目、生态清洁型小流域建设项目等水土保持工程为抓手，持续推进水土流失综合治理，新增水土流失治理面积 3.11 万 km^2。

3. 生态修复

发展与改革、财政、水利、林业、环保、国土、农业等部门密切配合，按照“小治理，大封禁”的原则，在大区域封禁治理的基础上，对局部水土流失严重的地区辅以相应的人工措施，减少人类活动对自然的负面影响，累计实施生态修复面积 5.55 万 km^2。

4. 监测评价

主动适应水土保持工作新要求，围绕搞好一个规划、创立一套技术标准、构建一张网络、探索一套机制、丰富一个数据库、构建一个系统的“六个一”工程，大力推进水土保持监测工作，监测能力和信息化水平明显提升，进一步提高了监测对水土保持和生态文明建设的基础支撑作用。

广泛深入开展《中华人民共和国水土保持法》《云南省水土保持条例》的学法、用法宣传培训，夯实依法防治水土流失工作的基础。

第四节　云南省土壤侵蚀调查进展

从20世纪80年代开始到2015年之前，云南省应用遥感和计算机等技术手段共进行了4次土壤侵蚀调查。

第1次是在1987年，水利电力部组织开展了全国第一次土壤侵蚀遥感调查，以80年代中期陆地卫星多光谱扫描仪（multi-spectral scanning，MSS）卫片为主要信息源，分辨率80m×80m，比例尺1∶50万，应用陆地卫星人工目视解译、手工勾绘的方法，结合野外实地调查，根据土壤侵蚀影响的定性参考要素，划分土壤侵蚀强度分级。土壤侵蚀强度分级标准按照《应用遥感技术调查全国土壤侵蚀现状与编制全国土壤侵蚀图技术工作细则》（水利电力部遥感中心，1986年4月）。此次调查基本查清了云南省水土流失现状，编制了云南省1∶50万水土流失现状图。

第2次是在1999年，水利部开展了全国第二次土壤侵蚀遥感调查，以90年代中期陆地卫星专题制图仪（thematic mapping，TM）影像为主要信息源，分辨率30m×30m，比例尺1∶10万，参考1∶20万地形图和1998年完成的全国1∶10万土地利用图，应用地理信息系统（geographic information system，GIS）软件，采用人机交互勾绘、图斑面积直接生成与统计等全数字化操作完成。根据地形、土地利用、植被覆盖三因子建立土壤侵蚀综合判别模型，定性确定土壤侵蚀强度。土壤侵蚀强度分级标准按照《土壤侵蚀分类分级标准》（SL 190—1996）。基于本次调查，建立了1∶10万土壤侵蚀强度分类分级矢量图形库、TM影像库，以及县（区、市）、市（州）、六大流域侵蚀强度分级统计空间数据库，为出台《云南省人民政府关于划分水土流失重点防治区的公告》（云政发〔1999〕51号）和编制《云南省水土保持生态环境建设规划（2001—2050年）》，以及各市（州）、重点流域（区域）制定水土保持规划提供了依据。

第3次是在2004年，由云南省水利水电科学研究所组织完成了云南省2004年土壤侵蚀遥感调查。以2003年底和2004年初的TM影像和增强型专题绘图仪（enhanced thematic mappe，ETM+）影像为主要信息源，分辨率30m×30m，参考最新全国1∶10万土地利用图，利用1∶25万地形图生成坡度图。调查方法、技术手段和分类分级标准与第2次基本相同，调查成果为出台《云南省人民政府关于划分水土流失重点防治区的公告》（云政发〔2007〕165号）提供了依据。

第 4 次是在 2010 年，我国开展了第一次全国水利普查水土保持情况普查，采用抽样调查的技术方法完成。云南共布设了 2811 个抽样单元，为面积 0.2～3.0km^2 的小流域。在每个调查单元中全面调查坡度、坡长、土壤、降雨、土地利用、植被覆盖度及水土保持措施等土壤侵蚀影响因子，利用中国土壤流失方程（CSLE 模型）评价水力侵蚀强度，获得水力侵蚀的分布、面积与强度，分级标准按照《土壤侵蚀分类分级标准》（SL 190—2007）。本次调查由以往利用人工目视解译的定性判读转变为利用土壤侵蚀模型的定量分析计算，土壤侵蚀强度判定依据更为全面，成果精度较高，克服了传统方法在以往调查中考虑因子不全、无法反映水土保持措施状况、不能定量计算等不足。由于土地利用类型、水土保持工程措施、土壤可蚀性等的空间变异性极大，利用简单的地统计学方法难以将抽样单元的调查结果插值到全区域。加之从成本角度考虑，难以实现区域的全覆盖调查，一定程度上限制了抽样调查在大尺度区域上的应用。

第二章　云南省 2015 年土壤侵蚀调查方法

第一节　技 术 路 线

通过野外调查、资料收集、遥感影像解译等手段，获取云南省地形、降雨、土壤、植被、土地利用和水土保持措施等土壤侵蚀影响因子数据，在地理信息系统（GIS）软件中进行叠加分析，利用中国土壤流失方程式（2-1）计算土壤水力侵蚀模数，依据《土壤侵蚀分类分级标准》（SL 190—2007）分析土壤侵蚀强度、面积和空间分布。

$$M = RKLSBET \qquad (2\text{-}1)$$

式中，M 为土壤水力侵蚀模数，t/(hm^2·年)；R 为降雨侵蚀力因子，MJ·mm/(hm^2·h·年)；K 为土壤可蚀性因子，t·hm^2·h/(hm^2·MJ·mm)；L 为坡长因子；S 为坡度因子；B 为生物措施因子；E 为工程措施因子；T 为耕作措施因子。

土壤侵蚀调查技术路线见图 2-1。

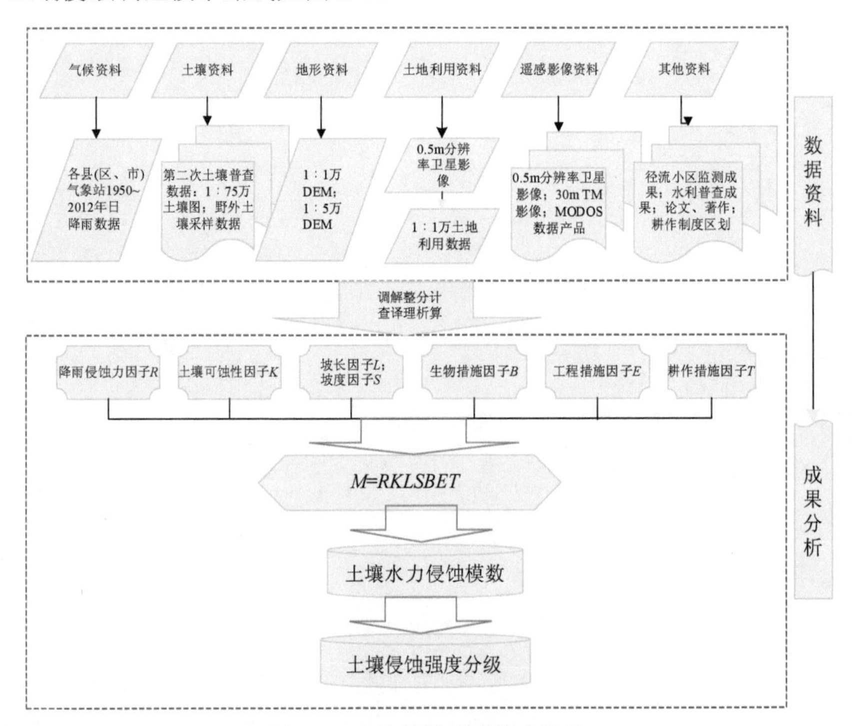

图 2-1　土壤侵蚀调查技术路线

第二节　资 料 收 集

根据中国土壤流失方程（CSLE 模型），计算土壤水力侵蚀模数需收集降雨、土壤、地形、植被、土地利用及水土保持工程、生物、耕作措施等方面的资料和数据，用于分析计算影响土壤水力侵蚀的因子。

一、降雨资料收集整理

云南省辖 129 个县（区、市），其中五华、盘龙、官渡、水富、古城、陇川 6 个县（区、市）未设气象站，西山、瑞丽和泸水 3 个区（市）各有两个气象站，因此有降雨监测资料的气象站点共有 126 个，收集 126 个气象站 1950～2012 年的日降雨数据。

1. 有效性分析

经资料整理，绝大部分气象站点降雨资料时间序列为 1960～2012 年。因此，有效计算时段采用 1960～2012 年，共 53 年。其中元阳、西盟 2 个站分别于 1997 年 7 月、2000 年 1 月发生搬迁，其降雨资料予以剔除，有效站点为 124 个。

2. 缺测率分析

采用式（2-2）～式（2-4）计算 124 个有效站点降雨资料的日、月、年缺测率，分析数据的缺测情况。

$$LR_{\mathrm{d}}=\frac{L_{\mathrm{d}}}{D}\times 100\% \qquad (2\text{-}2)$$

$$LR_{\mathrm{m}}=\frac{L_{\mathrm{m}}}{D}\times 100\% \qquad (2\text{-}3)$$

$$LR_{\mathrm{y}}=\frac{L_{\mathrm{y}}}{D}\times 100\% \qquad (2\text{-}4)$$

式中，LR_{d}、LR_{m}、LR_{y} 分别为日缺测率、月缺测率和年缺测率，%；L_{d}、L_{m}、L_{y} 分别为 1960～2012 年缺测的总天数、总月数和总年数，单位分别为天、月和年；D、M、Y 分别为 1960～2012 年的总天数、总月数和总年数，单位分别为天、月和年。

经计算，泸水、曲靖、六库 3 个站点的日、月、年缺测率均大于 15%，其余 121 个气象站点的日、月、年缺测率均小于 8%。根据中国气象局颁布的《地面气象观测规范》规定的日、月、年缺测标准，应剔除泸水、曲靖和六库 3 个站点数据，其余 121 个站点的降雨数据符合规范要求。

3. 空间连续性分析

将 121 个气象站点日降雨数据集的侵蚀性降雨量多年平均值进行空间点绘形成等值线图，如果某一站点数值明显与周边站点差异较大，应分析是否由受到地形或其他因素的影响所致，在确认无明显影响时，则认为该站点数据的可靠性较低，视为无效站点。经分析，121 个站点均为有效站点，可用于降雨侵蚀力因子的计算。

二、土壤资料收集整理

土壤可蚀性因子计算需要的资料主要有土壤普查资料、野外调查及补充采样资料、径流小区监测资料等。

1. 土壤普查资料

从第二次土壤普查资料中收集到涉及云南省的典型土种资料 347 个，其中 91 个源自《中国土种志》，203 个源自《云南省土种志》，53 个源自《云南省第二次土壤普查数据资料集》，分属 19 土类 51 亚类 209 土属。整理剔除同土异名、同名异土等明显有误和记录重复的 73 个数据，采用其余 274 个剖面资料，涵盖了云南省所有土类。

另外，还收集到云南省 1∶100 万和 1∶75 万的土壤图。将纸质的 1∶75 万云南省土壤图扫描成 TIFF 格式的电子图，数字化后得到云南省土壤类型空间分布矢量图，经几何精校正和数字化后，与 1∶100 万土壤图进行对比验证，确定土壤命名和其空间分布，校正矢量数据中存在的图层错位和拓扑错误，确保数字化结果的可靠性。

2. 野外调查及补充采样资料

采用的 274 个剖面资料中，有 222 个典型土种（分属 17 土类 39 亚类 157 土属）缺失理化性质资料。对缺失的土种展开野外调查，采集土壤样本，并在室内测定其理化参数，指标包括土壤有机质含量和土壤机械组成。机械组成采用美国制标准，分为 2～0.1mm、0.1～0.05mm、0.05～0.02mm、0.02～0.002mm 和<0.002mm 5 个粒级。

3. 径流小区监测资料

云南省已建成 14 个径流场，54 个径流小区，主要分布在昆明、玉溪、昭通和楚雄等地。径流场涉及的土壤有红壤（8 个径流场）、紫色土（4 个径流场）、黄壤（1 个径流场）和棕壤（1 个径流场）4 个类型。从云南省水土保持生态环境监测总站收集到 2014 年、2015 年径流小区所有产流过程的监测资料，用于验证和修订调查计算的土壤可蚀性因子，保证土壤可蚀性计算结果的精度。

三、地形资料收集整理

（一）资料收集

影响土壤侵蚀的地形因素包括坡长和坡度，计算坡度、坡长因子需要收集的主要资料如下。

1. 1∶1 万数字高程模型数据

收集云南省范围内截至 2015 年 6 月 25 日已入库的 1∶1 万数字高程模型（DEM）数据数字化成果共 10 188 幅，占全省 13 878 幅的 73.4%。其中空间格网间距为 5m 的有 9379 幅，空间格网间距为 12.5m 的有 809 幅。涉及 36 个测区（全省共 54 个测区）和 WGS 84 坐标系、1980 西安坐标系、国家大地坐标系（CGCS 2000）三种参考坐标系统。

2. 1∶5 万数字高程模型数据

收集国家基础地理信息中心下发的云南省范围内 1∶5 万精细化 DEM 数据成果 976 幅，格网间距为 10m；云南省地图院 1∶5 万 DEM 数据成果 34 幅，格网间距为 25m。

3. 其他资料

收集国家下发的 1∶5 万基础地理信息数据和覆盖全省的卫星遥感影像数据，分辨率均为 5m，以 2012 年和 2013 年为主。基础地理信息数据和遥感影像数据中的等高线、水系等数据是检验 DEM 数据整合质量的重要依据。

（二）资料分析整理

1. 1∶1 万数字高程模型数据的替换和补充

根据要求，需要统一采用格网间距为 10m 的数据进行所有土壤可蚀性因子的计算。DEM 基本比例尺为 1∶1 万，结合云南省目前已有的地形数据，已有 1∶1 万 DEM 数据区域，可直接采用 1∶1 万 DEM 数据进行重采样到格网间距 10m；无 1∶1 万 DEM 数据区域，采用 1∶5 万 DEM 精细化后重采样到格网间距 10m 的数据替代。另外，在数据整理过程中发现与实际地形不符的，可能在 DEM 数据生产过程中插值出现问题的数据，则采用其对应范围内精细化处理后的 1∶5 万 DEM 数据来替代。

经统计，用于补充 1∶1 万 DEM 数据未覆盖范围和替换部分 1∶1 万 DEM 数据存在问题或不能满足精度要求的 1∶5 万 DEM 数据成果共 320 幅。

2. 1∶5 万数字高程模型数据的补充

进一步检查发现，用于替换或补充 1∶1 万 DEM 数据的 1∶5 万 DEM 数据，部分出现不能正常反映局部地形地貌（局部未精细化到位）及局部高程数据错位的情况。前者使用云南省地图院格网间距为 25m 的 1∶5 万 DEM 数据重采样后进行局部补充。经统计，此种情况涉及的 1∶5 万图幅共 34 幅。对于后者，参照 1∶5 万等高线对该区域的等高线进行合理化修补即可。

（三）DEM 数据预处理

替换补充后的 DEM 数据需进行预处理，包括数据接边检查、坐标转换、裁剪、重采样、镶嵌、接边等。

1. 数据接边检查

由于各个测区的 DEM 生产时间、工艺流程和接边技术要求不相同，各测区相邻图幅 DEM 数据存在误差或者不接边，需要对各测区间的图幅接边进行检查并处理，主要是检查图内高程值正确与否，图幅间高程值是否完整合理等。

对于接边误差在规范限差范围内的图幅，依据规范可通过对接边相邻两图幅各修改误差一半的方式完成接边。

对于接边误差超出限差的图幅，其接边误差超限存在两种情况：一种是其中某一图幅超出主体范围的 DEM 像元被处理为无效值，而与其接边的图幅和其无效值重叠处满足接边要求，这种情况下，先删除超出图幅主体范围的无效值，然后依据满足接边限差要求图幅的有效值高程进行接边；另一种是接边的两幅图都超出了接边限差，如换带区域和空间格网间距有改变区域都有可能出现接边误差超限、无法进行接边整合的情况，依据等高线数据重新生成两幅图接边范围的 DEM 数据，然后与已有图幅 DEM 校验接边，经检查满足规范要求后再进行整合处理。

收集到的 DEM 数据是按 1 万分幅或 5 万分幅数据存储的，因此接边检查包括三个部分：1∶1 万图幅 DEM 数据间的接边检查，1∶5 万图幅 DEM 数据间的接边检查，1∶1 万和 1∶5 万数据衔接处的接边检查。

对于同一比例尺下的 DEM 数据，不接边情况主要发生在测区变更区域、空间格网间距不一致区域及换带区域，图幅间的接边检查依靠在 ArcGIS10.2 的地理处理框架下，利用 ArcPy 工具开发标准分幅 DEM 数据接边检查程序自动检测识别来完成。对于不同比例尺下的 DEM 数据，由于生产成果规格不一，对地形地貌的反映细节程度不一，两套数据需要重新接边。

2. 数据坐标转换

为达到无缝接边的目的，需要进行坐标系转换，将使用不同坐标系的 DEM 数据统一投影变换到 CGCS 2000 的 Albers 坐标系下。坐标转换的基本原则为：对于基准面（包括大地基准面和高程基准面）相同的坐标系，可以直接进行投影变换，偏移的误差基本在合理范围内；对于基准面不同的坐标系，在投影变换时要考虑基准面变换的方法及参数。

收集到的 DEM 数据涉及 1954 年北京坐标系、1980 西安坐标系和国家大地坐标系（CGCS 2000）。考虑到目前国家测绘产品的现行标准及 DEM 整合数据的后续利用，先将所有数据的坐标统一变换为 CGCS 2000，在进行坡长、坡度因子计算前再将其投影变换到 CGCS 2000 的 Albers 坐标系下。

需要注意的是当投影变换涉及椭球面的变更时，需对 DEM 数据同时进行重采样，否则投影后的 DEM 数据会发生变形。

3. 数据裁剪

数据裁剪分两种情况：对于没有 1∶1 万 DEM 数据的区域，需要从 1∶5 万数据中裁剪出这些空缺区域的数据进行补充；对于高程数据不接边的图幅，需要对不接边区域按一定范围进行裁剪，替换掉这块不接边区域，再完成等高线接边、重新生成 DEM 数据后再镶嵌回原来的位置。裁剪的范围根据数据的具体情况进行相应的调整。

4. 数据重采样

1∶1 万 DEM 数据格网间距不一，大部分区域为 5m，少部分区域为 12.5m。按照地形分析计算精度的要求需要将 1∶1 万 DEM 数据统一重采样为 10m 格网间距。数据重采样利用 ArcGIS 软件的栅格处理工具完成，重采样算法选择适用于连续数据的双线性插值法（BILINEAR）或三次卷积插值法（CUBIC），以保证重采样后地形数据仍然保持连续平滑。

5. 数据镶嵌

确认相邻区域 DEM 数据高程值连续且与实际地形相符后，进行 DEM 数据的镶嵌拼接。数据镶嵌工作主要在 ERDAS 软件下完成，该软件的镶嵌操作中提供了羽化功能，能够将接边高程偏差在 3m 以内区域的错位自动衔接平滑。

6. 数据接边

DEM 数据的接边是整个数据预处理中最为耗时和耗力的步骤，同时也是影响后续地形分析计算成果的最重要环节。

对于接边误差较大的图幅，需要先将这些图幅的数据在不接边区域按一定范围进行裁剪，裁剪下来的 DEM 数据按 1∶1 万数据标准，转为等高距为 5m（部分坝区需要转为等高距为 2m 甚至 1m）的矢量等高线数据，通过等高线的手工接边来消除原始栅格数据不接边的误差。等高线接边完成后，再通过创建不规则三角网（TIN）数据集重新生成不接边区域的 DEM 数据，将新生成的 DEM 数据与其两边的 DEM 数据进行镶嵌，以完成图幅间 DEM 数据的无缝、无误差对接。

数据接边要遵循等高线合理化的基本原则，还要注意保持地形的连续性，并参考已有的等高线数据和实地影像数据进行。数据接边完成后，利用新生的 DEM 数据生成山体阴影图，通过山体阴影图可以检验数据接边的过渡是否连续平滑合理。

经过上述预处理后，最终形成分辨率为 10m 的云南省 DEM 数据。

四、卫星遥感影像资料收集整理

（一）资料收集

计算生物措施因子需要利用卫星遥感影像来确定高时空分辨率的地表植被盖度季节分布曲线，然后用盖度值计算不同土地利用类型的生物措施因子。根据目前卫星遥感影像的可获得性和精度状况，需要使用高时间分辨率和高空间分辨率的遥感影像来融合生成高时空分辨率的植被盖度季节分布曲线；计算工程措施因子时，需要使用高精度的影像来解译工程措施，同时用于验证土地利用类型。

1. MODIS 遥感影像数据

MODIS 遥感影像是美国发射的极地轨道环境遥感卫星 Terra（AM-1）的产品，MODIS 是该卫星上最主要的探测器，是将实时观测数据通过 X 波段向全世界直接广播的星载仪器，其广播数据可以免费接收并无偿使用，因此用该探测器来命名卫星的影像产品。MODIS 影像数据与应用最广的 NOAA-AVHRR 数据相比，在波段数目、数据分辨率、数据接收方式和数据格式、数据应用范围等方面都有很大的改进。

根据工作实际情况，收集了云南省 2010～2014 年的 MOD13Q1 产品，空间分辨率为 250m。

2. TM 遥感影像数据

TM 遥感影像指的是美国国家航空与航天局（NASA）发射的陆地卫星（Landsat）系列的遥感影像，数据覆盖范围为北纬 83°到南纬 83°的所有陆地区域，数据更新周期为 16 天（Landsat-1～Landsat-3 的周期为 18 天），空间分辨率为 30m。

通过中国科学院计算机网络信息中心的国际科学数据服务平台收集所需的云南省 TM 遥感影像资料，其中 Landsat-8 的冬季（12 月至次年 2 月）数据共 90 景，夏季（5～10 月）数据共 44 景，涉及红、近红外、绿、蓝 4 个波段，全覆盖云南省行政区划范围，收集到用于补云的 Landsat-7 数据共 16 景，影像时间均为 2013～2015 年，各时相的影像景与景之间有一定重叠。

3. World View 遥感影像数据

收集到 2011～2014 年覆盖云南省的 0.5m 空间分辨率的 World View 卫星遥感影像 3570 幅（其中 2011 年 733 幅、2012 年 1385 幅、2013 年 1198 幅、2014 年 254 幅），均为经过了地面几何精校正和大气校正的原始影像。

（二）遥感影像数据预处理

为了获取云南省范围的 TM 遥感影像数据中每季度植被覆盖度镶嵌图像，需要对 30m 分辨率的 TM 影像进行几何精校正、大气效应校正、角度效应校正、投影变换和去云等预处理操作。

1. 几何精校正

TM 影像的几何精校正以 1∶5 万和 1∶10 万地形图或同等（或更高）分辨率卫星影像作为参考，人工选取控制点用 ERDAS IMAGINE 软件进行几何精校正。校正算法采用多项式法，每幅影像的控制点均匀分布，选取 20 个以上控制点；坝区采用 2 次多项式、山区采用 3 次多项式进行几何精校正。几何精校正后的 TM 影像数据产品空间采样分辨率为 30m，产品格式为 Geotiff，命名规则为 Path-Row-卫星标识-获取日期-ref。

2. 大气效应校正

大气效应校正包括将 TM 影像数据产品转换为大气顶层的表观辐亮度和表观反射率；建立以气溶胶光学厚度（AOD）和太阳天顶角（θ）为索引的查找表（look-up-table），气溶胶类型主要是大陆乡村型；实现图像暗目标自动提取后，依据查找表获取气溶胶光学厚度；依据气溶胶光学厚度和太阳天顶角，通过查找表获取其他大气参数，进行大气效应校正。

3. 角度效应校正

将 TM 卫星方向性地表反射率图像（30m）进行角度效应校正，得到垂直向下观测的归一化植被指数 NDVI。包括由 TM 方向性地表反射率根据 NDVI 的定义得到带有方向性特征的 NDVI 数据；TM 方向性 NDVI 数据在 TM 30m 像元为均匀植被的假设前提下使用简单的余弦校正初步得到垂直观测的 NDVI 数据。

4. 投影变换

用 ENVI5.2 软件工具进行投影变换。输出坐标系设为 Albers YN ok 坐标系，采样方式为双线性插值法，输出方式为 TIFF，分辨率为 30m。

5. 去云

遥感影像上被云遮盖的地区，需要进行去云处理。采用的方式是选择某一影像效果好的影像作为主影像，有云部分用其他时相的无云影像来进行覆盖、镶嵌。镶嵌成果应保证接边处地物合理接边，无重影和发虚现象，影像清晰，反差适中，色彩自然，没有因太亮或太暗失去细节区域，明显地物点能够准确识别和定位。相邻图幅重叠区域有云时，不再单独去云，通过调整影像的叠加顺序消除有云区域。

通过以上步骤处理，完成 2013～2015 年的单景正射多光谱反射率 Landsat-8、Landsat-7 遥感影像（含红、近红外、绿、蓝 4 个波段）夏季（5～10 月）36 景、冬季（12 月至次年 2 月）31 景，单景正射多光谱反射率 Landsat-8、Landsat-7 遥感影像（含红、近红外 2 个波段）夏季（5～10 月）29 景、冬季（12 月至次年 2 月）28 景，单景归一化植被指数（NDVI）影像夏季（5～10 月）29 景、冬季（12 月至次年 2 月）28 景的预处理工作，获取了 2013～2015 年夏季（5～10 月）多光谱反射率 Landsat-8、Landsat-7 遥感影像共 41 景，冬季（12 月至次年 2 月）多光谱反射率 Landsat-8、Landsat-7 遥感影像共 37 景。

五、土地利用资料收集整理

土地利用数据主要用于林草地坡度因子修订，水土保持生物措施、工程措施及耕作措施因子分析计算，是土壤水力侵蚀模数计算和土壤侵蚀强度评价不可或缺的资料。

收集到第二次全国土地调查数据及其说明文件。由于第二次全国土地调查开始时间较早（2007 年），有的地块属性已经发生了变化。因此，基于现势性较好的 2011～2014 年、0.5m 分辨率的遥感影像，利用 ArcMAP10.2 软件，通过人工解译修正、空间数据整合等技术手段，结合野外调查复核修正得出云南省土地利用现状和其空间分布情况。依据《土地利用现状分类》（GB/T 21010—2007），全省土地利用类型分为一级 8 种地类、二级 24 种地类，主要的一级地类为耕地、园地、林地和草地 4 类。其中耕地主要分布在昭通、曲靖、文山等地；园地主要分布在西双版纳、普洱和临沧等地；林地主要分布在迪庆、丽江、德宏、普洱和西双版纳等地；草地主要分布在迪庆、丽江、昭通和红河等地。

六、其他资料

（1）第一次全国水利普查成果中的不同工程措施和耕作措施的因子赋值表。

（2）第一次全国水利普查土壤侵蚀普查确定的云南省 2811 个野外调查单元的耕作措施成果。

（3）与工程措施和耕作措施相关的已发表论文 186 篇，包括期刊论文、会议论文与学位论文。

（4）水土保持监测数据汇编和专著等 11 部，包括著作、流域径流泥沙测验资料汇编、省市水土保持试验观测成果汇编、已有的野外径流小区实测资料等。

（5）中国轮作制度区划中涉及云南省部分的轮作制度分区。

第三节　云南省土壤侵蚀影响因子计算

一、降雨侵蚀力因子计算

降雨侵蚀力因子是指降雨导致土壤侵蚀发生的潜在能力，是降雨侵蚀力在土壤流失模型中的体现，反映了雨滴对土壤颗粒的击溅分离，以及降雨形成径流对土壤冲刷的综合作用，用 R 表示。

利用预处理后的日降雨量资料，首先计算各站点 24 个半月降雨侵蚀力、年降雨侵蚀力和半月降雨侵蚀力占年降雨侵蚀力的比例，然后利用克里金插值法，生成空间分辨率为 10m×10m 的降雨侵蚀力栅格数据。

多年平均半月降雨侵蚀力采用式（2-5）计算：

$$\overline{R_{\text{半月}k}} = \frac{1}{n}\sum_{i=1}^{n}\sum_{j=0}^{n}(\alpha P_{i,\ j,\ k}^{1.7265}) \tag{2-5}$$

式中，$\overline{R_{\text{半月}k}}$ 为多年平均半月降雨侵蚀力，MJ·mm/(hm²·h·年)；i 为所用降雨资料年份序列的编号，即 i=1，2，…，n；k 为将一年划分为 24 个半月的数，即 k=1，2，…，24；j 为第 i 年第 k 个半月内侵蚀性降雨日的编号；$P_{i,j,k}$ 为第 i 年第 k 个半月第 j 个侵蚀性降雨日的降雨量，mm，如果某年某个半月内没有侵蚀性降雨，即 j=0，则令 $P_{i,j,k}$=0；α 为参数，暖季 α=0.3937，冷季 α=0.3101。

多年平均年降雨侵蚀力 $\overline{R}$ 为上述 24 个半月降雨侵蚀力之和：

$$\overline{R} = \sum_{k=1}^{24}\overline{R_{\text{半月}k}} \tag{2-6}$$

半月降雨侵蚀力占年降雨侵蚀力比例 $\overline{WR_{\text{半月}k}}$ 为

$$\overline{WR_{半月k}} = \frac{\overline{R_{半月k}}}{\overline{R}} \quad (2\text{-}7)$$

二、土壤可蚀性因子计算

土壤可蚀性因子是指标准小区上单位降雨侵蚀力引起的土壤流失量，用K表示。它是在明确土壤性质如何影响侵蚀的基础上提出的侵蚀评价指标，是以通用土壤水蚀模型为代表的常用土壤流失模型中的重要因子，其大小由土壤理化性质决定，综合反映了在侵蚀模型规定的标准条件下，土壤和土壤剖面对各种侵蚀与水动力过程的平均敏感程度。

在各类土壤的理化性质资料都齐备后，考虑到当土壤有机质含量较高时，用Wischmeier模型计算可能出现土壤可蚀性因子K为负的情况，因此同时采用Wischmeier模型和Williams模型计算所有土种的土壤可蚀性因子K，并建立两种计算结果间的经验回归式。当土壤有机质含量小于12%时，采用Wischmeier模型计算值；当土壤有机质含量大于12%时，利用构建的经验回归式，将Williams模型计算结果转换为Wischmeier模型计算值。

Wischmeier模型计算公式如下：

$$K = [2.1 \times 10^{-4} M^{1.14}(12 - OM) + 3.25(S-2) + 2.5(P-3)]/100 \quad (2\text{-}8)$$

式中，$M=N_1(100-N_2)$或者$M=N_1(N_3+N_4)$，N_1为粒径0.1～0.002mm土壤砂粒的含量百分比，N_2为粒径<0.002mm土壤黏粒的含量百分比，N_3为粒径0.05～0.002mm土壤粉砂的含量百分比，N_4为粒径2～0.05mm土壤砂粒的含量百分比；OM为土壤有机质含量，%；S为土壤结构系数，查资料取值；P为土壤渗透性等级，查资料取值。

Williams模型计算公式如下：

$$\begin{aligned} K = & \left\{0.2 + 0.3\exp\left[-0.0256 S_{\mathrm{a}}\left(1 - \frac{S_{\mathrm{i}}}{100}\right)\right]\right\}\left(\frac{S_{\mathrm{i}}}{C_1 + S_{\mathrm{i}}}\right)^{0.3} \\ & \times\left[1 - \frac{0.25C}{C + \exp(3.72 - 2.95C)}\right]\left[1 - \frac{0.7S_{\mathrm{n}}}{S_{\mathrm{n}} + \exp(-5.51 + 22.9S_{\mathrm{n}})}\right] \end{aligned} \quad (2\text{-}9)$$

式中，S_{a}为砂粒（2～0.05mm）含量，%；S_{i}为粉砂（0.05～0.002mm）含量，%；C_1为黏粒（<0.002mm）含量，%；C为有机碳含量，%；$S_{\mathrm{n}}=1-S_{\mathrm{a}}/100$。

三、坡度因子和坡长因子计算

坡长因子是指某一坡面的土壤流失量与坡长为22.13m、其他条件（降雨、坡度、土壤、土地利用和水土保持工程措施等）都一致的坡面产生的土壤流失量之比，用 L 表示。坡度因子是指某一坡度的土壤流失量与坡度为 5.13°、其他条件（降雨、坡长、土壤、土地利用和水土保持工程措施等）都一致的坡面产生的土壤流失量之比，用 S 表示。

利用 1∶1 万或 1∶5 万 DEM 数据，借助 ArcGIS 等软件整合生成云南省数字高程模型，坡长、坡度因子计算公式如下：

$$L=\left(\lambda/22.13\right)m \tag{2-10}$$

$$m=\begin{cases}0.2 & \theta\leqslant 1^\circ \\ 0.3 & 1^\circ<\theta\leqslant 3^\circ \\ 0.4 & 3^\circ<\theta\leqslant 5^\circ \\ 0.5 & \theta>5^\circ\end{cases} \tag{2-11}$$

$$S=\begin{cases}10.8\sin\theta+0.03 & \theta<5^\circ \\ 16.8\sin\theta-0.5 & 5^\circ\leqslant\theta<10^\circ \\ 21.9\sin\theta-0.96 & \theta\geqslant 10^\circ\end{cases} \tag{2-12}$$

式中，L 为坡长因子；λ 为坡长，m；m 为坡长指数，随坡度而变；θ 为坡度，(°)；S 为坡度因子。

四、生物措施因子计算

水土保持生物措施主要包括造林、种草、封育及生态修复等，其对应的生物措施因子是指一定条件下林地、园地的土壤流失量与同等条件下连续休闲对照裸地的土壤流失量之比，是一个无量纲数，其值大小在 0～1，反映了有植被覆盖和无植被覆盖土壤流失量的相对大小，用 B 表示。

利用空间分辨率为 30m 的 TM 遥感影像和时间分辨率为 15 天的 MODIS NDVI 产品数据，融合生成半月时间尺度、空间分辨率为 30m 的植被覆盖度季节分布曲线，然后利用盖度值计算不同土地利用类型的生物措施因子，计算过程主要分为归一化植被指数 NDVI 计算、植被覆盖度计算及生物措施因子计算三个步骤。

五、工程措施因子解译与赋值

水土保持工程措施是指通过改变小地形（如坡改梯等平整土地的措施），拦蓄地表径流，增加土壤降雨入渗，减少或防止土壤侵蚀，改善农业生产条件，合理开发、利用水土资源而采取的措施。云南省常见的水土保持工程措施主要有水平梯田、坡式梯田、水平阶和隔坡梯田 4 种。

工程措施因子是指采取某种工程措施的农地土壤流失量与同等条件下无工程措施的农地土壤流失量之比，是个无量纲数，在0～1取值，反映工程措施保持水土作用的大小，用*E*表示。

基于1∶1万土地利用图，利用0.5m分辨率World View遥感影像，在ArcMAP10.2软件中将耕地和园地中存在水平梯田、坡式梯田、隔坡梯田、水平阶等工程措施的地块解译出来，获得其空间分布数据，再查表赋值得到全省水土保持工程措施因子栅格图层。

工程措施因子获取的途径主要有参考第一次全国水利普查成果，收集公开发表成果获得其中的相关数据，收集云南省水土保持监测站点监测数据进行分析整理等。

经过遴选并修正后采用的工程措施因子为：水平梯田0.01，坡式梯田0.252，隔坡梯田0.343，水平阶0.114。

六、耕作措施因子调查与赋值

耕作措施是指以保水、保土、保肥为主要目的，以提高农业生产为宗旨，以犁、锄、耙等为耕（整）地农具所采取的措施。耕作措施因子是指采取某种耕作措施的农地土壤流失量与同等条件下无耕作措施的农地土壤流失量之比，是一个无量纲数，在0～1取值，反映耕作措施保持水土作用的大小，用*T*表示。

分析收集到的资料，云南省的耕作措施中对土壤侵蚀影响较大的是轮作制度。轮作是指在同一块田地上，有顺序地在季节间或年间轮换种植不同的作物或复种组合的一种种植方式，是一种重要的水土保持耕作措施，它发生变化会影响作物覆盖度的年内（年际）变化。按照中国土壤流失方程的原理，耕地的耕作措施因子依据轮作方式确定，因此耕作措施的调查主要针对轮作制度来进行。

由于轮作制度难以利用遥感影像图解译获取，并且不同土地利用方式及不同农作物对土壤侵蚀的影响有明显差异，因此通过实地调查的方式获取：以县为单位，通过查询资料和实地调查等方式确定该县主要农作物和经济作物的轮作制度，做好记录，记录内容包括行政区代码、所属轮作分区、作物轮作方式及需要备注的事项等。

基于1∶1万云南省土地利用图和轮作制度区划，结合野外调查，参考全国第一次水利普查云南省2811个调查单元的耕作措施成果和相关的公开发表成果，确定分县轮作制度，遴选获得耕作措施因子，以县为单位对耕作措施空间分布矢量数据进行耕作措施因子赋值后，得到全省的耕作措施因子图层。

第四节　云南省土壤侵蚀强度评价方法

根据降雨侵蚀力因子、土壤可蚀性因子、坡长因子和坡度因子，以及水土保持生物、工程、耕作措施因子计算结果，构建云南省土壤侵蚀因子数据库，利用中国土壤流失方程计算土壤水力侵蚀模数，依据《土壤侵蚀分类分级标准》（SL 190—2007）划分土壤侵蚀强度。土壤侵蚀强度分级标准见表 2-1。

表 2-1　土壤侵蚀强度分级标准

侵蚀强度分级	平均侵蚀模数/[t/(km^2·年)]
微度	<500
轻度	500～2 500
中度	2 500～5 000
强烈	5 000～8 000
极强烈	8 000～15 000
剧烈	>15 000

第三章　云南省土壤侵蚀影响因子空间分异

第一节　降雨侵蚀力因子

云南省降雨侵蚀力因子（R）为 1057～10 264MJ·mm/(hm^2·h·年)，平均值 3569MJ·mm/(hm^2·h·年)。从降雨侵蚀力因子分级统计特征看，降雨侵蚀力因子多集中在 2000～4000MJ·mm/(hm^2·h·年)，在此范围内的土地面积占全省土地总面积的 68.01%；其次是 5000～8000MJ·mm/(hm^2·h·年)，占全省土地总面积的 12.71%。降雨侵蚀力较高的区域主要分布在普洱、西双版纳、德宏及红河等地，平均在 4500MJ·mm/(hm^2·h·年)以上。降雨侵蚀力较低的区域主要分布在迪庆、昭通、大理及楚雄一带，平均在 2500MJ·mm/(hm^2·h·年)以下，具体分布情况如下。

R 为 0～2000MJ·mm/(hm^2·h·年)的地区主要有大理的剑川，迪庆的香格里拉、德钦等。

R 为 2000～2500MJ·mm/(hm^2·h·年)的地区主要有昆明的东川，曲靖的会泽，玉溪的通海，昭通的昭阳、鲁甸、永善、彝良，丽江的玉龙，楚雄的南华、姚安、元谋，红河的开远、建水，大理的祥云、宾川、弥渡、南涧、云龙、洱源、鹤庆等。

R 为 2500～3000MJ·mm/(hm^2·h·年)的地区主要有昆明的五华、官渡、西山、呈贡、晋宁、富民、宜良、石林、禄劝、安宁，玉溪的红塔、江川、澄江、华宁、易门、峨山、元江，保山的隆阳，昭通的巧家、镇雄、威信，丽江的古城、永胜、宁蒗，临沧的云县，楚雄的楚雄、双柏、牟定、大姚、武定、禄丰，红河的石屏、弥勒、泸西，大理的大理、漾濞、巍山、永平，怒江的泸水、兰坪，迪庆的维西等。

R 为 3000～3500MJ·mm/(hm^2·h·年)的地区主要有昆明的盘龙、嵩明、寻甸，曲靖的马龙、陆良、富源、沾益、宣威，玉溪的新平，保山的施甸，昭通的大关、绥江、水富，普洱的景东，临沧的临翔、凤庆、永德、双江、耿马，楚雄的永仁，红河的蒙自，文山的文山、砚山，怒江的福贡、贡山等地。

R 为 3500～4000MJ·mm/(hm^2·h·年)的地区主要有曲靖的麒麟，保山的腾冲、昌宁，昭通的盐津，丽江的华坪，普洱的镇沅，文山的西畴、麻栗坡、丘北、广南、富宁等地。

R 为 4000～4500MJ·mm/(hm^2·h·年)的地区主要有曲靖的师宗，普洱的景谷、孟连等地。

R 为 4500～5000MJ·mm/(hm^2·h·年)的地区主要有普洱的澜沧，临沧的镇康，西双版纳的勐海等地。

R 为 5000～8000MJ·mm/(hm^2·h·年)的地区主要有曲靖的罗平，保山的龙陵，普洱的思茅、宁洱、墨江、西盟，临沧的沧源，红河的个旧、屏边、元阳、红河、绿春、河口，文山的马关，西双版纳的景洪、勐腊，德宏的瑞丽、芒市、梁河、盈江、陇川等地。

R 为 8000～10 300MJ·mm/(hm^2·h·年)的地区主要有普洱的江城，红河的金平等地。

云南省降雨侵蚀力因子及其分布见表 3-1 和表 3-2，空间分布见图 3-1。

表 3-1　云南省降雨侵蚀力因子 [单位：MJ·mm/(hm^2·h·年)]

地区	最大值	最小值	平均值
昆明	3 953.12	2 012.92	2 851.90
曲靖	7 187.58	2 099.48	3 487.33
玉溪	4 505.45	2 352.10	2 849.30
保山	8 212.14	2 517.04	3 936.34
昭通	4 150.04	1 607.37	2 730.03
丽江	4 511.57	1 925.64	2 785.02
普洱	10 241.17	2 531.52	4 816.77
临沧	6 008.44	2 247.51	3 658.16
楚雄	3 766.47	1 944.55	2 743.88
红河	10 263.89	2 148.12	4 637.37
文山	7 534.97	2 821.01	3 802.42
西双版纳	7 679.26	3 920.45	5 348.44
大理	3 677.09	1 518.02	2 434.06
德宏	7 808.78	4 004.19	5 260.70
怒江	4 606.73	2 144.04	3 072.31
迪庆	3 793.49	1 057.01	2 075.47

表 3-2 云南省降雨侵蚀力因子分布

（单位：km^2）

地区	R_1	R_2	R_3	R_4	R_5	R_6	R_7	R_8	R_9	合计
昆明	0.00	2 047.07	12 732.51	6 133.11	99.47	0.00	0.00	0.00	0.00	21 012.16
曲靖	0.00	4 335.60	5 360.70	9 561.41	2 360.26	2 333.13	1 864.10	3 088.91	0.00	28 904.11
玉溪	0.00	1 269.74	9 848.48	2 681.40	957.45	188.26	0.03	0.00	0.00	14 945.36
保山	0.00	0.00	2 755.70	4 778.83	5 221.37	2 217.45	1 191.69	2 892.98	8.48	19 066.50
昭通	703.98	6 778.92	9 710.67	3 797.85	1 373.32	65.43	0.00	0.00	0.00	22 430.17
丽江	38.12	6 477.47	8 926.44	2 788.50	1 726.07	592.16	0.24	0.00	0.00	20 549.00
普洱	0.00	0.00	823.19	2 431.02	7 451.97	9 074.53	11 201.50	11 151.20	2 213.59	44 347.00
临沧	0.00	214.37	3 771.52	9 445.39	3 795.36	1 806.79	2 535.69	2 056.19	0.00	23 625.31
楚雄	11.32	6 249.40	17 430.14	4 552.49	204.86	0.00	0.00	0.00	0.00	28 448.21
红河	0.00	4 103.79	9 011.78	2 843.88	1 279.91	1 231.91	1 262.94	8 651.12	3 795.79	32 181.12
文山	0.00	0.00	164.33	7 147.80	17 600.89	4 419.39	810.94	1 261.42	0.00	31 404.77
西双版纳	0.00	0.00	0.00	0.00	30.64	2 795.61	5 127.55	11 040.71	0.00	18 994.51
大理	2 983.46	14 165.04	9 030.94	2 048.68	74.04	0.00	0.00	0.00	0.00	28 302.16
德宏	0.00	0.00	0.00	0.00	0.00	912.72	1 678.90	8 582.13	0.00	11 173.75
怒江	0.00	1 607.89	5 701.99	4 466.51	2 227.27	578.73	15.54	0.00	0.00	14 597.93
迪庆	12 220.69	7 222.31	2 507.93	1 189.33	87.70	0.00	0.00	0.00	0.00	23 227.96
合计	15 957.57	54 471.60	97 776.32	63 866.20	44 490.58	26 216.11	25 689.12	48 724.66	6 017.86	383 210.02
占比/%	4.17	14.21	25.52	16.67	11.61	6.84	6.70	12.71	1.57	100.00

注：降雨侵蚀力因子 R_1 为 0～2 000，R_2 为 2 000～2 500，R_3 为 2 500～3 000，R_4 为 3 000～3 500，R_5 为 3 500～4 000，R_6 为 4 000～4 500，R_7 为 4 500～5 000，R_8 为 5 000～8 000，R_9 为 8 000～10 300，单位 $MJ·mm/(hm^2·h·年)$

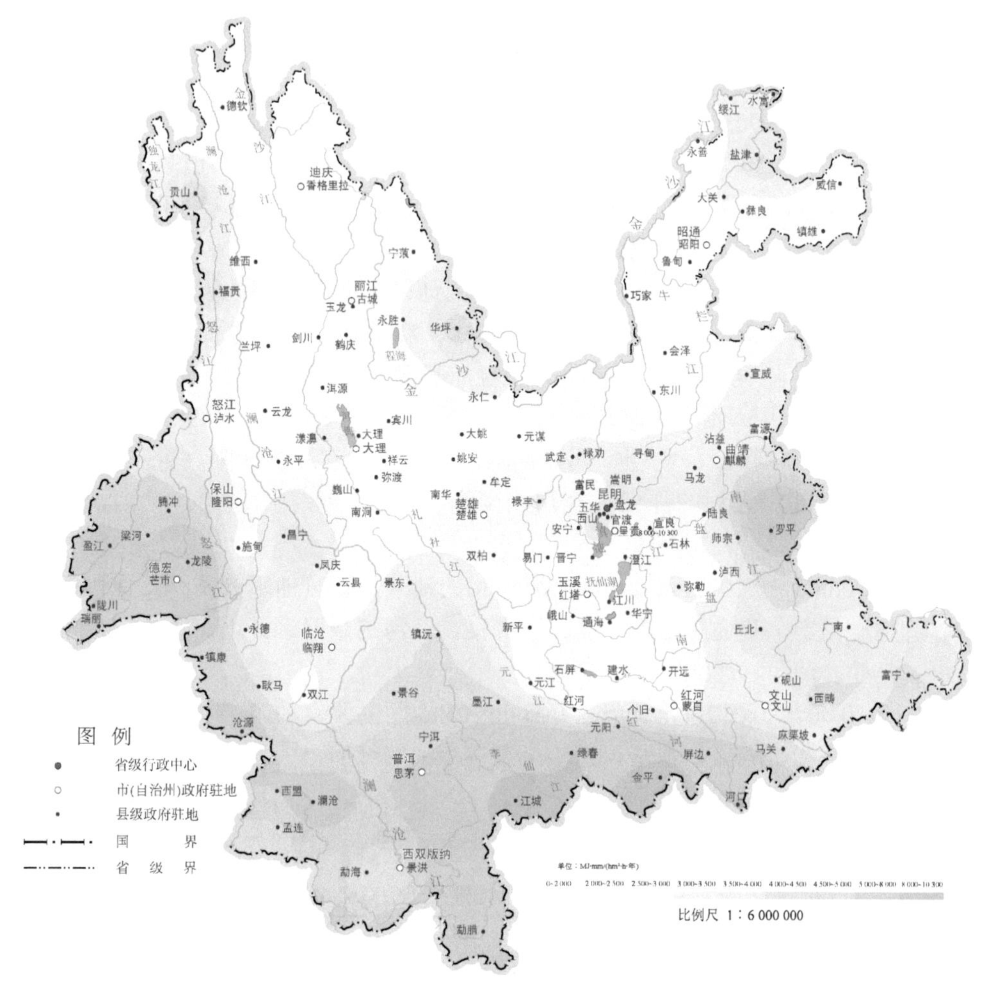

图 3-1　云南省降雨侵蚀力因子

第二节　土壤可蚀性因子

云南省土壤可蚀性因子（*K*）为 0～0.0169t·hm^2·h/(hm^2·MJ·mm)，平均值 0.0062t·hm^2·h/(hm^2·MJ·mm)，大部分地区的土壤可蚀性因子集中在 0.004～0.006t·hm^2·h/(hm^2·MJ·mm)，在此范围内的土地面积占全省土地总面积的 49.07%，土壤类型以红壤为主。*K* 最小的是高山寒漠土，最大的为紫色土。从空间分布上看，土壤可蚀性较高的区域主要是楚雄、大理、昭通及文山一带，土壤可蚀性因子多在 0.006t·hm^2·h/(hm^2·MJ·mm)以上；土壤可蚀性较低的区域主要是哀牢山以西的迪庆、德宏、普洱和西双版纳等地，具体分布如下。

K 为 0～0.004t·hm^2·h/(hm^2·MJ·mm)的地区主要有昆明的呈贡，曲靖的宣威，

大理的大理、剑川，丽江的玉龙，怒江的泸水、福贡，迪庆的香格里拉、德钦等地。

K 为 0.004～0.005t·hm^2·h/(hm^2·MJ·mm)的地区主要有保山的腾冲、龙陵，昭通的鲁甸、大关、永善、镇雄，丽江的华坪，普洱的景东、景谷、江城、澜沧，临沧的临翔、凤庆、云县、永德、镇康、双江、耿马，红河的蒙自，西双版纳全部，德宏的瑞丽、盈江、陇川等地。

K 为 0.005～0.006t·hm^2·h/(hm^2·MJ·mm)的地区主要有昆明的五华、盘龙、官渡、西山、东川、晋宁、富民、宜良、石林、嵩明、禄劝、寻甸、安宁，曲靖的麒麟、马龙、陆良、师宗、会泽、沾益，玉溪的红塔、江川、澄江、通海、华宁、易门、峨山、元江，昭通的巧家，丽江的古城、永胜、宁蒗，普洱的思茅、宁洱、墨江、镇沅、孟连、西盟，临沧的沧源，红河的元阳、金平、绿春、河口，文山全部，大理的祥云、宾川、南涧、鹤庆，德宏的芒市、梁河，迪庆的维西等地。

K 为 0.006～0.007t·hm^2·h/(hm^2·MJ·mm)的地区主要有曲靖的富源，保山的隆阳、施甸、昌宁，昭通的昭阳、盐津、彝良，红河的个旧、开远、屏边、建水、石屏、弥勒、泸西，怒江的贡山等地。

K 为 0.007～0.017t·hm^2·h/(hm^2·MJ·mm)的地区主要有曲靖的罗平，玉溪的新平，昭通的绥江、威信、水富，楚雄全部，红河的红河，大理的弥渡、巍山、永平、云龙、洱源等地。

云南省土壤可蚀性因子及其分布见表 3-3～表 3-5，空间分布见图 3-2。

表 3-3 云南省土壤可蚀性因子值订正结果

土纲名称	土类名称	K 计算值 /[t·hm^2·h/(hm^2·MJ·mm)]	K 实测值 /[t·hm^2·h/(hm^2·MJ·mm)]	修订系数	K 修订后值 /[t·hm^2·h/(hm^2·MJ·mm)]
半淋溶土	褐土	0.030 58		0.215 058	0.006 576 5
	燥红土	0.034 574 638		0.215 058	0.007 435 6
半水成土	亚高山草甸土	0.027 54		0.215 058	0.005 922 7
初育土	火山灰土	0.038 16		0.325 392	0.012 417
	石灰岩土	0.023 333 692		0.325 392	0.007 592 6
	新积土	0.025 42		0.325 392	0.008 271 5
	紫色土	0.038 415 148	0.012 5	0.325 392	0.012 5
高山土	高山草甸土	0.012 11		0.215 058	0.002 604 4
	高山寒漠土	0.001 59		0.215 058	0.000 341 9
淋溶土	暗棕壤	0.026 768 125		0.188 954	0.005 057 9
	黄棕壤	0.028 080 865		0.188 954	0.005 306
	棕壤	0.022 227 631	0.004 2	0.188 954	0.004 2
	棕色针叶林土	0.031 794 318		0.188 954	0.006 007 7

续表

土纲名称	土类名称	K 计算值 /[t·hm²·h/(hm²·MJ·mm)]	K 实测值 /[t·hm²·h/(hm²·MJ·mm)]	修订系数	K 修订后值 /[t·hm²·h/(hm²·MJ·mm)]
人为土	水稻土	0.031 990 387		0.215 058	0.006 879 8
	沼泽土	0.013 48		0.215 058	0.002 899
铁铝土	赤红壤	0.027 842 419		0.172 943	0.004 815 2
	红壤	0.030 762 634	0.005 58	0.181 388	0.005 58
	黄壤	0.030 395 476	0.005	0.164 498	0.005
	砖红壤	0.029 119 54		0.172 943	0.005 036

表 3-4　云南省土壤可蚀性因子　[单位：$t·hm^2·h/(hm^2·MJ·mm)$]

地区	最大值	土类	最小值	土类	平均值
昆明	0.0169	紫色土	0.0026	红壤	0.0060
曲靖	0.0131	紫色土	0.0026	红壤	0.0062
玉溪	0.0169	紫色土	0.0026	红壤	0.0069
保山	0.0131	紫色土	0.0003	高山寒漠土	0.0057
昭通	0.0140	紫色土	0.0029	黄棕壤	0.0062
丽江	0.0131	紫色土	0.0003	高山寒漠土	0.0060
普洱	0.0169	紫色土	0.0028	赤红壤	0.0059
临沧	0.0131	紫色土	0.0029	黄棕壤	0.0055
楚雄	0.0169	紫色土	0.0026	红壤	0.0101
红河	0.0140	紫色土	0.0026	砖红壤	0.0064
文山	0.0140	紫色土	0.0029	黄棕壤	0.0063
西双版纳	0.0169	紫色土	0.0029	黄棕壤	0.0054
大理	0.0169	紫色土	0.0026	红壤	0.0067
德宏	0.0131	紫色土	0.0029	黄棕壤	0.0052
怒江	0.0169	紫色土	0.0014	棕色针叶林土	0.0056
迪庆	0.0169	紫色土	0.0003	高山寒漠土	0.0048

表 3-5　云南省土壤可蚀性因子分布　（单位：km^2）

地区	K_1	K_2	K_3	K_4	K_5	K_6	合计
昆明	2 948.01	661.42	10 812.26	2 861.20	1 171.01	2 558.26	21 012.16
曲靖	3 116.29	2 522.45	11 837.68	5 229.83	1 750.03	4 447.83	28 904.11
玉溪	1 265.42	1 611.20	6 390.28	1 486.27	916.99	3 275.20	14 945.36
保山	2 729.00	6 103.50	2 486.67	5 350.42	734.81	1 662.10	19 066.50
昭通	2 113.82	6 407.52	3 382.34	5 413.01	406.62	4 706.86	22 430.17
丽江	4 692.87	3 116.13	6 389.02	2 395.83	564.65	3 390.50	20 549.00
普洱	2 253.67	14 890.76	16 863.40	5 453.23	51.05	4 834.89	44 347.00
临沧	2 225.01	9 105.58	5 293.00	4 769.27	307.41	1 925.04	23 625.31
楚雄	2 334.56	176.00	4 341.18	2 555.22	539.57	18 501.68	28 448.21
红河	3 024.14	5 398.75	7 452.69	11 492.83	238.94	4 573.77	32 181.12
文山	362.32	2 512.68	15 327.87	5 176.24	298.82	7 726.84	31 404.77

续表

地区	K_1	K_2	K_3	K_4	K_5	K_6	合计
西双版纳	198.71	12 829.94	3 080.75	1 447.26	8.38	1 429.47	18 994.51
大理	5 093.13	1138.07	9 545.94	1 895.54	547.69	10 081.79	28 302.16
德宏	2 189.46	3 885.53	3 171.50	1 184.89	122.96	619.41	11 173.75
怒江	4 311.57	2 344.03	2 877.29	2 279.66	134.34	2 651.04	14 597.93
迪庆	9 479.53	2 209.06	3 854.56	3 787.09	3 181.79	715.93	23 227.96
合计	48 337.51	74 912.62	113 106.43	62 777.79	10 975.06	73 100.61	383 210.02
占比/%	12.61	19.55	29.52	16.38	2.86	19.08	100.00

注：土壤可蚀性因子 K_1 为 0～0.004，K_2 为 0.004～0.005，K_3 为 0.005～0.006，K_4 为 0.006～0.007，K_5 为 0.007～0.008，K_6 为 0.008～0.017，单位 $t{\cdot}hm^2{\cdot}h/(hm^2{\cdot}MJ{\cdot}mm)$

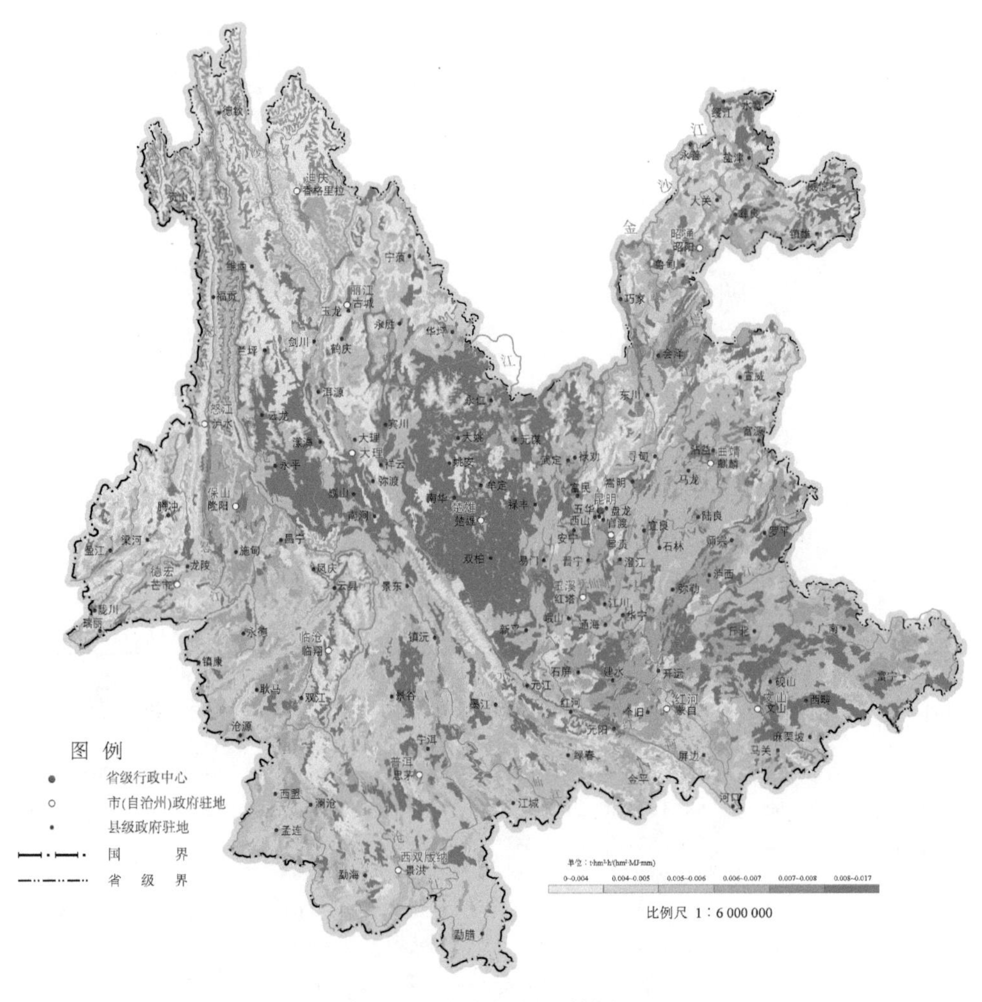

图 3-2 云南省土壤可蚀性因子

第三节　坡 度 因 子

云南省坡度为 0°～88.86°，平均值 23.78°。从空间分布上看，小坡度主要分布在昆明、曲靖、蒙自、平远、滇池、洱海等坝子和湖泊区域，坡度多在 10°以下，其余地区坡度较大，其中大于 15°的土地面积占全省土地总面积的 74.82%，大于 25°的占 47.75%，大于 35°的占 19.69%。

云南省坡度及其分布见表 3-6 和表 3-7，空间分布见图 3-3。

表 3-6　云南省坡度　　[单位：(°)]

地区	最小值	最大值	平均值
昆明	0	83.71	18.37
曲靖	0	81.50	16.26
玉溪	0	80.62	23.03
保山	0	84.32	24.34
昭通	0	85.69	26.82
丽江	0	86.26	25.56
普洱	0	83.33	25.46
临沧	0	80.53	25.41
楚雄	0	82.21	23.99
红河	0	83.54	22.64
文山	0	88.86	22.25
西双版纳	0	80.26	22.24
大理	0	84.75	23.37
德宏	0	71.76	18.49
怒江	0	85.07	34.91
迪庆	0	85.31	29.51

表 3-7　云南省坡度分布　　（单位：km^2）

地区	坡度<5°	坡度 5°～8°	坡度 8°～15°	坡度 15°～25°	坡度 25°～35°	坡度>35°	合计
昆明	3 881.54	1 498.52	3 858.41	5 283.20	4 043.15	2 447.34	21 012.16
曲靖	6 154.71	2 465.59	6 044.61	7 264.81	4 630.50	2 343.89	28 904.11
玉溪	1 443.43	532.71	1 952.17	4 189.12	4 198.58	2 629.35	14 945.36
保山	1 473.08	777.80	2 252.25	4 991.90	5 620.52	3 950.95	19 066.50
昭通	1 405.70	709.79	2 649.76	5 364.34	5 735.33	6 565.25	22 430.17
丽江	1 365.32	637.44	2 499.89	5 151.41	5 820.68	5 074.26	20 549.00
普洱	1 413.65	884.42	4 348.31	14 256.13	15 653.47	7 791.02	44 347.00
临沧	1 002.71	534.06	2 329.18	7 222.76	8 051.56	4 485.04	23 625.31

续表

地区	坡度<5°	坡度 5°～8°	坡度 8°～15°	坡度 15°～25°	坡度 25°～35°	坡度>35°	合计
楚雄	1 906.67	1 021.24	3 693.17	8 151.83	8 451.77	5 223.53	28 448.21
红河	3 748.84	1 354.20	4 193.31	8 341.66	8 672.69	5 870.42	32 181.12
文山	4 616.18	1 112.46	3 505.95	8 105.36	8 563.58	5 501.24	31 404.77
西双版纳	1 402.25	558.77	2 377.01	6 942.10	5 760.93	1 953.45	18 994.51
大理	2 651.85	957.03	3 415.76	7 995.22	8 224.26	5 058.04	28 302.16
德宏	1 533.64	517.56	2 002.45	4 032.65	2 410.59	676.86	11 173.75
怒江	143.19	113.04	507.62	1 878.01	4 169.06	7 787.01	14 597.93
迪庆	766.61	474.28	1 818.73	4 553.78	7 536.42	8 078.14	23 227.96
合计	34 909.37	14 148.91	47 448.58	103 724.28	107 543.09	75 435.79	383 210.02
占比/%	9.11	3.69	12.38	27.07	28.06	19.69	100.00

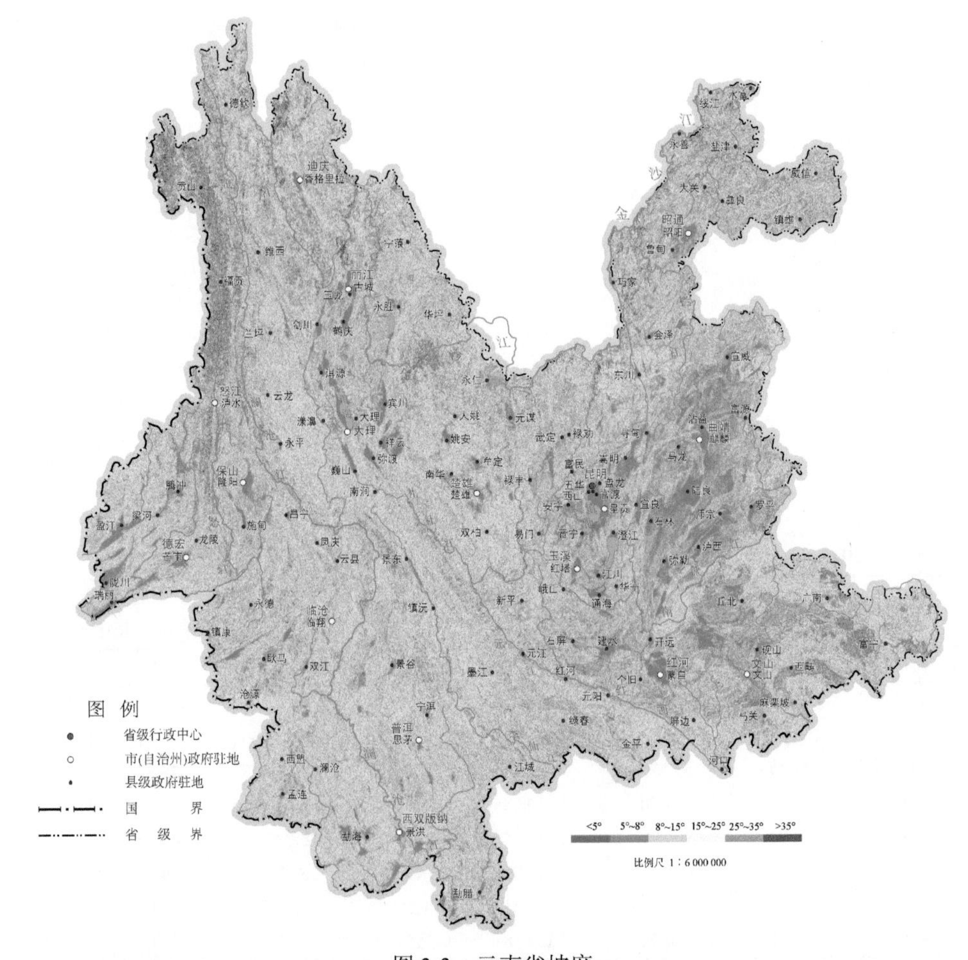

图 3-3 云南省坡度

云南省坡度因子（*S*）为 0～9.995，平均值 4.53，空间分布与坡度相似。全省的坡度因子主要集中在 4.7～6.5，在此范围内的土地面积占全省土地总面积的 42.79%；其次是 2.84～4.7，占全省总面积的 23.88%。

S 为 0～0.96 的地区主要有昆明的官渡、西山、呈贡、石林、嵩明，曲靖的麒麟、陆良、沾益，玉溪的江川、澄江、通海，红河的泸西，文山的砚山，德宏的瑞丽等地。

S 为 0.96～4.7 的地区主要有昆明的五华、盘龙、晋宁、宜良、安宁，曲靖的马龙、师宗、富源、宣威，德宏的梁河、盈江、陇川等地。

S 为 4.7～10 的地区主要有昆明的东川、富民、禄劝、寻甸，曲靖的罗平、会泽，玉溪的红塔、华宁、易门、峨山、新平、元江，保山全部，昭通全部，丽江全部，普洱全部，临沧全部，楚雄全部，红河的个旧、开远、蒙自、屏边、建水、石屏、弥勒、元阳、红河、金平、绿春、河口，文山的文山、西畴、麻栗坡、马关、丘北、广南、富宁，西双版纳全部，大理全部，德宏的芒市，怒江全部，迪庆全部等地。

云南省坡度因子及其分布见表 3-8 和表 3-9。

表 3-8　云南省坡度因子　　[单位：(°)]

地区	最小值	最大值	平均值
昆明	0.0000	9.9950	3.5800
曲靖	0.0000	9.9950	3.3231
玉溪	0.0000	9.9950	4.3758
保山	0.0000	9.9950	4.6014
昭通	0.0000	9.9950	5.2564
丽江	0.0000	9.9950	4.4230
普洱	0.0000	9.9950	4.9486
临沧	0.0000	9.9950	5.3034
楚雄	0.0000	9.9950	4.4326
红河	0.0000	9.9950	4.4925
文山	0.0000	9.9950	4.2964
西双版纳	0.0000	9.9950	4.8584
大理	0.0000	9.9950	4.3307
德宏	0.0000	9.9950	3.5900
怒江	0.0000	9.9950	5.6230
迪庆	0.0000	9.9950	5.0329

表 3-9　云南省坡度因子分布

（单位：km^2）

地区	S_1	S_2	S_3	S_4	S_5	S_6	S_7	S_8	合计
昆明	3 830.69	1 929.04	2 322.93	5 122.00	6 302.14	637.50	419.17	448.69	21 012.16
曲靖	6 108.59	3 242.22	3 657.97	6 968.26	6 684.11	934.75	621.50	686.71	28 904.11
玉溪	1 434.52	693.63	1 156.81	3 858.85	6 383.49	556.62	417.79	443.65	14 945.36
保山	1 459.23	988.60	1 301.49	4 337.86	8 865.76	817.45	628.21	667.90	19 066.50
昭通	1 394.01	876.62	1 263.46	4 064.57	10 014.41	1 341.91	1 173.41	2 301.78	22 430.17
丽江	1 355.98	922.77	1 682.25	5 097.14	10 317.90	400.39	283.70	488.87	20 549.00
普洱	1 409.21	1 240.54	2 619.86	12 132.17	21 124.57	2 250.51	1 776.88	1 793.26	44 347.00
临沧	994.67	678.67	1 179.83	5 291.15	10 424.56	1 760.75	1 508.32	1 787.36	23 625.31
楚雄	1 890.13	1 418.97	2 413.02	7 708.92	12 711.16	870.47	666.97	768.57	28 448.21
红河	3 725.80	1 782.11	2 495.17	7 171.56	12 365.38	1 449.88	1 272.01	1 919.21	32 181.12
文山	4 596.05	1 403.99	1 976.54	7 035.69	12 731.95	1 364.37	1 073.62	1 222.56	31 404.77
西双版纳	1 392.82	724.20	1 319.78	5 429.47	6 396.25	1 440.73	1 154.30	1 136.96	18 994.51
大理	2 637.33	1 326.51	2 193.13	7 369.09	12 527.51	934.19	666.08	648.32	28 302.16
德宏	1 525.84	745.25	1 394.19	3 949.00	3 037.20	277.30	149.48	95.49	11 173.75
怒江	141.56	161.95	320.86	1 590.94	10 392.97	333.00	425.05	1 231.60	14 597.93
迪庆	759.95	747.87	1 302.29	4 387.40	13 685.32	398.82	446.47	1 499.84	23 227.96
合计	34 656.38	18 882.94	28 599.58	91 514.07	163 964.68	15 768.64	12 682.96	17 140.77	383 210.02
占比/%	9.04	4.93	7.46	23.88	42.79	4.12	3.31	4.47	100.00

注：坡度因子 S_1 为 0～0.96，S_2 为 0.96～1.83，S_3 为 1.83～2.84，S_4 为 2.84～4.7，S_5 为 4.7～6.5，S_6 为 6.5～8.29，S_7 为 8.29～9.994，S_8 为 9.994～9.995

第四节 坡长因子

基于中国土壤流失模型原理，结合云南省区域特征，采用的坡长截断阈值为100m，即大于100m的坡长按100m计，因此云南省坡长变化为0～100m，平均值55.46m。从空间分布上看，小坡长主要分布在昆明、曲靖、蒙自、平远、滇池、洱海等坝子和湖泊区域，坡长多在30m以下，其余地区的坡长都较长，其中大于90m的土地面积占全省土地总面积的32.17%。

云南省坡长及其分级见表3-10和表3-11，空间分布见图3-4。

云南省坡长因子（L_1）为0～3.18，平均值1.76，空间分布与坡长相似。因大于100m坡长区域采用平均坡长因子，全省大面积区域的坡长因子在1.88～2.14，在此范围内的土地面积占全省土地总面积的32.29%。

*L*小于1.88的地区主要有昆明的五华、盘龙、官渡、西山、呈贡、晋宁、嵩明、安宁，玉溪的江川、澄江、通海，楚雄的元谋、禄丰等地。

*L*大于1.88的地区主要有昆明的东川、富民、宜良、石林、禄劝、寻甸，曲靖全部，玉溪的红塔、华宁、易门、峨山、新平、元江，保山全部，昭通全部，丽江全部，普洱全部，临沧全部，楚雄的楚雄、双柏、牟定、大姚、永仁、武定，红河全部，文山全部，西双版纳全部，大理全部，德宏全部，怒江全部，迪庆全部等地。

云南省坡长及其分布见表3-12和表3-13。

表3-10 云南省坡长 （单位：m）

地区	最小值	最大值	平均值
昆明	0	100	51.61
曲靖	0	100	53.46
玉溪	0	100	52.89
保山	0	100	54.19
昭通	0	100	50.71
丽江	0	100	57.21
普洱	0	100	56.39
临沧	0	100	56.15
楚雄	0	100	51.73
红河	0	100	55.22
文山	0	100	51.45
西双版纳	0	100	54.19
大理	0	100	55.19
德宏	0	100	56.18
怒江	0	100	66.73
迪庆	0	100	69.07

表 3-11　云南省坡长分布

（单位：km^2）

地区	坡长 0～10m	坡长 10～20m	坡长 20～30m	坡长 30～40m	坡长 40～50m	坡长 50～60m	坡长 60～70m	坡长 70～80m	坡长 80～90m	坡长＞90m	合计
昆明	5 313.77	931.25	2 169.70	1 782.48	771.54	1 289.54	1 097.62	619.05	789.93	6 247.28	21 012.16
曲靖	7 157.19	1 148.62	2 729.75	2 313.64	986.60	1 758.89	1 526.83	837.70	1 144.30	9 300.59	28 904.11
玉溪	3 286.07	686.08	1 663.47	1 395.24	592.95	1 027.98	871.91	478.39	630.11	4 313.16	14 945.36
保山	3 816.38	880.99	2 175.87	1 831.64	786.19	1 348.37	1 139.33	640.60	807.75	5 639.38	19 066.50
昭通	5 031.54	1 131.25	2 778.69	2 252.87	994.33	1 541.67	1 273.34	734.20	864.30	5 827.98	22 430.17
丽江	3 955.99	851.73	2 117.50	1 791.37	774.19	1 349.22	1 166.46	649.16	861.41	7 031.97	20 549.00
普洱	7 958.94	1 950.87	4 930.92	4 260.40	1 830.91	3 243.58	2 791.10	1 546.73	2 030.88	13 802.67	44 347.00
临沧	4 383.92	1 036.69	2 623.91	2 239.82	958.22	1 665.03	1 416.72	785.16	1 015.48	7 500.36	23 625.31
楚雄	6 016.51	1 410.06	3 467.31	2 884.03	1 249.95	2 065.76	1 725.47	974.08	1 194.36	7 460.68	28 448.21
红河	6 963.64	1 297.20	3 198.00	2 746.27	1 175.52	2 118.53	1 840.01	1 014.65	1 385.40	10 441.90	32 181.12
文山	7 975.22	1 250.00	3 115.18	2 699.27	1 155.26	2 079.36	1 797.96	993.49	1 331.56	9 007.47	31 404.77
西双版纳	3 889.61	844.46	2 071.95	1 778.54	770.34	1 360.40	1 180.38	670.31	854.59	5 573.93	18 994.51
大理	5 875.37	1 217.82	2 978.99	2 512.58	1 087.41	1 883.70	1 625.60	916.34	1 187.26	9 017.09	28 302.16
德宏	2 545.06	425.62	996.82	848.24	368.30	671.20	601.67	346.00	458.01	3 912.83	11 173.75
怒江	1 810.10	483.31	1 261.13	1 128.81	480.37	922.72	824.37	436.50	656.53	6 594.09	14 597.93
迪庆	2 961.19	670.99	1 717.02	1 542.52	668.13	1 286.94	1 184.00	641.97	965.86	11 589.34	23 227.96
合计	78 940.50	16 216.94	39 996.21	34 007.72	14 650.21	25 612.89	22 062.77	12 284.33	16 177.73	123 260.72	383 210.02
占比/%	20.60	4.23	10.44	8.87	3.82	6.68	5.76	3.21	4.22	32.17	100.00

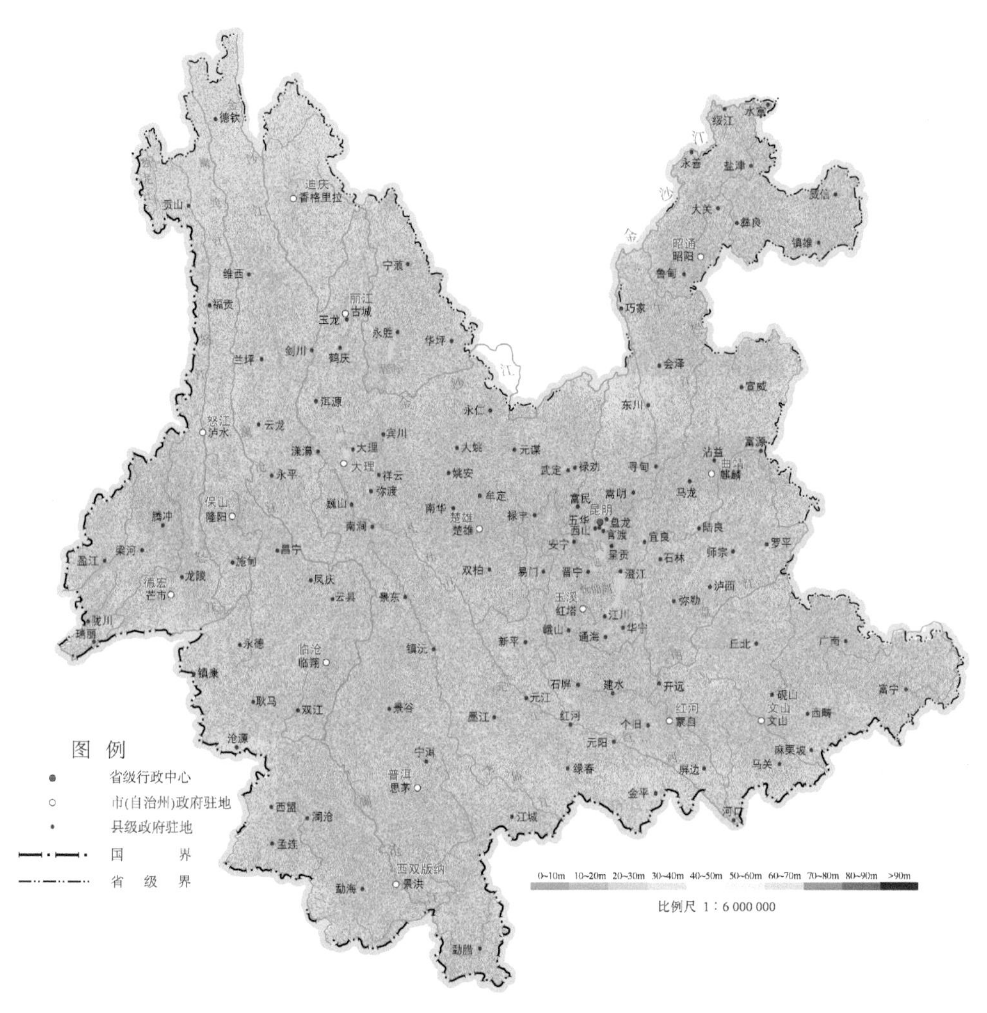

图 3-4　云南省坡长

表 3-12　云南省坡长因子

地区	最小值	最大值	平均值	地区	最小值	最大值	平均值
昆明	0.0000	3.1805	1.6478	楚雄	0.0000	3.1805	1.7453
曲靖	0.0000	3.1805	1.6597	红河	0.0000	3.1805	1.7430
玉溪	0.0000	3.1805	1.7293	文山	0.0000	3.1805	1.6571
保山	0.0000	3.1805	1.7734	西双版纳	0.0000	3.1805	1.7745
昭通	0.0000	3.1805	1.7120	大理	0.0000	3.1805	1.7593
丽江	0.0000	3.1805	1.7953	德宏	0.0000	3.1805	1.7274
普洱	0.0000	3.1805	1.8288	怒江	0.0000	3.1805	1.9517
临沧	0.0000	3.1805	1.8062	迪庆	0.0000	3.1805	1.9455

表 3-13　云南省坡长因子分布

（单位：km^2）

地区	L_1	L_2	L_3	L_4	L_5	L_6	L_7	L_8	L_9	L_{10}	合计
昆明	2 233.57	4 069.00	1 702.78	2 001.68	6 217.07	889.98	1 131.78	942.79	673.36	1 150.15	21 012.16
曲靖	3 451.50	4 907.40	2 238.03	2 804.00	8 783.01	1 206.74	1 582.46	1 320.65	946.96	1 663.36	28 904.11
玉溪	1 089.42	2 905.31	1 189.31	1 496.85	4 428.34	697.49	908.44	764.38	548.71	917.11	14 945.36
保山	903.15	3 827.12	1 552.64	1 967.14	5 820.72	929.18	1 186.36	992.54	700.63	1 187.02	19 066.50
昭通	1 144.03	5 032.25	2 011.78	2 445.20	6 273.32	1 074.92	1 328.54	1 090.61	776.66	1 252.86	22 430.17
丽江	1 111.49	3 716.93	1 495.86	1 922.75	7 088.03	923.38	1 210.06	1 037.38	750.73	1 292.39	20 549.00
普洱	1 601.29	8 317.72	3 457.58	4 538.64	14 080.35	2 189.21	2 903.61	2 473.90	1 784.32	3 000.38	44 347.00
临沧	973.61	4 456.81	1 869.75	2 398.83	7 692.81	1 128.82	1 474.42	1 243.86	888.02	1 498.38	23 625.31
楚雄	1 334.02	6 118.55	2 495.84	3 113.89	7 904.38	1 418.01	1 797.87	1 487.67	1 058.28	1 719.70	28 448.21
红河	2 837.79	5 463.90	2 299.83	2 965.39	10 364.08	1 452.17	1 908.90	1 639.41	1 180.79	2 068.86	32 181.12
文山	4 007.62	5 230.17	2 334.10	2 990.65	8 877.22	1 406.19	1 868.55	1 587.48	1 144.13	1 958.66	31 404.77
西双版纳	1 106.14	3 653.57	1 476.87	1 895.48	5 648.56	922.54	1 223.51	1 045.18	752.05	1 270.61	18 994.51
大理	1 839.79	5 304.50	2 201.83	2 718.58	9 028.05	1 297.29	1 680.78	1 431.86	1 026.30	1 773.18	28 302.16
德宏	1 133.40	1 865.99	700.36	906.50	3 831.49	459.51	620.67	545.97	397.20	712.66	11 173.75
怒江	277.41	2 016.86	863.64	1 185.39	6 463.65	615.15	851.55	757.36	561.28	1 005.64	14 597.93
迪庆	727.92	2913.94	1 193.51	1 617.03	11 235.60	866.85	1 212.00	1 102.24	821.96	1 536.91	23 227.96
合计	25 772.15	69 800.02	29 083.71	36 968.00	123 736.68	17 477.43	22 889.50	19 463.28	14 011.38	24 007.87	383 210.02
占比/%	6.73	18.21	7.59	9.65	32.29	4.56	5.97	5.08	3.66	6.26	100.00

注：坡长因子 L_1 为 0～0.67，L_2 为 0.67～1.23，L_3 为 1.23～1.59，L_4 为 1.59～1.88，L_5 为 1.88～2.14，L_6 为 2.14～2.36，L_7 为 2.36～2.57，L_8 为 2.57～2.76，L_9 为 2.76～2.94，L_{10} 为>2.94

第五节 生物措施因子

云南省生物措施因子（B）在 0～1，平均值 0.25，呈现出两极分化的特征。小于 0.03 的土地面积占全省土地总面积的 57.54%，主要是林地、草地和灌木林地等；有 22.11%地区的生物措施因子为 1，主要是耕地、城镇村居民点及工矿用地等。从空间分布上看，生物措施因子呈现东高西低的趋势，低值主要分布迪庆、怒江、德宏、普洱、西双版纳等滇西北和滇南地区，这些区域林地面积广，植被覆盖度高，因此生物措施因子较低，多在 0.03 以下。生物措施因子高值主要分布在昭通、曲靖、红河及文山等地，这些区域耕地面积广，生物措施因子多在 0.4 以上。

B 在 0.01 以下的地区主要有昆明的官渡、呈贡，玉溪的新平，保山的昌宁，普洱的思茅、宁洱、墨江、景谷、镇沅、江城、澜沧、西盟，临沧的永德、双江、耿马、沧源，楚雄的武定，红河的元阳、红河、金平、绿春、河口，西双版纳的景洪、勐腊，怒江的福贡，迪庆的维西等地。

B 为 0.01～0.03 的地区主要有昆明的五华、盘龙、西山、晋宁、富民、禄劝、安宁，曲靖的师宗，玉溪的红塔、江川、澄江、通海、易门、峨山、元江，保山的隆阳、施甸、腾冲、龙陵，昭通的盐津、大关、永善、绥江、彝良、水富，丽江全部，普洱的景东、孟连，临沧的临翔、凤庆、云县、镇康，楚雄的楚雄、双柏、牟定、南华、姚安、大姚、永仁、禄丰，红河的开远、屏边、建水、石屏、弥勒，文山的西畴、麻栗坡、马关、广南、富宁，西双版纳的勐海，大理的大理、漾濞、祥云、宾川、弥渡、南涧、巍山、永平、云龙，德宏全部，怒江的泸水、贡山、兰坪，迪庆的香格里拉、德钦等地。

B 在 0.03 以上的地区主要有昆明的东川、宜良、石林、嵩明、寻甸，曲靖的麒麟、马龙、陆良、罗平、富源、会泽、沾益、宣威，玉溪的华宁，昭通的昭阳、鲁甸、巧家、镇雄、威信，楚雄的元谋，红河的个旧、蒙自、泸西，文山的文山、砚山、丘北，大理的洱源、剑川、鹤庆等地。

云南省生物措施因子及其分布见表 3-14 和表 3-15，空间分布见图 3-5。

表 3-14 云南省生物措施因子

地区	最小值	最大值	平均值
昆明	0	1	0.3159
曲靖	0	1	0.3867
玉溪	0	1	0.2575
保山	0	1	0.2549
昭通	0	1	0.3982

续表

地区	最小值	最大值	平均值
丽江	0	1	0.1651
普洱	0	1	0.1867
临沧	0	1	0.3041
楚雄	0	1	0.2225
红河	0	1	0.3001
文山	0	1	0.3226
西双版纳	0	1	0.1061
大理	0	1	0.2151
德宏	0	1	0.2194
怒江	0	1	0.1047
迪庆	0	1	0.0710

表 3-15　云南省生物措施因子分布　（单位：km^2）

地区	B_1	B_2	B_3	B_4	B_5	B_6	B_7	合计
昆明	2 086.83	4 990.11	5 692.97	906.38	995.06	328.18	6 012.63	21 012.16
曲靖	2 007.30	5 380.88	8 178.70	995.57	1 455.86	544.84	10 340.96	28 904.11
玉溪	4 787.78	4 465.98	901.20	418.02	609.23	224.86	3 538.29	14 945.36
保山	2 425.09	9 964.02	1 017.13	435.41	573.42	208.17	4 443.26	19 066.50
昭通	2 109.63	7 406.96	2 209.02	748.61	1 224.37	353.35	8 378.23	22 430.17
丽江	1 303.64	12 458.09	1 801.08	732.85	1 220.62	208.02	2 824.70	20 549.00
普洱	25 145.49	8 137.67	1 397.43	813.81	799.67	370.20	7 682.73	44 347.00
临沧	6 765.63	6 946.40	1 379.32	801.08	739.37	231.55	6 761.96	23 625.31
楚雄	3 386.59	13 398.70	2 008.22	1 045.71	2 329.85	871.18	5 407.96	28 448.21
红河	7 679.49	9 456.49	2 440.97	1 233.66	1 830.08	703.73	8 836.70	32 181.12
文山	2 240.37	12 998.47	3 992.36	1 063.50	1 329.35	441.21	9 339.51	31 404.77
西双版纳	7 515.73	8 469.87	614.71	289.33	327.11	46.80	1 730.96	18 994.51
大理	1 403.13	12 902.88	6 104.03	1 023.37	1 224.86	380.18	5 263.71	28 302.16
德宏	602.49	7 204.38	499.64	334.89	156.25	142.81	2 233.29	11 173.75
怒江	3 100.24	7 879.25	1 228.07	391.44	665.38	159.25	1 174.30	14 597.93
迪庆	3 007.14	12 855.00	1 390.48	1 028.83	3 751.45	429.47	765.59	23 227.96
合计	75 566.57	144 915.15	40 855.33	12 262.46	19 231.93	5 643.80	84 734.78	383 210.02
占比/%	19.72	37.82	10.66	3.20	5.02	1.47	22.11	100.00

注：生物措施因子 B_1 为 0～0.01，B_2 为 0.01～0.03，B_3 为 0.03～0.06，B_4 为 0.06～0.1，B_5 为 0.1～0.2，B_6 为 0.2～0.35，B_7 为 0.35～1

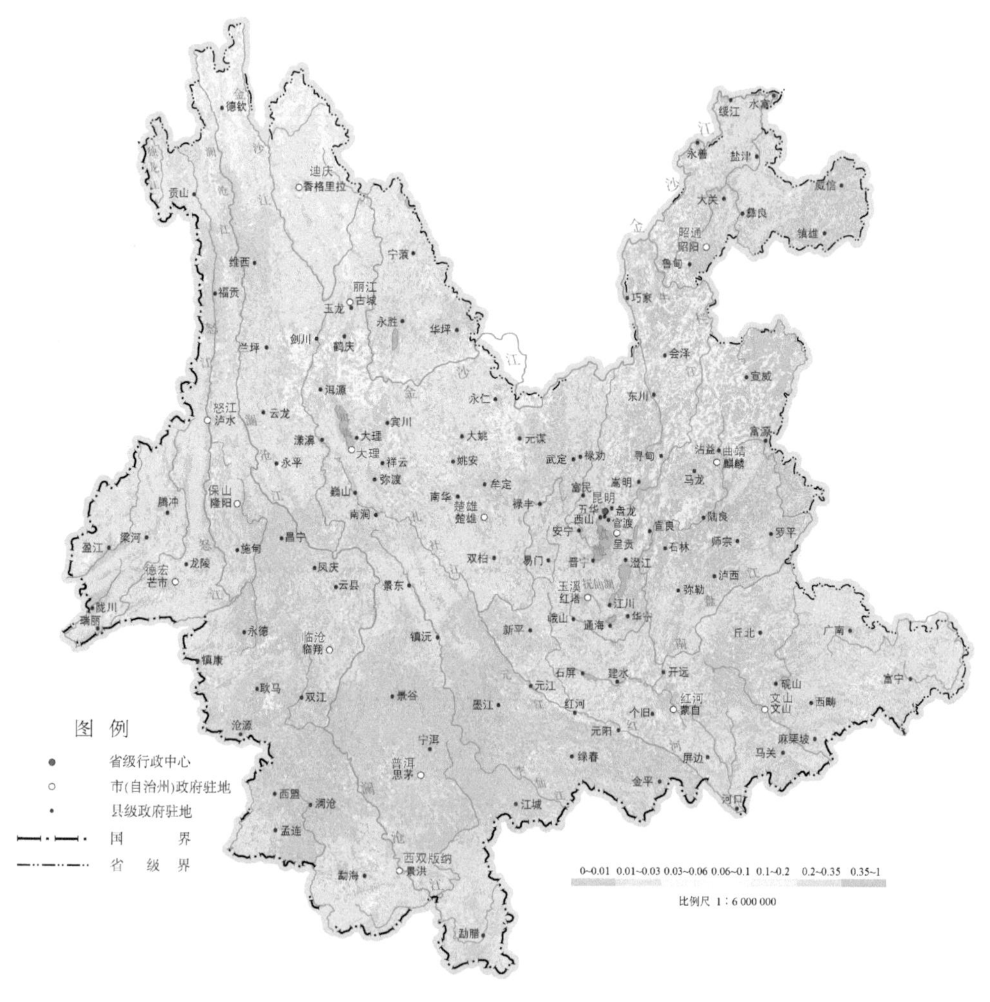

图 3-5 云南省生物措施因子

第六节 工程措施因子

云南省水平梯田（因子赋值 0.01）、坡式梯田（因子赋值 0.252）、隔坡梯田（因子赋值 0.343）、水平阶（因子赋值 0.114）4 种水土保持工程措施图斑有 1 416 646 个，总面积 65 409.48km^2。其中坡式梯田面积最大，为 35 212.29km^2，占全省土地总面积 9.19%，全省各地均有分布，其中曲靖、昭通、昆明、文山等地分布较为广泛。水平梯田面积次之，为 21 008.30km^2，占全省总面积 5.48%，多分布在各地的水田、水浇地等地类上。隔坡梯田面积 5529.39km^2，主要为西双版纳等地的橡胶林，普洱、临沧、红河、德宏也有分布。水平阶面积最小，仅占全省土地总面积 0.96%，集中分布在普洱、临沧、红河等地的茶园，其他各地零星分布。

云南省工程措施因子及其分布情况见表3-16和表3-17，空间分布见图3-6。

表3-16 云南省工程措施因子

地区	最小值	最大值	平均值
昆明	0.0100	1.0000	0.8192
曲靖	0.0100	1.0000	0.7579
玉溪	0.0100	1.0000	0.8529
保山	0.0100	1.0000	0.8494
昭通	0.0100	1.0000	0.8226
丽江	0.0100	1.0000	0.9356
普洱	0.0100	1.0000	0.8797
临沧	0.0100	1.0000	0.8288
楚雄	0.0100	1.0000	0.8796
红河	0.0100	1.0000	0.8220
文山	0.0100	1.0000	0.8662
西双版纳	0.0100	1.0000	0.7985
大理	0.0100	1.0000	0.8829
德宏	0.0100	1.0000	0.8470
怒江	0.0100	1.0000	0.9790
迪庆	0.0100	1.0000	0.9843

表3-17 云南省工程措施因子分布 （单位：km^2）

地区	类型				小计	无措施	合计
	水平梯田	水平阶	坡式梯田	隔坡梯田			
昆明	1 208.20	7.80	3 469.88	0.00	4 685.88	16 326.28	21 012.16
曲靖	2 180.01	24.64	6 446.15	0.00	8 650.80	20 253.31	28 904.11
玉溪	1 010.12	33.17	1 563.50	0.03	2 606.82	12 338.54	14 945.36
保山	1 541.53	208.94	1 551.36	0.00	3 301.83	15 764.67	19 066.50
昭通	582.83	8.26	4 539.30	0.00	5 130.39	17 299.78	22 430.17
丽江	599.48	4.30	971.26	0.00	1 575.04	18 973.96	20 549.00
普洱	2 032.77	1 124.09	2 437.13	754.11	6 348.10	37 998.90	44 347.00
临沧	1 353.88	737.84	2 684.18	63.69	4 839.59	18 785.72	23 625.31
楚雄	1 608.51	84.10	2 349.35	0.00	4 041.96	24 406.25	28 448.21
红河	2 956.78	742.60	2 805.61	64.01	6 569.00	25 612.12	32 181.12
文山	1 497.24	173.59	3 431.85	0.00	5 102.68	26 302.09	31 404.77
西双版纳	1 086.12	358.15	84.73	4 510.64	6 039.64	12 954.87	18 994.51
大理	1 768.16	70.24	2 006.44	0.00	3 844.84	24 457.32	28 302.16
德宏	1 334.65	80.11	303.82	136.91	1 855.49	9 318.26	11 173.75
怒江	97.97	1.43	279.19	0.00	378.59	14 219.34	14 597.93
迪庆	150.05	0.24	288.54	0.00	438.83	22 789.13	23 227.96
合计	21 008.30	3 659.50	35 212.29	5 529.39	65 409.48	317 800.54	383 210.02
占比/%	5.48	0.96	9.19	1.44	17.07	82.93	100.00

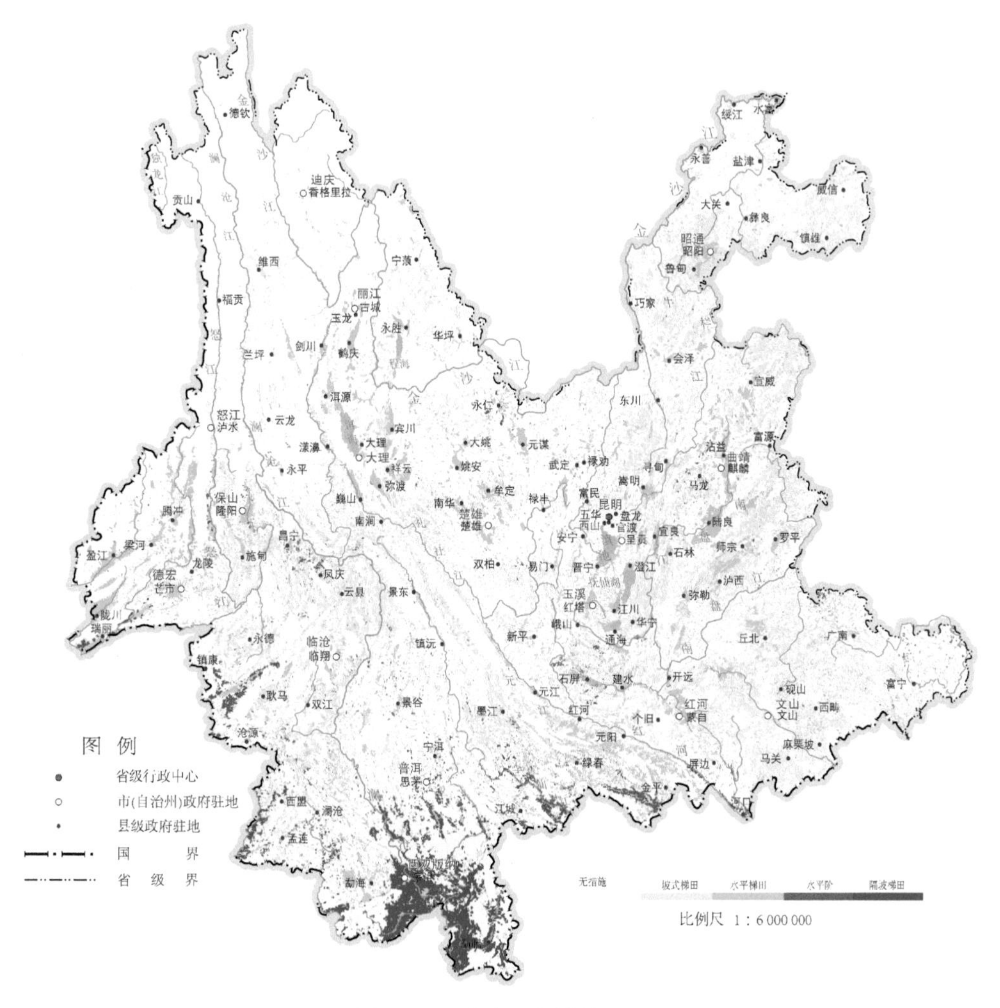

图 3-6　云南省工程措施因子

第七节　耕作措施因子

云南省耕作措施因子（*T*）为 0.353～1，平均值 0.869。根据中国土壤流失方程原理，无耕作措施地区因子为 1，耕地的耕作措施因子依据轮作方式确定。耕作措施因子较低的区域主要为大理、楚雄、昆明和玉溪等地，属云南高原水田旱地二熟一熟区，*T* 为 0.353。耕作措施因子值较高的区域主要为西双版纳、普洱、红河和德宏等地，属华南沿海西双版纳台南二熟三熟与热作区，*T* 为 0.456。

T 为 0.353 的地区主要有昆明的官渡、西山、东川、呈贡、晋宁、富民、宜良、石林、嵩明、禄劝、寻甸，曲靖的麒麟、马龙、陆良、罗平，玉溪的红塔、江川、澄江、通海、华宁、易门、峨山，保山的隆阳，临沧的凤庆，楚雄的楚雄、牟定、

南华、姚安、大姚、永仁、元谋、武定、禄丰，大理的大理、漾濞、祥云、宾川、弥渡、南涧、巍山、永平、云龙等地。

T 为 0.359 的地区主要有昭通的昭阳、鲁甸、巧家、盐津、大关、永善、绥江、镇雄、彝良、水富，丽江的古城、玉龙、永胜，怒江全部，迪庆的维西等地。

T 为 0.409 的地区主要有昆明的五华。

T 为 0.417 的地区主要有昆明的五华、安宁，曲靖的师宗、富源、沾益，玉溪的新平、元江，保山的施甸、腾冲、龙陵、昌宁，普洱的思茅、宁洱、墨江、景东、景谷、镇沅，临沧的临翔、云县、永德、双江、耿马，楚雄的双柏，红河的个旧、开远、蒙自、屏边、建水、石屏、弥勒、泸西、元阳、红河、绿春，文山的文山、西畴、麻栗坡、马关、丘北、广南、富宁，大理的洱源、剑川，德宏的梁河等地。

T 为 0.421 的地区主要有曲靖的会泽、宣威，昭通的威信，丽江的华坪、宁蒗，大理的鹤庆等地。

T 为 0.423 的地区主要有迪庆的香格里拉和德钦。

T 为 0.456 的地区主要有普洱的江城、孟连、澜沧、西盟，临沧的镇康、沧源，红河的金平、河口，西双版纳全部，德宏的瑞丽、芒市、盈江、陇川等地。

云南省耕作措施因子及其分布见表 3-18 和表 3-19，空间分布见图 3-7。

表 3-18　云南省耕作措施因子

地区	最小值	最大值	平均值
昆明	0.353	1.000	0.823
曲靖	0.353	1.000	0.789
玉溪	0.353	1.000	0.857
保山	0.353	1.000	0.861
昭通	0.359	1.000	0.763
丽江	0.353	1.000	0.916
普洱	0.353	1.000	0.903
临沧	0.353	1.000	0.833
楚雄	0.353	1.000	0.881
红河	0.353	1.000	0.845
文山	0.353	1.000	0.825
西双版纳	0.417	1.000	0.951
德宏	0.417	1.000	0.891
大理	0.353	1.000	0.884
怒江	0.353	1.000	0.949
迪庆	0.359	1.000	0.980

表 3-19　云南省耕作措施因子分布

（单位：km^2）

地区	T_1	T_2	T_3	T_4	T_5	T_6	T_7	T_8	合计
昆明	5 420.52	0.00	67.83	280.89	0.00	0.00	0.00	15 242.92	21 012.16
曲靖	2 807.22	0.00	0.00	3 341.48	4 016.00	0.00	0.00	18 739.41	28 904.11
玉溪	2 008.32	0.00	0.00	1 438.08	0.00	0.00	0.00	11 498.96	14 945.36
保山	1 192.98	0.00	0.00	3 216.95	0.00	0.00	0.00	14 656.57	19 066.50
昭通	0.00	7 737.67	0.00	0.00	604.96	0.00	0.00	14 087.54	22 430.17
丽江	0.00	1 556.15	0.00	0.00	1 245.05	0.00	0.00	17 747.80	20 549.00
普洱	0.00	0.00	0.00	4 251.42	0.00	0.00	3 362.54	36 733.04	44 347.00
临沧	972.43	0.00	0.00	4 561.85	0.00	0.00	1 202.76	16 888.27	23 625.31
楚雄	4 596.30	0.00	0.00	711.28	0.00	0.00	0.00	23 140.63	28 448.21
红河	0.00	0.00	0.00	7 681.99	0.00	0.00	945.67	23 553.46	32 181.12
文山	1 540.17	0.00	0.00	7 711.68	0.00	0.00	0.00	22 152.92	31 404.77
西双版纳	0.00	0.00	0.00	0.00	0.00	0.00	1 706.24	17 288.27	18 994.51
大理	3 959.70	0.00	0.00	758.45	472.90	0.00	0.00	23 111.11	28 302.16
德宏	0.00	0.00	0.00	280.76	0.00	0.00	1 940.30	8 952.69	11 173.75
怒江	0.00	1 158.19	0.00	0.00	0.00	0.00	0.00	13 439.74	14 597.93
迪庆	0.00	355.38	0.00	0.00	0.00	395.93	0.00	22 476.65	23 227.96
合计	22 497.64	10 807.39	67.83	34 234.83	6 338.91	395.93	9 157.51	299 709.98	383 210.02
占比/%	5.87	2.82	0.02	8.93	1.66	0.10	2.39	78.21	100.00

注：耕作措施因子 T_1 为 0.353，T_2 为 0.359，T_3 为 0.409，T_4 为 0.417，T_5 为 0.421，T_6 为 0.423，T_7 为 0.456，T_8 为 1.000

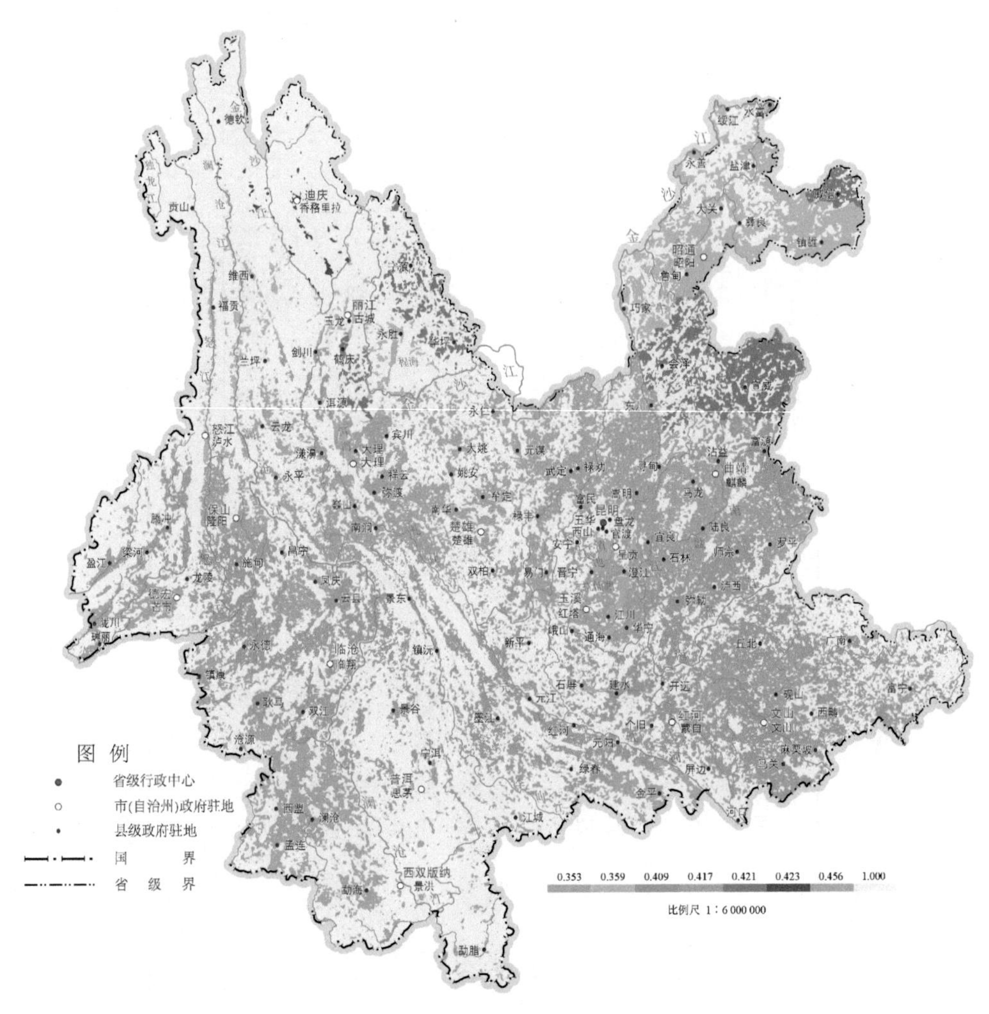

图 3-7 云南省耕作措施因子

第四章　云南省土壤侵蚀强度空间分异

第一节　云南省土壤侵蚀强度

根据云南省2015年土壤侵蚀调查结果，云南省土壤侵蚀面积为104 727.74km^2，占土地总面积的27.33%。其中轻度侵蚀面积为63 078.39km^2，占土地总面积的16.46%，占土壤总侵蚀面积的60.23%；中度侵蚀面积为17 617.13km^2，占土地总面积的4.60%，占土壤总侵蚀面积的16.82%；强烈侵蚀面积为11 422.68km^2，占土地总面积的2.98%，占土壤总侵蚀面积的10.91%；极强烈侵蚀面积为8056.56km^2，占土地总面积的2.10%，占土壤总侵蚀面积的7.69%；剧烈侵蚀面积为4552.98km^2，占土地总面积的1.19%，占土壤总侵蚀面积的4.35%。

全省轻度侵蚀广泛分布于缓坡旱地、有措施坡耕地、覆盖度低的园地和林草地上，在城镇村居民点、工矿用地及裸地等土地上也有分布。轻度侵蚀面积占全省轻度侵蚀面积比例较高的是楚雄、文山和曲靖，分别为10.93%、10.67%和10.08%，占比较低的是德宏、怒江和玉溪，分别为2.25%、2.63%和3.17%。轻度侵蚀面积占市（州）总侵蚀面积［微度侵蚀的土壤水力侵蚀模数小于容许土壤流失量500t/(km^2·年)，因此不计入土壤总侵蚀面积，下同］比例较高的是大理、丽江和楚雄，分别为68.82%、68.22%和68.17%，占比较低的是临沧、昭通和普洱，分别为44.87%、51.17%和52.16%。

全省中度侵蚀普遍分布于中等坡度无措施旱地、有措施但坡陡的旱地、覆盖度较低的园地和林草地上，在城镇村居民点、工矿用地及裸地等土地上也有分布。中度侵蚀面积占全省中度侵蚀面积比例较高的是文山、楚雄和曲靖，分别为9.93%、9.69%和9.32%，占比较低的是德宏、怒江和丽江，分别为2.01%、3.49%和3.58%。中度侵蚀面积占市（州）总侵蚀面积比例较高的是西双版纳、迪庆和怒江，分别为23.12%、21.50%和20.94%，占比较低的是大理、丽江和普洱，分别为12.89%、14.63%和15.21%。

全省强烈侵蚀主要分布在人类生产活动比较频繁的地区，如15°～25°的无措施陡坡旱地、25°～35°的虽有工程措施但措施质量不高或受损的陡坡旱地、工矿用地及裸地等土地上。强烈侵蚀面积占全省强烈侵蚀面积比例较高的是文山、临沧和普洱，分别为15.41%、10.87%和9.86%，西双版纳、德宏和迪庆分布相对较少，分别为1.29%、1.32%和2.14%。强烈侵蚀面积占市（州）总侵蚀面积比例较高的是临沧、文山和普洱，分别为18.32%、15.43%和13.52%，占比较低的是西双版纳、迪庆和楚雄，分别为4.47%、6.30%和6.86%。

全省极强烈侵蚀多分布于20°～30°陡坡无措施旱地和工矿用地及裸地等土地上。极强烈侵蚀面积占全省极强烈侵蚀面积比例较高的是昭通、普洱和临沧，分别为15.66%、11.84%和8.95%，较低的是德宏、西双版纳和迪庆，分别为1.61%、2.14%和2.38%。极强烈侵蚀面积占市（州）总侵蚀面积比例较高的是昭通、普洱和临沧，分别为14.40%、11.46%和10.63%，占比较低的是楚雄、迪庆和大理，分别为4.40%、4.94%和5.24%。

全省剧烈侵蚀主要分布在30°以上陡坡无措施旱地、工矿用地上及破碎程度较高的裸土地区。以红河、普洱和昭通分布较多，占全省剧烈侵蚀面积的比例分别为15.68%、14.00%和12.48%，迪庆、怒江和德宏相对较少，占全省比例分别为0.61%、1.07%和2.32%。剧烈侵蚀面积占市（州）总侵蚀面积比例较高的是普洱、红河和临沧，分别为7.65%、7.18%和6.71%，占比较低的是迪庆、怒江和曲靖，分别为0.71%、1.66%和2.06%。

云南省土壤侵蚀空间分布见图4-1。

图4-1　云南省土壤侵蚀空间分布图

第二节 市（州）土壤侵蚀强度

一、昆明

昆明位于云南省中部，辖五华、盘龙、官渡、西山、东川、呈贡、晋宁、富民、宜良、石林、嵩明、禄劝、寻甸、安宁 14 个县（区、市），土地总面积 21 012.16km^2。其中，耕地 5575.56km^2，占总面积 26.53%；林地 10 618.80km^2，占总面积 50.54%；城镇村居民点及工矿用地 1129.53km^2，占总面积 5.38%。

（一）土壤侵蚀因子

1. 地形因子

昆明地处云南中部湖盆群的中心地带，为中山山地地貌。地势由北向南逐渐降低，呈阶梯状递降，中部隆起，东西两侧较低。大部分地区海拔在 1500～2800m，坝子、湖泊镶嵌其间，最高点为北部东川拱王山的主峰雪岭，海拔 4344m，最低点为金沙江与小江汇合处的小河口，海拔仅 695m，海拔相差 3649m。由于地处金沙江、元江及南盘江三大水系的分水岭之间，河流侵蚀作用不甚强烈，高原面保存较好，大部分地区地形较平缓，高差小于 500m，为中低山地地貌。北部及西部、南部边缘河流切割强烈，以中山峡谷地貌为主；中部及东部分布有较大面积的碳酸岩地层，形成岩溶地貌，还有断陷盆地（坝子）和湖泊镶嵌在山岭之间。

昆明地形坡度以 15°～25°为主，在此范围内的土地面积占总面积 25.14%；25°～35°的占总面积 19.24%；小于 5°的占总面积 18.47%；大于 35°的占总面积 11.65%。坡度因子在 0～9.995，平均值 3.580。坡度因子主要集中在 4.7～6.5 和 2.84～4.7，在此范围内的土地面积分别占总面积 29.99%和 24.38%。坡度因子平均值最大的是东川，为 5.186，最小的是官渡，为 1.822。坡长因子在 0～3.180，平均值为 1.648。坡长因子主要集中在 1.88～2.14 和 0.67～1.23，在此范围内的土地面积分别占总面积 29.59%和 19.36%。坡长因子平均值最大的是东川，为 1.933，最小的是官渡，为 1.175。

2. 气象因子

昆明属北纬低纬度亚热带高原山地季风气候，年平均气温 15.6℃，年平均降雨量 956.13mm，5～10 月为雨季，约占年降雨量的 85%。降雨量由东向西、自南向北、从高海拔到低海拔呈递减之势；在暖湿气流的迎风坡雨量多、背风坡雨量少，山区雨量多、坝区雨量少、河谷地区雨量最少。最大降雨量为太华山 1201.5mm，最小是呈贡 789.6mm。随海拔每升高 100m，年降雨量增加 30～80mm。滇池沿岸和太华山的南坡年降雨量 1000～1200mm，而北坡安宁、富民只有 880～950mm。

昆明降雨侵蚀力因子在 2012.92～3953.12MJ·mm/(hm^2·h·年)，平均值 2851.90MJ·mm/(hm^2·h·年)。降雨侵蚀力因子主要集中在 2500～3000MJ·mm/(hm^2·h·年)，在此范围内的土地面积占总面积 60.60%。降雨侵蚀力因子平均值最大的是嵩明，为 3189.11MJ·mm/(hm^2·h·年)；最小的是东川，为 2330.46MJ·mm/(hm^2·h·年)。

3. 土壤因子

昆明土壤类型有亚高山草甸土、棕色针叶林土、暗棕壤、棕壤、黄棕壤、红壤、燥红土、紫色土、石灰（岩）土、冲积土、沼泽土、水稻土等。亚高山草甸土分布于东北部禄劝的乌蒙、雪山海拔 4000m 以上地区，以及东川、寻甸海拔 3300m 以上高山顶部的开阔平缓山原面上；棕色针叶林土分布于东北部禄劝的乌蒙、雪山海拔 3700～4000m 地段，紧接于亚高山草甸土之下；暗棕壤分布于东北部禄劝的乌蒙、雪山海拔 3300～3700m 地段，紧接于棕色针叶林土之下，以及东川、寻甸海拔 2900～3500m 地带；棕壤分布于海拔 2600～3300m 的广大中山地区，包括禄劝的拱王山、风帽岭、大岔口山，富民的金铜盆山、老青山、望海山，以及嵩明的三尖山、草白龙山，呈贡的梁王山等地，局部地区如大岔口山、金铜盆山、老圭山等处，下限与红壤相镶嵌，可降至 2500m；黄棕壤主要分布在海拔 2300～2600m 的泥质岩山地，包括禄劝的拱王山、风帽岭及宜良的竹山、石林的杨梅山等地；红壤广泛分布于海拔 1100～2600m 的中山、河谷、山原面上；燥红土分布在金沙江河谷海拔 1100m 以下地区；紫色土多为零星散布；石灰（岩）土分布在石灰（岩）山区，特别是石灰岩裸露，遍地石芽、溶洞、洼地、峰丛的地表；冲积土分布于河流阶地及滇池湖滨；沼泽土分布在滇池周围及嵩明湖盆底部等地；水稻土主要是农耕土壤。

昆明土壤可蚀性因子最大的为紫色土 0.0169t·hm^2·h/(hm^2·MJ·mm)，最小的为红壤 0.0026t·hm^2·h/(hm^2·MJ·mm)，平均值 0.0060t·hm^2·h/(hm^2·MJ·mm)。全市土壤可蚀性因子主要集中在 0.005～0.006t·hm^2·h/(hm^2·MJ·mm)，在此范围内的土地面积占总面积 51.46%。土壤可蚀性因子平均值最大的是禄劝，为 0.0070t·hm^2·h/(hm^2·MJ·mm)；最小的是盘龙，为 0.0050t·hm^2·h/(hm^2·MJ·mm)。

4. 水土保持生物措施因子

昆明属滇中、滇东高原半湿润常绿阔叶林、云南松林区，植物群落类型丰富。从半湿润常绿阔叶林、暖性针叶林、暖温性稀树灌木草丛、寒温灌丛到寒温草甸等各类型群落均有，林草覆盖率为 61.24%。大致以北纬 26°禄劝的撒营盘一线为界，这一线以南至石林的滇中高原盆谷，以滇青冈林、栲林等常绿阔叶林为主；以北为滇中、滇北中山峡谷，以云南松林、松栎混交林、高山栎林为主。在海拔 1500m 以下为干热河谷灌丛，以锥连栎、扭黄茅、酸浆草、蕨类等为主；海拔 1600～2500m 为半湿润常绿阔叶林和针阔混交林，以云南油杉、云南松、华山松、云南杜鹃等为主；海拔 2600～3900m 为急尖长苞冷杉林带，以云南油杉、云南松、华山松、厚皮香等为主；海拔 4000m 以上则是高山杜鹃、灌丛草甸，主要有小叶杜鹃、羊茅等。

昆明生物措施因子平均值 0.316，主要集中在 0.35～1 和 0.03～0.06，在此范围内的土地面积分别占总面积 28.62%和 27.09%。生物措施因子平均值最大的是石林，为 0.454；最小的是盘龙和西山，为 0.176。

5. 水土保持工程措施因子

昆明工程措施总面积为 4685.88km^2，其中水平梯田 1208.20km^2，占措施总面积 25.78%；水平阶 7.80km^2，占措施总面积 0.17%；坡式梯田 3469.88km^2，占措施总面积 74.05%。工程措施分布面积较大的是寻甸和禄劝，分别占工程措施总面积 25.87%和 16.22%；分布面积较小的是盘龙和五华，分别占工程措施总面积 0.55%和 1.06%。

昆明工程措施因子平均值 0.819，平均值最大的是盘龙，为 0.943；最小值的是寻甸，为 0.734。

6. 水土保持耕作措施因子

昆明耕地轮作制度属云南高原水田旱地二熟一熟区。其中五华轮作措施为冬闲-春玉米||豆，耕作措施因子 0.409；盘龙和安宁轮作措施为冬闲-夏玉米||豆，耕作措施因子 0.417；其余县（区）轮作措施均为小麦-玉米，耕作措施因子 0.353。全市耕作措施因子在 0.353～1.0，平均值 0.823。耕作措施因子平均值最大的是西山，为 0.923；最小的是石林，为 0.731。

（二）土壤侵蚀强度

1. 土壤水力侵蚀模数

昆明平均土壤水力侵蚀模数为 1064t/(km^2·年)。高土壤水力侵蚀模数主要集中在城镇周边地带，以及西山、安宁的工矿用地，东川东北部金沙江和小江沿岸的干热河谷一带，以人为活动频繁区、紫色土区、无措施陡坡耕地和裸地上分布较为明显。从分县（区、市）看，土壤侵蚀水力模数较大的为东川和富民，这些地区人为活动频繁，紫色土集中分布，土壤可蚀性较高，无措施的陡坡耕地分布面积较大，干热河谷分布面积较大，植被覆盖度较低，因此土壤水力侵蚀模数较高。低土壤水力侵蚀模数主要分布在各县（区、市）城周边及坝子地区，以红壤区、有耕作措施的耕地和植被覆盖度较高的林草地等地类上分布较为明显。从分县

（区、市）上看，土壤水力侵蚀模数较小的为呈贡和官渡，这些地区以坝子为主，土壤主要为红壤，土壤可蚀性和地形因子较低，因此土壤水力侵蚀模数相对较低。

2. 侵蚀强度分级

昆明土壤侵蚀面积为 6657.44km^2，占总面积 31.68%。土壤侵蚀面积分布见表 4-1，空间分布见图 4-2。

轻度侵蚀面积为 4042.22km^2，占总面积 19.24%，占土壤侵蚀面积 60.72%，主要分布于北部。集中分布区域为五华北部坝子边缘；盘龙城区周边，以及北部的阿子营、滇源、松华等地坝子边缘；官渡城区坝子边缘，以及大板桥东西两侧；西山的团结坝子边缘，以及海口周边区域；东川城区坝子边缘，以及乌龙、红土地、汤丹、因民等地；呈贡城区坝子边缘，以及七甸、梁王山一带；晋宁城区周边，六街、上蒜一带，以及双河、夕阳等地；富民县城东南部，以及赤鹫、东村一带；宜良县城坝子边缘，以及北部的马街、九乡等地；石林县城周边及坝子边缘，以及东部的圭山、西街口、长湖等地；嵩明县城东南部和西北部山区；禄劝县城及坝子边缘的山区；寻甸县城及坝子边缘；安宁的太平新城、禄脿、青龙等地。

中度侵蚀面积为 1063.45km^2，占总面积 5.06%，占土壤侵蚀面积 15.97%，主要分布于北部的河谷地带。集中分布区域为五华的普吉、莲华、西翥一带存在人为扰动的山地上，西北沙河水库东南部，以及大营河两侧的山地上；盘龙的松华东南部和阿子营的北部；官渡坝子边缘，以及大板桥东部阿底、方岗箐等周边区域；西山的马街西南部山区，碧鸡马鞍山至红石墙一带，海口周边，以及团结的螃蟹箐等区域；东川的乌龙南部、红土地和舍块周边，以及金沙江和小江沿岸一带；呈贡的七甸东南部，以及梁王山一带；晋宁的夕阳西北部，二街东北部，晋城、上蒜周边区域，以及晋宁大河沿岸两侧的山地上；富民县城东北部永定至罗免一带，以及散旦、款庄和东村一带；宜良县城周边，南羊东部，九乡西部、马街北部等区域，以及狗街至竹山一带；石林的大可，县城北部阿怒山至松子园一带，以及圭山东侧普拉河左岸一带的山区；嵩明的小街和牛栏江东北部，以及上游水库西部地区；禄劝县城东南部，团街、中屏、云龙、撒营盘、雪山等区域，以及金沙江及其支流普渡河沿岸；寻甸县城周边，先锋、功山、甸沙、六哨、柯渡、金源和联合等区域；安宁市区周边，太平新城南部、草铺西南部、八街东北部、禄脿西部，以及王家滩水库左岸等区域。

强烈侵蚀面积为 801.14km^2，占总面积 3.81%，占土壤侵蚀面积 12.03%，主要集中分布于滇池周边区域。集中分布区域为五华的普吉、莲华、西翥一带存在人为扰动的山地上，西北沙河水库东南部山脊一带，三多水库的东南部，以及大营河左岸的山地上；盘龙的松华南部的獭猫箐、小哨一带，以及松华坝水库右岸的山地上；官渡的大板桥和阿拉周边人为活动剧烈的区域，宝象河水库东南部一

表 4-1　昆明土壤侵蚀面积分布

地区	土地总面积/km^2	微度侵蚀		土壤侵蚀		强度分级									
						轻度		中度		强烈		极强烈		剧烈	
		面积/km^2	占总面积比例/%	面积/km^2	占总面积比例/%	面积/km^2	占侵蚀面积比例/%	面积/km^2	占侵蚀面积比例/%	面积/km^2	占侵蚀面积比例/%	面积/km^2	占侵蚀面积比例/%	面积/km^2	占侵蚀面积比例/%
五华	397.86	310.48	78.04	87.38	21.96	61.54	70.43	11.44	13.09	5.98	6.84	6.56	7.51	1.86	2.13
盘龙	796.32	609.21	76.50	187.11	23.50	151.82	81.14	18.11	9.68	8.19	4.38	7.24	3.87	1.75	0.93
官渡	625.70	509.00	81.35	116.70	18.65	92.07	78.89	13.16	11.28	6.02	5.16	4.26	3.65	1.19	1.02
西山	884.40	688.09	77.80	196.31	22.20	148.09	75.44	16.59	8.45	15.33	7.81	11.69	5.95	4.61	2.35
东川	1 871.14	814.51	43.53	1 056.63	56.47	179.98	17.03	281.77	26.67	296.91	28.10	245.36	23.22	52.61	4.98
呈贡	494.85	421.62	85.20	73.23	14.80	56.13	76.65	9.89	13.50	4.30	5.87	1.88	2.57	1.03	1.41
晋宁	1 324.27	1 048.82	79.20	275.45	20.80	189.87	68.93	43.39	15.75	23.29	8.46	15.52	5.63	3.38	1.23
富民	1 003.09	708.97	70.68	294.12	29.32	194.91	66.27	51.29	17.44	24.23	8.24	18.12	6.16	5.57	1.89
宜良	1 872.92	1 231.87	65.77	641.05	34.23	472.37	73.69	75.41	11.76	37.69	5.88	46.17	7.20	9.41	1.47
石林	1 702.13	1 228.28	72.16	473.85	27.84	357.66	75.48	63.96	13.50	24.36	5.14	17.92	3.78	9.95	2.10
嵩明	888.30	659.91	74.29	228.39	25.71	171.17	74.95	28.64	12.54	10.14	4.44	11.88	5.20	6.56	2.87
禄劝	4 234.78	2 656.18	62.72	1 578.60	37.28	935.04	59.23	219.38	13.90	247.25	15.66	141.22	8.95	35.71	2.26
寻甸	3 593.28	2 382.81	66.31	1 210.47	33.69	860.44	71.08	198.85	16.43	81.47	6.73	55.13	4.55	14.58	1.21
安宁	1 323.12	1 084.97	82.00	238.15	18.00	171.13	71.86	31.57	13.25	15.98	6.71	12.19	5.12	7.28	3.06
合计	21 012.16	14 354.72	68.32	6 657.44	31.68	4 042.22	60.72	1 063.45	15.97	801.14	12.03	595.14	8.94	155.49	2.34

注：微度侵蚀的土壤水力侵蚀模数小于容许土壤流失量 500t/(km^2·年)，因此不计入土壤侵蚀，下同

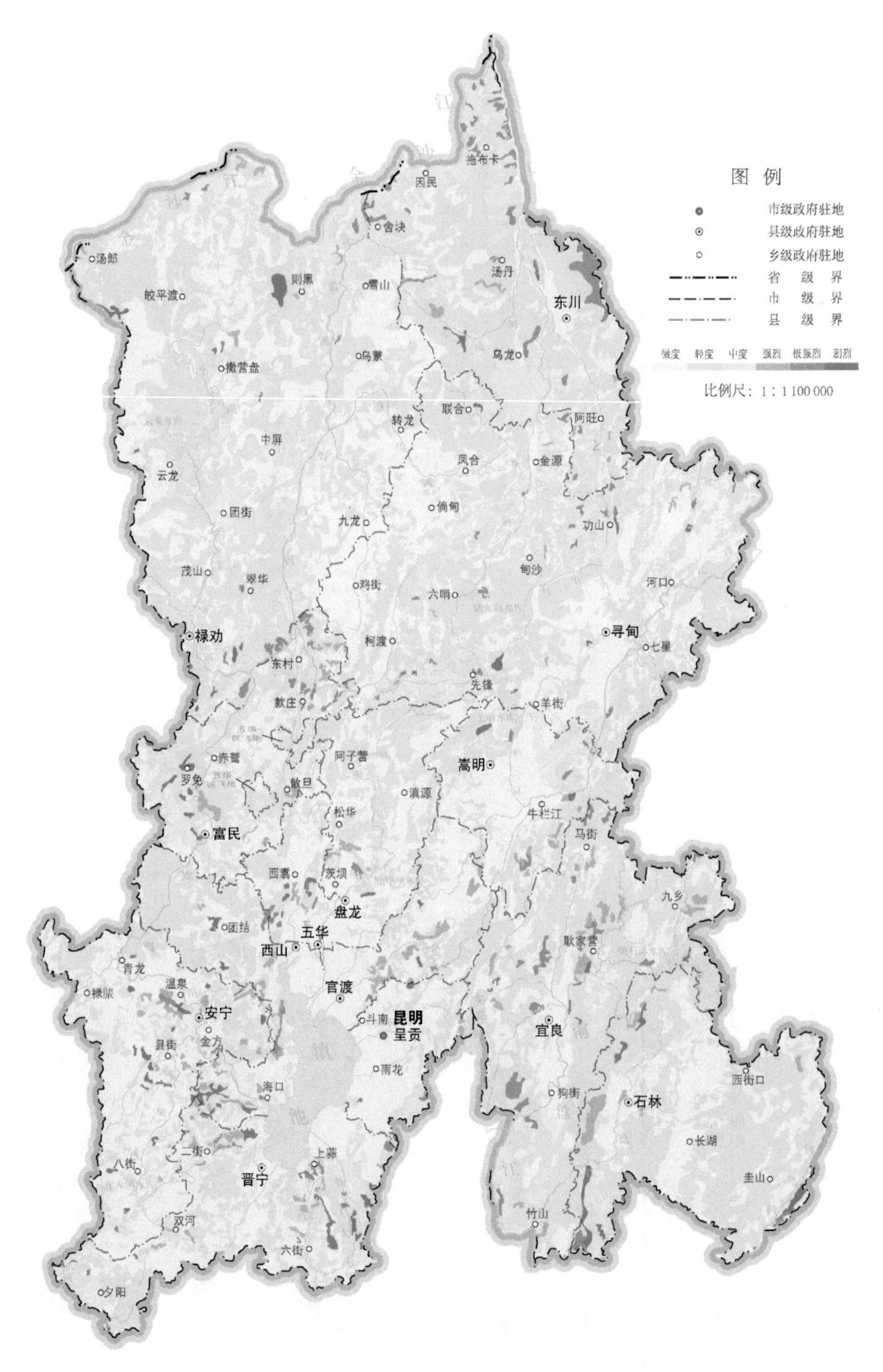

图 4-2　昆明土壤侵蚀空间分布图

带，以及杨官庄水库东南部云瑞周边地区；西山的马街西南部山区、碧鸡马鞍山至红石墙一带，海口西部人为活动频繁的地区，以及团结西北部等区域；东川的阿旺周边区域，以及红土地、汤丹一带；呈贡城区周边，以及洛羊至斗南一带存在人为扰动的区域；晋宁的二街、双河周边、柴河水库及下游周边区域，以及晋宁大河沿岸两侧的山地上；富民县城北部永定至罗免一带，大营东部，散旦周边区域，以及款庄和东村东部等区域；宜良的竹山周边，北古城至马街一带，九乡东部地区，以及汤池南部和北部等区域；石林县城西南和东南部山区，北部阿怒山至松子园一带，西街口东北部一带，以及大可周边区域；嵩明北部山区，杨林东南部，以及牛栏江东部等地区；禄劝的撒营盘、则黑等区域，以及金沙江及其支流普渡河沿岸；寻甸的功山东北部，金源北部，甸沙及羊街北部等区域；安宁市区周边，温泉西南部，县街周边和太平新城北部等地。

极强烈侵蚀面积为 595.14km^2，占总面积 2.83%，占土壤侵蚀面积 8.94%，主要分布在城区周边人为活动较为频繁的区域，以及金沙江及其支流小江沿岸。集中分布区域为五华的黑林铺西北部人为活动较为频繁的山区，以及西北沙河水库东南部山脊一带；盘龙的松华坝水库右岸水箐周边，以及双龙九龙湾北部的山地上；官渡的阿拉东南部、大板桥东南部人为活动较为频繁的地区，以及宝象河水库东南部一带；西山的马街西南部山区、碧鸡马鞍山至红石墙一带，海口西部人为活动较为频繁的地区，以及团结东部等区域；东川城区东部山脊一带，汤丹、舍块周边，乌龙河右岸，马鬃岭至雪岭高海拔地区，以及金沙江及其支流小江沿岸；呈贡的松茂水库北侧、果林水库东侧人为活动较为频繁的区域，以及梁王山北部地区；晋宁的上蒜、二街周边人为活动较为频繁的地区，晋城东部小洞一带，以及柴河水库周边，晋宁大河沿岸两侧的山地上；富民的款庄周边，以及东村北部人为活动较为频繁的地区；宜良县城西北侧，狗街、竹山西部，马街、九乡北部，以及汤池至耿家营以北一带；石林县城西南部山区，北部阿怒山至松子园一带，圭山东南部，以及大可南部地区；嵩明的小街东北部地区，上游水库西部，以及杨林东南部人为活动较为频繁的地区；禄劝县城东南部人为活动较为频繁的区域，翠华、撒营盘等区域，以及金沙江及其支流普渡河沿岸的河谷地带；寻甸的功山、联合、先峰、柯渡和六哨等一带；安宁市区周边、温泉西南部等人为活动较为频繁的区域。

剧烈侵蚀面积为 155.49km^2，占总面积 0.74%，占土壤侵蚀面积 2.34%，主要分布在滇池西部人为活动极为频繁的地区。集中分布区域为五华的黑林铺西北部、普吉水节箐周边人为活动频繁的区域，以及西翥的姚家冲、沙靠、河外、甸头一带；盘龙的松华南部的獭猫箐周边，以及双龙九龙湾北部的山地上；官渡的阿拉东南部和大板桥东南部，以及大板桥水泵房至花箐一带人为活动较为频繁的地区；西山区的马街西南部山区，碧鸡的下华哨、长坡一带，以及海口西部、团结西侧人为活动较为频繁的地区；东川的红土地西部地区，以及汤丹、因民周边等区域；呈贡城区南部、果林水库东侧、七甸东南部等人为活动频繁的区域；晋宁的二街东北部，上蒜周边，柴河水库右岸的山脊一带人为活动极为频繁的地区，以及大河沿岸一带的山地上；富民的永定至罗免一带；宜良县城和北古城城区周边，汤池周边人为活动频繁的区域，以及柴石滩水库右岸大兑冲一带；石林县城北部阿怒山至松子园一带，大可西南部，以及圭山西南部地区；嵩明的牛栏江东部人为扰动较为频繁的区域，以及县城北部老草凹一带；禄劝县城东南部人为活动较为频繁的区域，撒营盘北部，则黑西部，汤郎南部地区；寻甸的功山东部，先峰东北部，以及联合东部等区域；安宁市区、太平新城、县街和八街周边等人为活动频繁的区域。

二、曲靖

曲靖位于云南省东部，辖麒麟、马龙、陆良、师宗、罗平、富源、会泽、沾益、宣威 9 个县（区、市），土地总面积 28 904.11km^2。其中，耕地 10 164.69km^2，占总面积 35.17%；林地 14 761.81m^2，占总面积 51.07%；城镇村居民点及工矿用地 969.85km^2，占总面积 3.36%。

（一）土壤侵蚀因子

1. 地形因子

曲靖地处滇东高原，具有比较典型的高原地貌特征，中部高原面保存较好，形态完整，顶部平缓，有较大地块分布，陆良、宣威为全省较大的坝子。北部和南部受河流强烈切割，地形比较破碎，尤其是西北部山地，断块抬升隆起和河流急剧下切，形成高山深谷，呈构造侵蚀高中山及中山高原地貌，东南部岩溶发育，呈侵蚀剥蚀低中山及中山高原、岩溶丘原、低山河谷地貌。全市总体地势北高南低、西高东低，由西北向东南倾斜。全市最高点为会泽的大海梁子牯牛寨，海拔 4017.3m，最低点为会泽的小江与金沙江交汇处，海拔 695m，海拔相差 3322.3m。

曲靖地形坡度主要以 15°～25°为主，在此范围内的土地面积占总面积 25.13%；小于 5°的占总面积 21.29%；8°～15°的占总面积 20.92%；大于 35°的占总面积 8.11%。曲靖坡度因子在 0～9.995，平均值 3.3231。坡度因子主要集中在 2.84～4.70，在此范围内的土地面积占总面积 24.11%。坡度因子平均值最大的是会泽，为 4.438，最小的是陆良，为 1.637。坡长因子为 0～3.181，平均值为 1.660。坡长因子主要集中在 1.88～2.14 和 0.67～1.23，在此范围内的土地面积分别占总面积 30.39%和 16.98%。坡长因子平均值最大的是会泽，为 1.753，最小的是沾益，为 1.439。

2. 气象因子

曲靖属亚热带高原季风气候，年平均气温 14.5℃，年平均降雨量 1008mm，5～10 月为雨季，占年降雨量的 86%～89%。曲靖降雨量随海拔升高而增多，地区分布有东多西少、南多北少的特点。东南部罗平附近，年降雨量多达 1750mm，中部多数地区年降雨量在 1000mm 左右，北部会泽年降雨量仅为 783.5m。山脉对降雨有很大的影响，师宗的菌子山海拔 2409m，南坡为暖湿气流迎风坡，降雨量多，豆温年降雨量 1808mm，北坡为背风坡，降雨明显减少，师宗年降雨量 1240.5mm，豆温比师宗年降雨量多 567.5mm。

曲靖降雨侵蚀力因子在 2099.48～7187.58MJ·mm/(hm^2·h·年)，平均值 3487.32MJ·mm/(hm^2·h·年)。降雨侵蚀力因子主要集中在 3000～3500MJ·mm/(hm^2·h·年)，在此范围内的土地面积占总面积的 33.08%。降雨侵蚀力因子平均值最大的是罗平，为 5549.45MJ·mm/(hm^2·h·年)；最小的是会泽，为 2427.74MJ·mm/(hm^2·h·年)。

3. 土壤因子

曲靖土壤主要有红壤、紫色土、黄棕壤、水稻土、黄壤、石灰（岩）土等类型。红壤面积最大，在全市各地均有分布。紫色土主要分布在宣威、会泽的北部。黄棕壤分布于高山、半高山的垂直带谱中。水稻土主要分布在陆良北部、马龙大部。黄壤主要分布在东南部的罗平、师宗和富源的南部。石灰（岩）土主要分布在东南部。

曲靖土壤可蚀性因子最大的为紫色土 0.0131t·hm^2·h/(hm^2·MJ·mm)，最小的为红壤 0.0026t·hm^2·h/(hm^2·MJ·mm)，平均值 0.0062t·hm^2·h/(hm^2·MJ·mm)。土壤可蚀性因子主要集中在 0.005～0.006t·hm^2·h/(hm^2·MJ·mm)，在此范围内的土地面积占总面积 40.96%。土壤可蚀性平均值最大的是罗平，为 0.0070t·hm^2·h/ (hm^2·MJ·mm)；最小的是宣威，为 0.0054t·hm^2·h/(hm^2·MJ·mm)。

4. 水土保持生物措施因子

曲靖主要植被类型有亚热带常绿阔叶林、针阔混交林、针叶林、高山灌丛草地等，林草覆盖率 59.09%。植被组成复杂，常见的有松科、杉科、柏科、山茶科、壳斗科、大戟科等。由于历史原因和频繁的人为活动，原生植被基本被破坏殆尽，取而代之的是天然次生植被和人工植被。主要乔木树种有云南松、华山松、油杉、杉木、黄杉、栎类等；常见的灌木林有火棘、耐冬果、苦刺、杨梅、马桑等；主要经济林有梨、桃、杏、李、苹果等；主要草种有白健杆、野古草、金茅、蜈蚣草、西南营草等。

曲靖生物措施因子平均值 0.387，主要集中在 0.35～1，在此范围内的土地面积占总面积 35.78%。平均值最大的是富源，为 0.464；最小的是会泽，为 0.306。

5. 水土保持工程措施因子

曲靖工程措施总面积 8650.80km^2，其中水平梯田 2180.01km^2，占措施总面积 25.20%；水平阶 24.64km^2，占措施总面积 0.28%；坡式梯田 6446.15km^2，占措施总面积 74.52%。工程措施分布面积较大的是宣威和会泽，分别占工程措施总面积 22.98%和 16.84%；分布面积较小的是麒麟和马龙，分别占工程措施总面积 5.50%和 5.97%。

曲靖工程措施因子平均值 0.758，平均值最大的是会泽，为 0.807；最小的是陆良，为 0.711。

6. 水土保持耕作措施因子

曲靖的会泽、宣威耕地轮作制度属滇黔边境高原山地河谷旱地一熟二熟水田二熟区，轮作措施为马铃薯/玉米两熟，耕作措施因子 0.421。其余县（区）耕地轮作制度属云南高原水田旱地二熟一熟区，其中麒麟、马龙、陆良、罗平轮作措施为小麦-玉米，耕作措施因子 0.353；师宗、富源、沾益轮作措施为冬闲-夏玉米||豆，耕作措施因子 0.417。全市耕作措施因子在 0.353～1.0，平均值 0.789。耕作措施因子平均值最大的是会泽，为 0.851；最小的是陆良，为 0.724。

（二）土壤侵蚀强度

1. 土壤水力侵蚀模数

曲靖平均土壤水力侵蚀模数为 1533t/(km^2·年)。高土壤水力侵蚀模数主要集中在北部金沙江流域低中山一带，以及东南部南盘江流域岩溶地带，以无措施陡坡耕地和裸地上较为明显。从分县（区、市）看，土壤水力侵蚀模数较大的是富源和师宗，这些地区煤炭等资源丰富、人为活动频繁、植被覆盖度较低，且无措施的陡坡耕地分布面积较大，因此土壤水力侵蚀模数较高。低土壤水力侵蚀模数主要分布在各县（区、市）城区周边区域，以及坝子地区，以有耕作措施的耕地和植被覆盖度较高的林草地等地类上较为明显。从分县（区、市）上看，土壤水力侵蚀模数较小的是沾益和马龙，这些地区地势平缓，有措施的耕地分布面积较大，植被覆盖度较高，因此土壤水力侵蚀模数相对较低。

2. 侵蚀强度分级

曲靖土壤侵蚀面积 9660.53km^2，占总面积 33.42%。土壤侵蚀面积分布见表 4-2，空间分布见图 4-3。

表 4-2　曲靖土壤侵蚀面积分布

地区	土地总面积/km²	微度侵蚀		土壤侵蚀		强度分级									
						轻度		中度		强烈		极强烈		剧烈	
		面积/km²	占总面积比例/%	面积/km²	占总面积比例/%	面积/km²	占侵蚀面积比例/%	面积/km²	占侵蚀面积比例/%	面积/km²	占侵蚀面积比例/%	面积/km²	占侵蚀面积比例/%	面积/km²	占侵蚀面积比例/%
麒麟	1 552.92	1 279.74	82.41	273.18	17.59	197.67	72.36	41.23	15.09	21.91	8.02	11.14	4.08	1.23	0.45
马龙	1 600.34	1 292.32	80.75	308.02	19.25	250.07	81.18	33.47	10.87	12.83	4.16	9.17	2.98	2.48	0.81
陆良	2 010.04	1 483.78	73.82	526.26	26.18	406.01	77.15	62.31	11.84	28.72	5.46	16.08	3.05	13.14	2.50
师宗	2 741.66	1 914.66	69.84	827.00	30.16	451.05	54.54	150.00	18.14	125.89	15.22	72.71	8.79	27.35	3.31
罗平	3 025.35	2 245.32	74.22	780.03	25.78	487.37	62.48	181.62	23.29	57.73	7.40	30.11	3.86	23.20	2.97
富源	3 235.40	2 034.64	62.89	1 200.76	37.11	573.81	47.79	270.73	22.55	206.23	17.17	109.15	9.09	40.84	3.40
会泽	5 883.93	3 163.09	53.76	2 720.84	46.24	1 898.16	69.76	447.22	16.44	208.82	7.67	121.32	4.46	45.32	1.67
沾益	2 801.27	2 110.28	75.33	690.99	24.67	592.18	85.70	59.03	8.54	20.53	2.97	14.84	2.15	4.41	0.64
宣威	6 053.20	3 719.75	61.45	2 333.45	38.55	1 501.12	64.33	396.28	16.98	237.70	10.19	157.58	6.75	40.77	1.75
合计	28 904.11	19 243.58	66.58	9 660.53	33.42	6 357.44	65.81	1 641.89	16.99	920.36	9.53	542.10	5.61	198.74	2.06

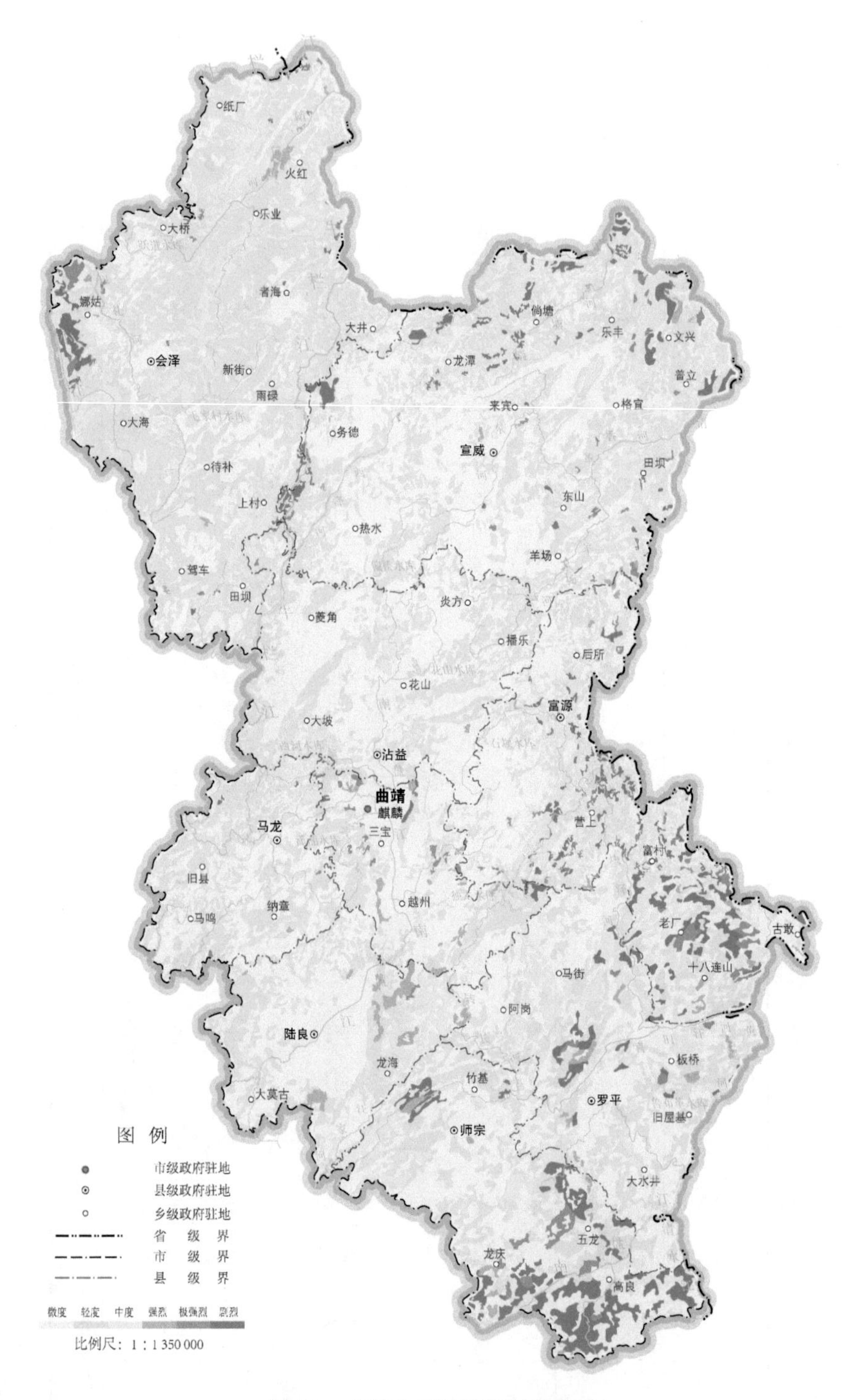

图 4-3 曲靖土壤侵蚀空间分布图

轻度侵蚀面积 6357.44km^2，占总面积 21.99%，占土壤侵蚀面积 65.81%，主要分布于中部和北部。集中分布区域为麒麟的独木水库、水城水库、潇湘水库、西河水库周边区域；马龙的旧县、纳章、大庄、马鸣、王家庄、马过河等地；陆良坝子边缘的三岔河、马街、龙海一带，以及芳华、小百户等地的周边区域；师宗的丹凤至葵山一带，竹基、大同、五龙等地的周边区域；罗平县城坝子周边，钟山、板桥、旧屋基、鲁布革、大水井一带，以及富乐、阿岗等乡镇的周边区域；富源的后所北部，石坝水库以东，独木水库的东北部，以及十八连山、富村等乡镇的周边区域；会泽的矿山、者海、新街、待补、驾车、大海一带，以及纸厂、大桥、五星、老厂一带；沾益的牛栏江沿岸，播乐至花山一带，以及菱角至大坡一带；宣威的西泽河、倘塘河沿线，倘塘、乐丰、宝山、凤凰、板桥一带。

中度侵蚀面积为 1641.89km^2，占总面积 5.68%，占土壤侵蚀面积 16.99%，主要集中分布于北部的河谷地带，以及东南部的岩溶地区。集中分布区域为麒麟独木水库附近的东山一带，潇湘水库以西，水城水库附近的茨营、越州等乡镇的周边区域；马龙的张安屯、王家庄等乡镇的周边区域；陆良坝子以东的活水至龙海一带，以及召夸的东南部；师宗的雄壁至葵山一带，大同的东南部，以及南盘江及其支流沿线；罗平的老厂、马街、阿岗一带，板桥、大水井等乡镇的周边区域；富源的后所、大河、营上、竹园、墨红、富村、老厂一带；会泽的牛栏江以西，迤车、乐业一带，以及雨碌、上村、田坝一带；沾益西河水库以北的大坡一带，以及盘江的北部；宣威的杨柳、得禄、龙潭一带，以及阿都、文兴、普立、田坝、东山一带。

强烈侵蚀面积为 920.36km^2，占总面积 3.18%，占土壤侵蚀面积 9.53%，主要分布于中部的南盘江及其沿线、东部九龙河及其沿线。集中分布区域为麒麟独木水库以西，水城水库以北，潇湘水库东南部，太和的西南部，越州的西部，以及东山的西南部；马龙的纳章、大庄等乡镇的周边区域；陆良坝子以东的活水、板桥、三岔河一带，以及召夸的北部；师宗的雄壁、丹凤、龙庆、五龙等乡镇的周边区域；罗平的老厂、九龙、板桥、钟山等乡镇的周边区域；富源的后所、竹园、黄泥河、十八连山等乡镇的周边区域；会泽的火红、老厂、驾车等乡镇的周边区域；沾益的白水等村镇周边区域；宣威的阿都、羊场、务德等乡镇的周边区域。

极强烈侵蚀面积为 542.10km^2，占总面积 1.88%，占土壤侵蚀面积 5.61%，主要分布在东部和南部。集中分布区域为麒麟的水城水库以北，潇湘水库东部和南部，太和的西部，以及翠峰的南部；马龙的大庄、月望等乡镇的周边区域；陆良的活水西南部；师宗的五龙、龙庆、高良一带；罗平的老厂、九龙、板桥等乡镇的周边区域；富源的后所、胜境、大河、营上、竹园、墨红、富村、老厂、黄泥河、十八连山等乡镇的周边区域；会泽的纸厂、老厂、娜姑、田坝等乡镇的周边区域；沾益的德泽、金龙等乡镇的周边区域；宣威的阿都、文兴一带，以及龙潭、东山、海岱、田坝等乡镇的周边区域。

剧烈侵蚀面积为 198.74km^2，占总面积 0.69%，占土壤侵蚀面积 2.06%，主要分布在东南部。集中分布区域为麒麟的西河水库南部，独木水库以东区域，沿江的东部，以及翠峰的西部；马龙的张安屯、王家庄等乡镇的周边区域；陆良的活水、板桥、三岔河、召夸等区域有少量分布；师宗五龙、高良、龙庆一带，以及雄壁的东北部；罗平的老厂、九龙、板桥等乡镇的周边区域；富源的后所、胜境、大河、营上、竹园、墨红、富村、老厂、黄泥河等乡镇的周边区域；会泽的老厂至娜姑一带，以及上村等乡镇的周边区域；沾益的大坡、白水等乡镇的周边区域；宣威的得禄、杨柳、双河、阿都、文兴、普立一带，以及务德的北部、东南部。

三、玉溪

玉溪位于云南省中南部，辖红塔、江川、澄江、通海、华宁、易门、峨山、新平、元江 9 个县（区），土地总面积 14 945.36km^2。其中，耕地 3405.05km^2，占总面积 22.78%；林地 9252.44km^2，占总面积 61.91%；居民点及工矿用地 392.70km^2，占总面积 2.63%。

（一）土壤侵蚀因子

1. 地形因子

玉溪地形以山地为主，约占总面积的 90%，其间交错着一系列湖盆、山间盆地（坝子）、峡谷、宽谷或低山、缓丘等。总体地势大致为西北高、东南低，自西北向东南逐渐倾斜。以元江为界，以东为云南高原的组成部分，多中山和湖盆；以西属滇西纵谷区，分布着一系列的山地、峡谷和宽谷坝子。全市最高点为哀牢山主峰大雪锅山，海拔 3136.7m；最低点为小河底河与元江干流交汇处，海拔 327.0m，海拔相差 2809.7m。

玉溪地形坡度以 25°～35°为主，在此范围内的土地面积占总面积 28.09%；15°～25°的占总面积 28.04%；大于 35°的占总面积 17.59%；小于 5°的占总面积 9.66%。坡度因子平均值 4.376，主要集中在 4.7～6.5，在此范围内的土地面积占总面积 42.71%。坡度因子平均值最大的是元江，为 5.068，最小的是江川，为 2.657。坡长因子平均值 1.729，主要集中在 1.88～2.14 和 0.67～1.23，在此范围内的土地面积分别占总面积 29.63%和 19.44%。坡长因子平均值最大的是元江，为 1.861，最小的是澄江，为 1.329。

2. 气象因子

玉溪属亚热带季风气候，年平均气温 15.9℃，年平均降雨量 1051.1mm，5～

10 月为雨季，占年降雨量的 85%。降雨量自东北部向西南递减，东北部的澄江年平均降雨量 958.7mm，中部的通海、江川、红塔等地 869.5～883.7mm，而西南部的元江仅 821.9mm。

玉溪降雨侵蚀力因子在 2352.10～4505.45MJ·mm/(hm^2·h·年)，平均值 2153.34MJ·mm/(hm^2·h·年)。降雨侵蚀力因子主要集中在 2500～3000MJ·mm/(hm^2·h·年)，在此范围内的土地面积占总面积 65.90%。降雨侵蚀力因子平均值最大的是新平，为 3118.15MJ·mm/(hm^2·h·年)，最小的是通海，为 2502.16MJ·mm/(hm^2·h·年)。

3. 土壤因子

玉溪土壤类型主要有暗棕壤、棕壤、黄棕壤、红壤、赤红壤、燥红土 6 个地带性土类，以及紫色土、石灰（岩）土、冲积土、沼泽土、水稻土 5 个非地带性土类。暗棕壤集中分布在新平的哀牢山海拔 2700～3137m 的山地垂直带谱上；棕壤分布在海拔 2300～3000m 的山地垂直带谱中；黄棕壤是红壤与棕壤之间的过渡类型，主要分布于海拔 2300m 以上山地；红壤是中亚热带的地带性土类，广泛分布于海拔 2300m 以下的残存高原面、湖盆边缘和中低山地，是全市分布最广、面积最大的土壤类型；赤红壤分布在元江、新平海拔 400～1500m 盆地边缘的低山丘陵地带；燥红土分布在元江等的干热河谷海拔 1300m 以下地区；紫色土属岩性土，全市均有分布，以滇中红层区紫色土分布最为集中；石灰（岩）土分布于全市的石灰岩地区；冲积土分布在南盘江、元江水系及其主要支流沿岸，湖盆坝区及山谷出口处的冲积、洪积扇（裙）上，是全市面积较小但分布广的一个土壤类型；沼泽土主要分布在山区的低洼地带、高原坝子低平地段和湖泊周围，是面积最小的一个土壤类型；水稻土是在水旱交替耕作条件下形成的特殊土壤，广泛分布于全市坝区、河谷区和低山丘陵一带。

玉溪土壤可蚀性因子最大的为紫色土 0.0169t·hm^2·h/(hm^2·MJ·mm)，最小的为红壤 0.0026t·hm^2·h/(hm^2·MJ·mm)，平均值 0.0069t·hm^2·h/(hm^2·MJ·mm)。土壤可蚀性因子主要集中在 0.005～0.006t·hm^2·h/(hm^2·MJ·mm)，在此范围内的土地面积占总面积的 42.76%。土壤可蚀性因子平均值最大的是峨山，为 0.0085t·hm^2·h/(hm^2·MJ·mm)，最小的是澄江，为 0.0054t·hm^2·h/(hm^2·MJ·mm)。

4. 水土保持生物措施因子

玉溪植被种类丰富，各种类型的植被绝大多数都有分布，林草覆盖率 69.31%。稀树灌草丛，主要分布在元江等的干热河谷海拔 1300m 以下地区，以坡柳（明油子）、余甘子、虾子花、扭黄茅、仙人草、霸王鞭等旪旱植物为主；季雨林、南亚热带常绿阔叶林和思茅松林，主要分布在元江、新平海拔 400～1500m 盆地边缘的低山丘陵地带，是以樟科、木兰科为主的偏湿性植被；亚热带常绿阔叶林，现以次生植被云南松林、华山松林或松栎混交林和灌草丛为主，广泛分布于全市海拔2300m以下的残存高原面、湖盆边缘和中低山地；山地湿性常绿针林和针阔混交林，主要分布于本市海拔2300m以上山地；湿性常绿针叶林和针阔混交林，分布在海拔2300～3000m的山地垂直带谱中，此处森林资源丰富，是重要林区之一；温带山区针阔混交林，集中分布在新平的哀牢山海拔2700～3137m的山地垂直带谱上，分布区为森林，湿度大，林下苔藓密布，是重要的林业生产基地。全市森林覆盖率57.42%，林草覆盖率71.17%。

玉溪生物措施因子平均值0.258，主要集中在0～0.01，在此范围内的土地面积占总面积32.04%。平均值最大的是华宁，为0.402，最小的是峨山，为0.190。

5. 水土保持工程措施因子

玉溪工程措施总面积2606.82km^2，其中水平梯田1010.12km^2，占措施总面积38.75%；坡式梯田1563.50km^2，占措施总面积59.98%；水平阶33.17km^2，占措施总面积1.27%；隔坡梯田0.03km^2，占措施总面积的比例小于0.01%。工程措施分布面积较大的是新平和元江，分别占工程措施总面积18.78%和16.09%，分布面积较小的是澄江和红塔，分别占工程措施总面积7.15%和7.12%。

玉溪工程措施因子平均值0.853，平均值最大的是新平，为0.903，最小的是江川，为0.748。

6. 水土保持耕作措施因子

新平、元江耕地轮作制度属滇南山地旱地水田二熟兼三熟区，轮作措施为低山玉米||豆一年一熟，耕作措施因子0.417。其余县（区）属云南高原水田旱地二熟一熟区，轮作措施均为小麦-玉米，耕作措施因子0.353。全市耕作措施因子在0.353～1.0，平均值0.857。耕作措施因子平均值最大的是峨山，为0.896，最小的是华宁，为0.754。

（二）土壤侵蚀强度

1. 土壤水力侵蚀模数

玉溪平均土壤水力侵蚀模数为1377t/(km^2·年)。土壤水力侵蚀模数大于1000t/(km^2·年)的主要集中在全市西北部和西南部一带，这些区域内分布着一系列的山地、峡谷和宽谷坝子，地势起伏较大，紫色土分布广泛，坡耕地分布面积较大，土壤侵蚀程度趋于轻、中度以上，其中新平、元江土壤水力侵蚀模数分别达到1892t/(km^2·年)和1678t/(km^2·年)。土壤水力侵蚀模数小于1000t/ (km^2·年)的主要集中在全市东北部一带，这些地区多中山和湖盆，地势平缓，土壤主要以红壤为主，土壤侵蚀程度趋于中、轻度以下，其中以江川、通海土壤水力侵蚀模数较低，分别为 731t/(km^2·年)和 529t/(km^2·年)。

2. 侵蚀强度分级

玉溪土壤侵蚀面积为 3537.62km^2，占总面积 23.67%。土壤侵蚀面积分布见表 4-3，空间分布见图 4-4。

轻度侵蚀面积为 2002.73km^2，占总面积 13.40%，占土壤侵蚀面积 56.61%，主要分布在东北部南盘江流域的华宁、江川、红塔、澄江等中山、湖盆、地势平缓地带，西南部新平、元江的元江沿岸及西北部峨山、易门等低中山缓坡一带。集中分布区域为红塔的洛河、研和、北城一带；江川的大街、路居、安化、江城、雄关及星云湖、抚仙湖周边中低山区域；澄江的阳宗、右所及抚仙湖周边中低山区域；通海的秀山、里山、高大一线；易门的龙泉、六街、浦贝及大谷场水库周边区域；峨山的双江、岔河、塔甸、化念；新平的古城、桂山、老厂、扬武、平甸河水库周边区域及戛洒江、漠沙江沿岸低中山一带；元江的澧江、因远、龙潭及元江沿岸低中山区域。

中度侵蚀面积为 682.62km^2，占总面积 4.57%，占土壤侵蚀面积 19.30%，主要分布在西南部新平、元江的元江沿岸，西北部易门、峨山及东北部华宁、澄江、江川等中山区域。集中分布区域为江川的安化、九溪、前卫；澄江的九村、海口、龙街及南盘江沿岸中山区域；华宁的宁州、青龙、盘溪；易门的小街、铜厂、绿汁、十街及绿汁江沿岸中山一带；峨山的甸中、大龙潭、岔河、化念及绿汁江沿岸中山一带；新平的新化、平甸河水库上游及下游中山一带、绿汁江沿岸中山区域、平掌及戛洒江、漠沙江沿岸中山一带；元江的洼垤、那诺、咪哩及元江、清水河沿岸中山区域。

强烈侵蚀面积为 366.23km^2，占总面积 2.45%，占土壤侵蚀面积 10.35%，主要分布在西南部新平、元江的元江沿岸，东北部华宁、红塔及西北部峨山、易门等中高山、干热河谷一带。集中分布区域为红塔的高仓、小石桥一带；华宁的宁州、青龙、通红甸及青龙河西侧中高山区域；易门的铜厂、岔河水库上游中山一带；峨山的小街、大龙潭；新平的建兴、漠沙、戛洒及戛洒江、漠沙江沿岸中高山区域；元江的曼来、元江沿岸中高山区域。

极强烈侵蚀面积为 352.76km^2，占总面积 2.36%，占土壤侵蚀面积 9.97%，主要分布在西南部新平、元江的元江沿岸，东北部华宁及西北部易门、峨山等高山陡坡一带。集中分布区域为华宁的华溪、通红甸等地；易门的铜厂西北部、浦贝东部；峨山的塔甸、小街一带；新平的水塘、戛洒、漠沙等地；元江的甘庄、曼来、羊街及街子河水库下游一带。

表 4-3　玉溪土壤侵蚀面积分布

地区	土地总面积/km^2	微度侵蚀		土壤侵蚀		强度分级									
						轻度		中度		强烈		极强烈		剧烈	
		面积/km^2	占总面积比例/%	面积/km^2	占总面积比例/%	面积/km^2	占侵蚀面积比例/%	面积/km^2	占侵蚀面积比例/%	面积/km^2	占侵蚀面积比例/%	面积/km^2	占侵蚀面积比例/%	面积/km^2	占侵蚀面积比例/%
红塔	963.41	800.31	83.07	163.10	16.93	126.11	77.32	12.54	7.69	11.50	7.05	9.68	5.94	3.27	2.00
江川	807.73	622.01	77.01	185.72	22.99	141.84	76.37	24.11	12.98	10.07	5.42	7.94	4.28	1.76	0.95
澄江	747.04	582.63	77.99	164.41	22.01	108.90	66.24	31.92	19.41	13.26	8.06	8.46	5.15	1.87	1.14
通海	737.64	625.62	84.81	112.02	15.19	82.92	74.02	13.77	12.29	7.80	6.96	5.99	5.35	1.54	1.38
华宁	1 241.72	826.98	66.60	414.74	33.40	231.76	55.88	79.97	19.28	42.98	10.36	50.42	12.16	9.61	2.32
易门	1 512.51	1 128.92	74.64	383.59	25.36	233.95	60.99	82.23	21.44	18.05	4.71	28.56	7.44	20.80	5.42
峨山	1 933.21	1 531.87	79.24	401.34	20.76	265.33	66.11	69.44	17.30	32.41	8.08	24.78	6.17	9.38	2.34
新平	4 275.59	3 317.35	77.59	958.24	22.41	423.85	44.23	192.17	20.05	166.13	17.34	124.81	13.03	51.28	5.35
元江	2 726.51	1 972.05	72.33	754.46	27.67	388.07	51.44	176.47	23.39	64.03	8.49	92.12	12.21	33.77	4.47
合计	14 945.36	11 407.74	76.33	3 537.62	23.67	2 002.73	56.61	682.62	19.30	366.23	10.35	352.76	9.97	133.28	3.77

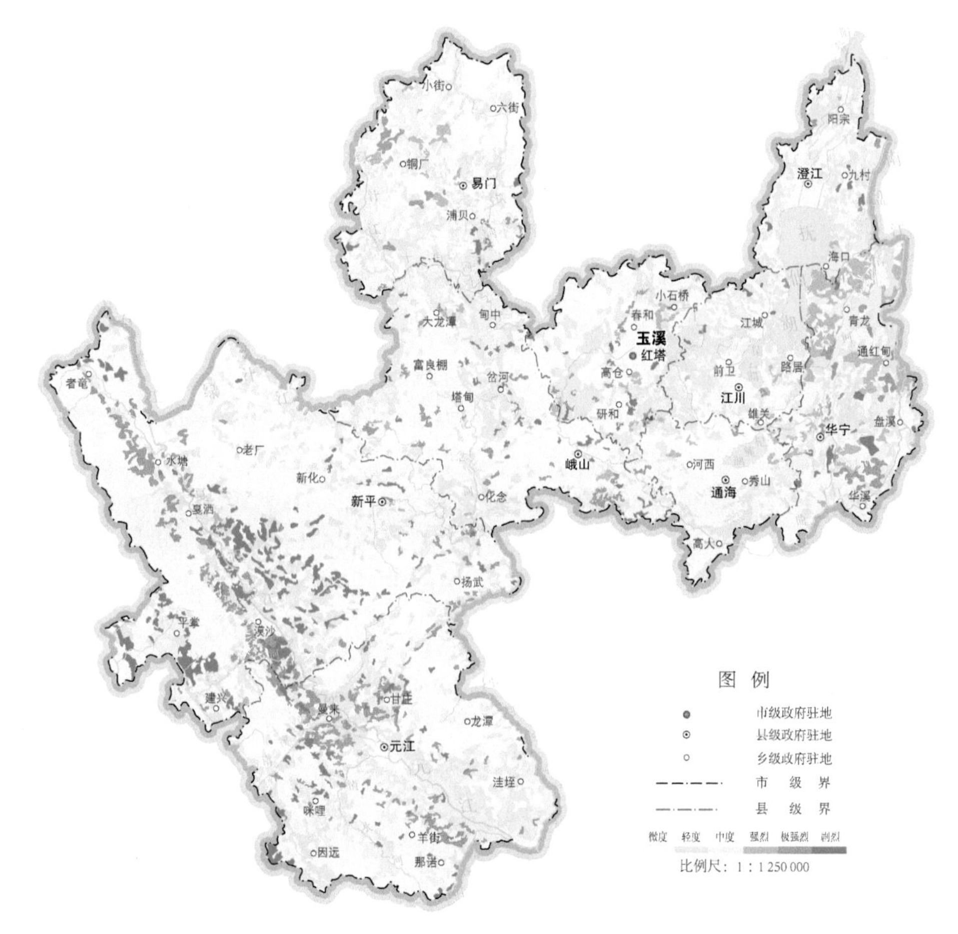

图 4-4　玉溪土壤侵蚀空间分布图

剧烈侵蚀面积为 133.28km^2，占总面积 0.89%，占土壤侵蚀面积 3.77%，主要分布在西南部新平、元江的元江沿岸，西北部易门、峨山及东北部华宁等高山深切割陡坡地带。集中分布区域为华宁的青龙西部、盘溪西南部、宁州南部等地；易门的龙泉东部、浦贝南部一带；峨山的大龙潭北部、甸中南部、岔河等地；新平的戛洒、漠沙、平掌及戛洒江、漠沙江以东中高山一带；元江的甘庄东部、咪哩北部一带。

四、保山

保山位于云南省西部，辖隆阳、施甸、腾冲、龙陵、昌宁 5 个县（区、市），土地总面积 19 066.50km^2。其中，耕地 4348.97km^2，占总面积 22.81%；林地 12 103.83km^2，占总面积 63.48%；城镇村居民点及工矿用地 477.85km^2，占总面积 2.51%。

（一）土壤侵蚀因子

1. 地形因子

保山位于云南省西部，全市地处横断山脉滇西纵谷南端，高黎贡山、怒江与怒山平行贯穿全市，地势北高南低，海拔相差悬殊。全市主要山脉均为南北走向，分属高黎贡山、怒山、云岭山脉，是著名的“帚形”山地中山山原区。地貌类型有中山峡谷、中山宽谷、盆地（坝子）等，坝子有断层湖积坝（保山坝）、冲积河谷坝（潞江坝）、火山堰塞坝（腾冲坝）。最高点为腾冲高黎贡山大脑子峰，海拔3780m，最低点在龙陵西南部的万马河口，海拔535m，海拔相差3245m。

保山地形坡度以 25°～35°为主，在此范围内的土地面积占总面积 29.48%；15°～25°的占总面积 26.18%；大于 35°的占总面积 20.72%；小于 5°的占总面积7.73%。坡度因子平均值 4.601，主要集中在 4.7～6.5，在此范围内的土地面积占总面积 46.50%。坡度因子平均值最大的是昌宁，为 5.064，最小的是腾冲，为 4.138。坡长因子平均值 1.773，主要集中在 1.88～2.14 和 0.67～1.23，在此范围内的土地面积分别占总面积 30.53%和 20.07%，全市坡长因子平均值最大的是龙陵，为1.821，最小的是腾冲，为 1.691。

2. 气象因子

保山属低纬度山地亚热带季风气候，气候类型有北热带、南亚热带、中亚热带、北亚热带、南温带、中温带和高原气候等。年平均气温 14.8～17.1℃，年平均降雨量 700～2100mm。全市降雨充沛、干湿分明，降雨地区分布和垂直分布差异明显。降雨量随海拔升高而增多，怒江河谷地带年降雨量 700～800mm，高黎贡山顶部年降雨量在 3000mm 以上；降雨量地区分布为西多东少、南多北少、山区多河谷少，西部腾冲年降雨量 1479mm，南部龙陵年降雨量 2105.7mm，东部隆阳年降雨量 967.1mm，潞江坝年降雨量 773.9mm。

保山降雨侵蚀力因子在 2517.04～8212.14MJ·mm/(hm^2·h·年)，平均值3936.33MJ·mm/(hm^2·h·年)。降雨侵蚀力因子主要集中在 3500～4000MJ·mm/(hm^2·h·年)，在此范围内的土地面积占总面积 27.39%。降雨侵蚀力因子平均值最大的是龙陵，为 5713.58MJ·mm/(hm^2·h·年)，最小的是隆阳，为 3243.03MJ·mm/(hm^2·h·年)。

3. 土壤因子

保山土壤类型有燥红土、赤红壤、红壤、黄壤、黄棕壤、棕壤、暗棕壤、高山草甸土、高山寒漠土 9 个地带性土类，石灰（岩）土、紫色土、冲积土、火山灰土、水稻土 5 个非地带性土类，其中红壤面积 7095.31km^2，占总面积的

37.21%；紫色土面积 740.51km^2，占总面积 3.88%；高山寒漠土面积 7.98km^2，占总面积 0.04%。

保山土壤可蚀性因子最大的为紫色土 0.0131t·hm^2·h/(hm^2·MJ·mm)，最小的为高山寒漠土 0.0003t·hm^2·h/(hm^2·MJ·mm)，平均值 0.0057t·hm^2·h/(hm^2·MJ·mm)。土壤可蚀性因子主要集中在 0.004～0.005t·hm^2·h/(hm^2·MJ·mm)，在此范围内的土地面积占总面积 32.01%。土壤可蚀性因子平均值最大的是昌宁，为 0.0064t·hm^2·h/(hm^2·MJ·mm)，最小的是腾冲，为 0.0049t·hm^2·h/(hm^2·MJ·mm)。

4. 水土保持生物措施因子

保山植物资源极为丰富，已知植物有 2200 多种，林草覆盖率 70.01%。植被类型有干热河谷稀树灌丛草地、亚热带常绿阔叶林、针阔混交林、针叶林、高山灌丛草甸、高山流石滩稀疏植被等。高黎贡山国家级自然保护区植物尤为丰富，被誉为“天然植物园”和“稀有植物避难所”，腾冲的大树杜鹃闻名中外。主要树种为松类、杉木和各类软、硬杂木；主要经济林木有核桃、板栗、梅子、银杏等；野生药材、菌类资源种类多，数量大。

保山生物措施因子平均值 0.255，主要集中在 0.01～0.03，在此范围内的土地面积占总面积 52.26%。平均值最大的是施甸，为 0.358，最小的是腾冲，为 0.192。

5. 水土保持工程措施因子

保山工程措施总面积 3301.83km^2，其中水平梯田 1541.53km^2，占措施总面积 46.69%；坡式梯田 1551.36km^2，占措施总面积 46.98%；水平阶 208.94km^2，占措施总面积 6.33%。工程措施分布面积较大的是隆阳和腾冲，分别占工程措施总面积 26.70%和 23.69%，分布面积较小的是施甸和龙陵，分别占工程措施总面积 15.08%和 13.32%。

保山工程措施因子平均值 0.849，平均值最大的是腾冲，为 0.871，最小的是施甸，为 0.792。

6. 水土保持耕作措施因子

隆阳、昌宁耕地轮作制度属云南高原水田旱地二熟一熟区，其中隆阳轮作措施为小麦-玉米，耕作措施因子 0.353；昌宁轮作措施为冬闲-夏玉米||豆，耕作措施因子 0.417。其余县（市）耕地轮作制度属滇南山地旱地水田二熟兼三熟区，轮作措施为低山玉米||豆一年一熟，耕作措施因子 0.417。全市耕作措施因子在 0.353～1.0，平均值 0.861。耕作措施因子平均值最大的是腾冲，为 0.902，最小的是施甸，为 0.805。

（二）土壤侵蚀强度

1. 土壤水力侵蚀模数

保山平均土壤水力侵蚀模数为 1647t/(km^2·年)。土壤水力侵蚀模数大于1500t/(km^2·年)的主要集中在全市中东部一带，这些区域分布着一系列的山地、峡谷和宽谷坝子，地势起伏较大，紫色土分布广泛，坡耕地分布面积较大，土壤侵蚀程度趋于轻、中度以上，其中施甸、龙陵土壤水力侵蚀模数分别达到2482t/(km^2·年)和 2460t/(km^2·年)。土壤水力侵蚀模数小于 1000t/(km^2·年)的为位于西北部的腾冲，该地区多中山和峡谷，但植被覆盖度较高，工程措施分布较广，土壤可蚀性较低，土壤侵蚀程度趋于中、轻度以下，土壤水力侵蚀模数771t/(km^2·年)。

2. 侵蚀强度分级

保山土壤侵蚀面积为 5314.87km^2，占总面积 27.88%。土壤侵蚀面积分布见表4-4，空间分布见图 4-5。

轻度侵蚀面积为 3275.91km^2，占总面积 17.18%，占土壤侵蚀面积 61.64%，主要分布在东部怒江、澜沧江流域的隆阳、昌宁等中低山浅切割缓坡、宽谷、盆地区域，西部腾冲、龙陵的低中山宽谷、盆地一带。集中分布区域为隆阳的瓦窑、水寨、板桥、瓦渡、西邑、辛街、丙麻、瓦房东部、杨柳东部及怒江以西中低山浅切割缓坡一带；施甸的水长、老麦、由旺、仁和、摆榔及三块石水库周边、施甸河沿岸中低山浅切割缓坡一带；腾冲的猴桥、清水、北海、荷花、芒棒、五合、新华、蒲川、团田及西沙河、明光大河、龙川江沿岸中低山浅切割缓坡一带；龙陵县城周边、龙江、镇安、龙新及龙川江以东、怒江以西和香柏河、苏帕河沿岸中低山浅切割缓坡一带；昌宁的卡斯、温泉、勐统东部及湾甸河、右甸河沿岸中低山浅切割缓坡一带。

中度侵蚀面积为 994.72km^2，占总面积 5.22%，占土壤侵蚀面积 18.72%，主要分布在东部隆阳、昌宁、施甸及怒江沿岸、澜沧江水系沿岸等中山峡谷区域，西部腾冲、龙陵中山宽谷一带。集中分布区域为隆阳的瓦马西部及南部、瓦窑南部、水寨南部、瓦房西部、杨柳、金鸡东部、蒲缥南部、潞江东部等地及怒江沿岸中山中切割陡坡一带；施甸的木老元西部、太平西部、何元西部、姚关、万兴、酒房、旧城及怒江以东中山中切割陡坡一带；腾冲的明光东部、和顺、荷花东南部、固东东部等地；龙陵的腊勐西北部、碧寨北部、象达、平达南部、勐糯南部等地；昌宁的大田坝东部、柯街东部、漭水、翁堵、勐统南部、更戛东南部等地。

表 4-4　保山土壤侵蚀面积分布

地区	土地总面积/km²	微度侵蚀		土壤侵蚀		强度分级									
						轻度		中度		强烈		极强烈		剧烈	
		面积/km²	占总面积比例/%	面积/km²	占总面积比例/%	面积/km²	占侵蚀面积比例/%	面积/km²	占侵蚀面积比例/%	面积/km²	占侵蚀面积比例/%	面积/km²	占侵蚀面积比例/%	面积/km²	占侵蚀面积比例/%
隆阳	4 855.51	3 303.89	68.04	1 551.62	31.96	1 081.14	69.68	293.68	18.93	96.83	6.24	67.65	4.36	12.32	0.79
施甸	1 954.95	1 275.44	65.24	679.51	34.76	310.60	45.71	168.95	24.87	107.51	15.82	69.87	10.28	22.58	3.32
腾冲	5 686.75	4 377.51	76.98	1 309.24	23.02	959.39	73.28	198.63	15.17	70.80	5.41	68.47	5.23	11.95	0.91
龙陵	2 795.79	2 021.98	72.32	773.81	27.68	483.77	62.52	100.94	13.04	89.48	11.56	63.03	8.15	36.59	4.73
昌宁	3 773.50	2 772.81	73.48	1 000.69	26.52	441.01	44.07	232.52	23.23	153.26	15.32	141.39	14.13	32.51	3.25
合计	19 066.50	13 751.63	72.12	5 314.87	27.88	3 275.91	61.64	994.72	18.72	517.88	9.74	410.41	7.72	115.95	2.18

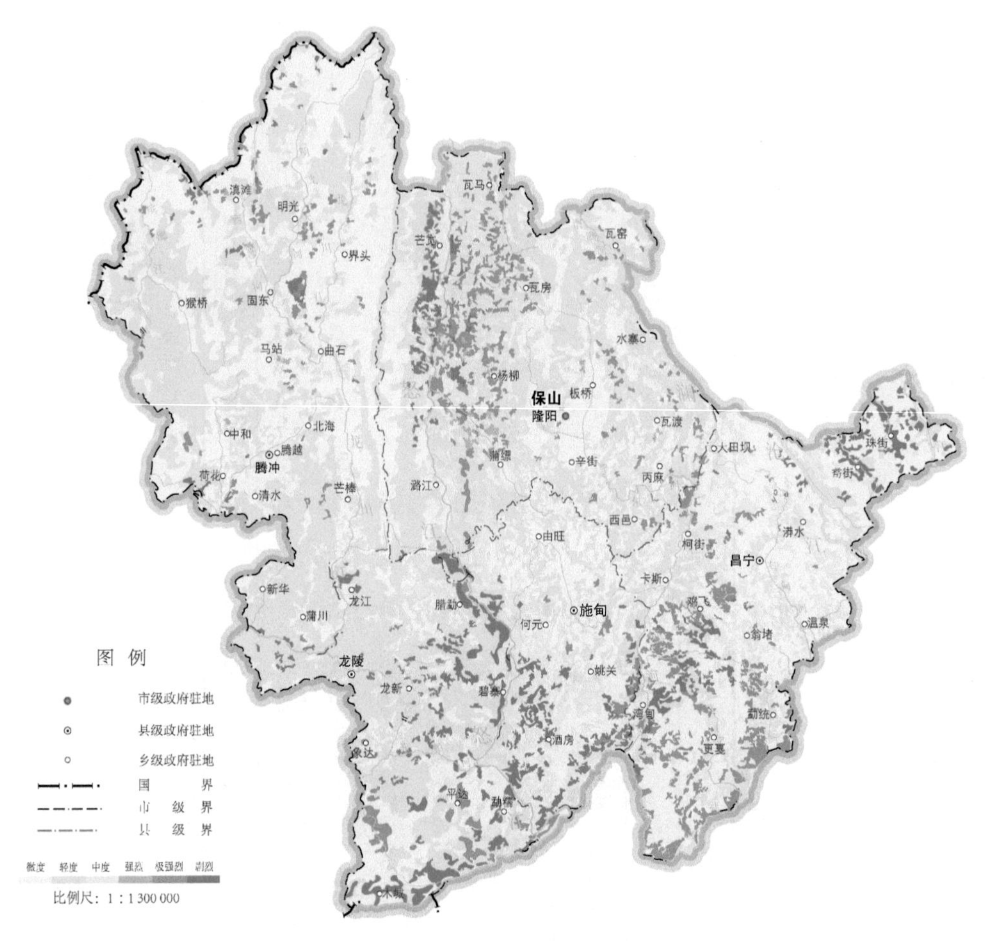

图 4-5　保山土壤侵蚀空间分布图

强烈侵蚀面积 517.88km^2，占总面积 2.72%，占土壤侵蚀面积 9.74%，主要分布在东部昌宁、施甸、隆阳及澜沧江水系沿岸、怒江沿岸等中山峡谷陡坡一带，西南部龙陵中山陡坡区域。集中分布区域为隆阳的瓦马南部、瓦房西部、杨柳西部、蒲缥西北部、西邑东部、丙麻南部及怒江沿岸中山深切割陡坡一带；施甸的摆榔东南部、旧城东北部等地；腾冲的滇滩北部、固东东部、和顺南部等地；龙陵的腊勐北部、镇安东南部、象达南部、平达东部、勐糯西南部等地；昌宁的大田坝南部、柯街西北部、卡斯西部、鸡飞东北部及西南部、更戛南部、勐统南部等地及湾甸河以东断裂带强烈下切一带。

极强烈侵蚀面积为 410.41km^2，占总面积 2.15%，占土壤侵蚀面积 7.72%，主要分布在东部昌宁、施甸、隆阳及澜沧江水系沿岸、怒江沿岸等中山峡谷深切割陡坡一带，西部腾冲、龙陵中山陡坡区域。集中分布区域为隆阳的瓦马南部、瓦房西部、杨柳西部、蒲缥西北部、瓦窑南部、金鸡北部、丙麻东南部、西邑东部一带；施甸的木老元西南部、摆榔东南部、由旺西部、仁和西部、何元南部、旧城东北部等地；腾冲的滇滩北部及东部、固东东部、明光东部、马站东南部、谢家河北部、芒棒东部等地；龙陵的象达南部、平达南部、勐糯南部等地；昌宁的大田坝南部、柯街西北部、卡斯西南部、鸡飞东北部及西南部、更戛、勐统等地及湾甸河以东中山深切割陡坡一带。

剧烈侵蚀面积为115.95km^2，占总面积0.61%，占土壤侵蚀面积2.18%，主要分布在西南部龙陵中山深切割陡坡区域，东部昌宁、施甸、隆阳及澜沧江水系、怒江沿岸等中山峡谷深切割陡坡一带。集中分布区域为隆阳的芒宽及怒江以西断裂带强烈下切一带；施甸的摆榔东部、姚关西部、万兴西部、酒房西部、旧城一带；腾冲的滇滩西北部、固东东部、荷花西南部、蒲川南部一带；龙陵的龙江西部、腊勐东部、镇安东南部、龙新东部、碧寨等地及象达东部、勐糯、木城南部一带；昌宁的珠街、鸡飞东南部、湾甸东部等地。

五、昭通

昭通位于云南省东北部，辖昭阳、鲁甸、巧家、盐津、大关、永善、绥江、镇雄、彝良、威信、水富11个县（区），土地总面积22 430.17km^2。其中，耕地8190.22km^2，占总面积36.51%；林地10 391.10km^2，占总面积46.33%；城镇村居民点及工矿用地545.03km^2，占总面积2.43%。

（一）土壤侵蚀因子

1. 地形因子

昭通地处康滇古陆边缘，为山高谷深的滇东北中山山原亚区地貌，全市地形以山地为主，山地面积占全市土地总面积94%。全市最高海拔（巧家药山）4040m，最低海拔（水富滚坎坎）267m，海拔相差3773m，平均海拔1685m。全市南高北低，西高东低的变化，形成了明显的“一带三层”和朝向东北的弧形地势。

昭通属于典型山地构造地形，山高谷深，全市地形坡度较大，大于35°的土地面积占总面积29.27%；25°～35°的占总面积25.57%；15°～35°的占总面积23.92%，小于5°的占总面积6.27%。坡度因子在0～9.995，平均值5.256。坡度因子主要集中在4.7～6.5，在此范围内的土地面积占总面积44.65%。坡度因子平均值最大的是威信，为5.730，最小的是昭阳，为4.143。坡长因子在0～3.180，平均值1.712。坡长因子主要集中在1.88～2.14和0.67～1.23，在此范围内的土地面积分别占总面积27.97%和22.44%。坡长因子平均值最大的是巧家，为1.801，最小的是昭阳，为1.542。

2. 气象因子

昭通居于云岭高原与四川盆地的接合部，属于低纬度高原季风气候，年平均气温 11.6～20.9℃，年平均降雨量 675～1093mm，5～10 月为雨季，占年降雨量的 78%～91%。全市降雨量分布不均，呈北部大、南部小，高山大、河谷盆地小，北坡大、南坡小。年降雨量昭阳最少为 946.9mm，盐津最多为 1282mm。

昭通降雨侵蚀力因子在 1607.37～4150.04MJ·mm/(hm^2·h·年)，平均值 2730.03MJ·mm/(hm^2·h·年)。降雨侵蚀力因子主要集中在 2500～3000MJ·mm/(hm^2·h·年)和 2000～2500MJ·mm/(hm^2·h·年)，在此范围内的土地面积分别占总面积 43.29%和 30.22%。降雨侵蚀力因子平均值最大的是盐津，为 3620.73MJ·mm/(hm^2·h·年)；最小的是昭阳，为 2148.86MJ·mm/(hm^2·h·年)。

3. 土壤因子

昭通主要土壤类型分为地带性土类和非地带性土类两大类。地带性土类多为自然土壤，主要有燥红土、红壤、黄壤、黄棕壤、棕壤、暗棕壤、亚高山草甸土和亚高山寒漠土。其中分布面积最大的为黄壤、黄棕壤，分别占土壤总面积的 39.1%和 27.4%。地带性土类的主要特点是气候带特征显著，“立体分布”明显，垂直差异大。从南到北，从低海拔到高海拔，从高温干旱到低温潮湿区域，土壤发育及分布规律为：燥红土→红壤→黄壤→黄棕壤→棕壤→暗棕壤→亚高山草甸土→亚高山寒漠土。非地带性土类主要有水稻土、潮土、红色石灰（岩）土、黑色石灰（岩）土、沼泽土和紫色土。其中紫色土、黑色石灰（岩）土分布面积最大，分别占土壤总面积 13.2%和 6.9%。非地带性土类的分布无明显规律，紫色土多集中分布于矮山河谷；红色石灰（岩）土和黑色石灰（岩）土多分布于中亚热带、北亚热带和南温带牛栏江两岸石灰岩裸露地区；水稻土分布于平坝、一般山区和河谷缓坡地带；潮土是以新老冲积物为母质，经人类利用而形成的土壤，分布于平坝、一般山区和江边河谷；沼泽土分布于高寒山区的低洼地带。

昭通土壤可蚀性因子最大的为紫色土 0.0140t·hm^2·h/(hm^2·MJ·mm)，最小的为黄棕壤 0.0029t·hm^2·h/(hm^2·MJ·mm)，平均值 0.0062t·hm^2·h/(hm^2·MJ·mm)。土壤可蚀性因子主要集中在 0.004～0.005t·hm^2·h/(hm^2·MJ·mm) 和 0.006～0.007t·hm^2·h/(hm^2·MJ·mm)，在此范围内的土地面积分别占总面积 28.57%和 24.13%。土壤可蚀性平均值最大的是绥江，为 0.0085t·hm^2·h/(hm^2·MJ·mm)；最小的是大关，为 0.0053t·hm^2·h/(hm^2·MJ·mm)。

4. 水土保持生物措施因子

昭通植物资源丰富，从南亚热带到北温带的植物区系均有分布，林草覆盖率 57.82%。干热稀树落叶林植被主要分布在金沙江、牛栏江流域海拔 1600m 以下的红壤、燥红壤区域，属南亚热带、中亚热带植被类型，主要由旱生型植被组成。温热常绿阔叶林植被主要分布在金沙江、白水江、洛泽河、罗布河、关河流域海拔 800～1400m 的黄壤、紫色土区域，由耐热、耐湿的中生性植物组成。半干旱常绿阔叶林植被主要分布在海拔 1500～2000m 的黄壤区域，属北亚热带和南温带气候植物，由中生性植被组成。暖温性常绿阔叶林植被主要分布在海拔 1200～1800m 的黄壤、黄棕壤区域，属南温带、中温带气候植物。温凉湿润常绿阔叶林植被主要分布在海拔 1800～2500m 的以黄棕壤为主的区域，属中温带气候植物，由中生性植被组成。冷凉湿润常绿阔叶林植被主要分布在海拔 2700～3000m 和 2000m 以上棕壤区域灌草丛植被向高山草甸植被过渡地带，属北温带气候植物。高原草地植被主要分布在巧家、昭阳、鲁甸、永善等地海拔 3000m 以上的高寒山区，属寒温带气候植物。

昭通生物措施因子平均值 0.398，其中以 0.35～1 和 0.01～0.03 较为集中，在此范围内的土地面积分别占总面积 37.35%和 33.02%。平均值最大的是镇雄，为 0.549；最小的是水富，为 0.251。

5. 水土保持工程措施因子

昭通工程措施总面积 5130.39km^2，其中水平梯田 582.83km^2，占措施总面积 11.36%；水平阶 8.26km^2，占措施总面积 0.16%；坡式梯田 4539.30km^2，占措施总面积 88.48%。工程措施分布面积较大的是昭阳和镇雄，分别占工程措施总面积 18.17%和 17.82%；分布面积较小的是水富和绥江，分别占工程措施总面积 0.96%和 2.15%。

昭通工程措施因子平均值 0.823，平均值最大的是大关，为 0.908；最小值的是昭阳，为 0.653。

6. 水土保持耕作措施因子

昭通耕地轮作制度属滇黔边境高原山地河谷旱地一熟二熟水田二熟区，其中威信轮作措施为马铃薯/玉米两熟，耕作措施因子 0.421；其余县（区）轮作措施为小麦/玉米，耕作措施因子 0.359。全市耕作措施因子在 0.359～1.0，平均值 0.763。耕作措施因子平均值最大的是水富，为 0.854；最小的是镇雄，为 0.656。

（二）土壤侵蚀强度

1. 土壤水力侵蚀模数

昭通平均土壤水力侵蚀模数为 2254t/(km^2·年)。高土壤水力侵蚀模数主要集中在东北部的威信南部、镇雄北部和盐津中部地区，绥江金沙江沿岸河谷一带，以紫色土区、无措施陡坡耕地和裸地上分布较为明显。从分县（区）看，土壤水力侵蚀模数较大的主要是威信和镇雄，这些地区紫色土分布较多，无措施的陡坡耕地分布面积较大，植被覆盖度较低，因此土壤水力侵蚀模数较高。低土壤水力侵蚀模数主要分布在中部地区，以及各县（区）城区和坝子地区，黄棕壤区、有耕作措施的耕地和植被覆盖度较高的林草地等地类上分布较为明显。从分县（区）上看，土壤水力侵蚀模数最小的主要是昭阳，该区坝子分布面积较大，坡度较缓，坡度、坡长因子相对较小，有措施的耕地分布面积较大，因此土壤水力侵蚀模数相对较低。

2. 侵蚀强度分级

昭通土壤侵蚀面积为8757.88km^2，占总面积39.05%。土壤侵蚀面积分布见表4-5，空间分布见图4-6。

轻度侵蚀面积为4481.32km^2，占总面积19.98%，占土壤侵蚀面积51.17%，主要分布在鲁甸的坝子周边区域。集中分布区域为昭阳坝子周边，北部的青岗岭、洒渔以北地区，南部的永丰、守望、布嘎一带，以及西部的大山包和田坝等区域；鲁甸的新街、龙树、水磨、梭山等区域，以及桃源和火德红一带；巧家的马树、包谷垴、老店、药山和东坪一带；盐津北部的普洱、兴隆等区域，以及牛寨和庙坝一带；大关的上高桥、天星、高桥和木杆等区域；永善的伍寨、茂林、莲峰、青胜等地区，以及云荞水库周边区域；绥江海拔1100m以下板栗以北、会仪以南等地；镇雄的花山、牛场、坪上、场坝、旧府、芒部及木卓一带，以及以勒、黑树一带；彝良东南部龙街、奎香、树林一带，以及荞山、龙海、柳溪一带区域；威信县城周边，以及北部三桃、旧城等区域；水富的金沙江、横江和中滩溪沿岸的山脚至山腰一带。

中度侵蚀面积为1496.02km^2，占总面积6.67%，占土壤侵蚀面积17.08%，主要分布在西南部和东北部，西南部集中在金沙江及其支流沿岸，东北部集中在威信和盐津一带。集中分布区域为昭阳的小龙洞至北闸一带，苏家院以西、大寨子和炎山周边，大关河沿岸和洒渔河左岸，渔洞水库北部和东南部，以及金沙江沿岸；鲁甸的文屏至龙头山一带，以及江底和乐红北部等区域；巧家的老店和新店等区域的村庄周边，以及金沙江及其支流沿岸的河谷地区；盐津县城周边，庙坝、牛寨、中和等区域，兴隆北部地区，以及落雁、滩头一带；大关的上高桥、玉碗、寿山、高桥、吉利和木杆等区域；永善金沙江沿岸的码口、大兴、务基一带，以及茂林、莲峰、团结和细沙等地区；绥江的新滩东南部、板栗西南部，以及金沙江沿岸的南岸等区域；镇雄的花朗、母享、鱼洞、泼机、中屯、场坝、塘房、尖山、木卓、雨河、罗坎、五德、坪上、牛场等区域；彝良中部洛泽河及其支流角奎小河两岸，东北部的两河、龙海、牛街、柳溪和洛旺等地区；威信北部的长安、麟凤、三桃、罗布、旧城、高田、双河、水田一带；水富县城西南部，横江沿岸的山脚至山腰一带。

表 4-5 昭通土壤侵蚀面积分布

地区	土地总面积/km²	微度侵蚀		土壤侵蚀		强度分级									
						轻度		中度		强烈		极强烈		剧烈	
		面积/km²	占总面积比例/%	面积/km²	占总面积比例/%	面积/km²	占侵蚀面积比例/%	面积/km²	占侵蚀面积比例/%	面积/km²	占侵蚀面积比例/%	面积/km²	占侵蚀面积比例/%	面积/km²	占侵蚀面积比例/%
昭阳	2 155.79	1 610.23	74.69	545.56	25.31	375.97	68.92	82.92	15.20	41.74	7.65	39.07	7.16	5.86	1.07
鲁甸	1 489.39	743.63	49.93	745.76	50.07	468.18	62.78	116.86	15.67	57.52	7.71	77.53	10.40	25.67	3.44
巧家	3 195.39	1 701.56	53.25	1 493.83	46.75	1 016.69	68.06	243.03	16.27	76.10	5.09	114.36	7.66	43.65	2.92
盐津	2 021.96	1 216.96	60.19	805.00	39.81	339.62	42.19	115.27	14.32	149.64	18.59	95.64	11.88	104.83	13.02
大关	1 719.02	1 074.68	62.52	644.34	37.48	272.68	42.32	104.05	16.15	87.90	13.64	143.36	22.25	36.35	5.64
永善	2 777.88	1 970.79	70.95	807.09	29.05	390.98	48.44	122.44	15.17	61.81	7.66	170.19	21.09	61.67	7.64
绥江	746.33	543.15	72.78	203.18	27.22	94.85	46.68	31.39	15.45	38.64	19.02	25.57	12.58	12.73	6.27
镇雄	3 695.98	1 870.50	50.61	1 825.48	49.39	749.95	41.08	363.13	19.89	252.38	13.83	348.57	19.09	111.45	6.11
彝良	2 795.76	1 763.15	63.07	1 032.61	36.93	537.72	52.07	170.96	16.56	88.63	8.58	156.55	15.16	78.75	7.63
威信	1 392.70	837.43	60.13	555.27	39.87	190.34	34.28	127.80	23.02	77.42	13.94	76.70	13.81	83.01	14.95
水富	439.97	340.21	77.33	99.76	22.67	44.34	44.45	18.17	18.21	19.25	19.30	13.88	13.91	4.12	4.13
合计	22 430.17	13 672.29	60.95	8 757.88	39.05	4 481.32	51.17	1 496.02	17.08	951.03	10.86	1 261.42	14.40	568.09	6.49

图 4-6 昭通土壤侵蚀空间分布图

强烈侵蚀面积为 951.03km^2，占总面积 4.24%，占土壤侵蚀面积 10.86%，主要分布在东北部。集中分布区域为昭阳东部的靖安至守望一带，昭鲁大河左岸和苏家院西部的山区，以及苏甲北部，田坝、炎山、大寨子周边地区；鲁甸的小寨至龙头山一带，水磨周边区域，以及牛栏江右岸的江底至乐红一带；巧家的崇溪、炉房、中寨和东坪等周边地区，以及牛栏江沿岸河谷地区；盐津县城周边及庙坝、柿子、中和、豆沙，以及牛寨东北部、落雁西北部、普洱西部等地区；大关的大关河、洒渔河、洛泽河、高桥河等河流沿岸河谷地区，与极强烈侵蚀交错出现；永善南部的码口、伍寨、茂林、莲峰和墨翰，以及溪洛渡、团结、青胜等地；绥江县城周边，南岸和板栗以南的村庄周边；镇雄东部的坡头、花朗、大湾、林口和塘房等地，西部的赤水源、五德、碗厂、牛场、花山一带；彝良县城周边，洛泽河、荞山、海子、树林等区域，以及龙安、龙海、柳溪、洛旺一带；威信县城周边，庙沟、三桃、罗布、旧城、高田、双河等区域；水富中滩溪右岸山腰一带，以及两碗南部、向家坝以北地区。

极强烈侵蚀面积为 1261.42km^2，占总面积 5.63%，占土壤侵蚀面积 14.40%，主要分布在东北部陡坡耕地上。集中分布区域为昭阳的小龙洞东北部，靖安、盘河、苏甲北部，昭鲁大河左岸的山区，炎山和田坝周边，以及大寨子北部金沙江河谷地区；鲁甸的龙泉河和黑石河沿岸，以及牛栏江右岸的江底至乐红一带，与中度侵蚀交错出现；巧家北部的东坪，药山至中寨一带，以及牛栏江沿岸的沟谷地区；盐津的庙坝、柿子、中和，以及牛寨东北部、落雁西北部、普洱西北部等地区，与强烈侵蚀交错出现；大关的大关河、洒渔河、洛泽河、高桥河等河流沿岸的河谷地区，与强烈侵蚀交错出现；永善的金沙江、洒渔河、团结河等河流两岸村庄周边；绥江的板栗以南，以及金沙江沿岸等地区；镇雄东部的坡头、花朗、大湾、母享，西部的杉树、盐源、牛场、坪上一带，以及场坝以南地区等；彝良中部洛泽河及其支流角奎小河两岸，以及钟鸣和龙安，东北部的小草坝、牛街、柳溪和洛旺等地区；威信县城周边，庙沟、三桃、罗布、旧城、高田、双河等区域；水富中滩溪右岸山腰一带，以及两碗南部、向家坝以北地区，与强烈侵蚀交错成片出现。

剧烈侵蚀面积为 568.09km^2，占总面积 2.53%，占土壤侵蚀面积 6.49%，主要分布在东北部紫色土区。集中分布区域为昭阳的盘河西南部，以及渔洞水库北部山区；鲁甸的乐红至梭山一带，以及小寨周边和江底北部等区域；巧家的炉房和东坪北部，大寨南部，以及牛栏江下游沿岸的小河、红山等地；盐津关河及其支流沿岸的庙坝、盐井、普洱、滩头等地区，以及柿子、中和、兴隆等区域的紫色土区；大关中部大关河沿岸的玉碗、翠华、寿山一带，以及木杆周边区域；永善县城周边坡度较陡的紫色土区，以及莲峰西北部、水竹西南部、细沙和青胜等地；绥江的金沙江沿岸的南岸至会仪一带，板栗周边等地区；镇雄县城周边，西北部的杉树、罗坎、五德、雨河等区域，以及东北部果珠、花朗、坡头和鱼洞一带的紫色土区；彝良县城周边，双河水库周边的紫色土区，以及牛街至龙海一带；威信县城和双河南部，以及庙沟、长安西部、麟凤南部、罗布、高田等区域；水富县城西部金沙江沿岸及横江和中滩溪沿岸的紫色土区。

六、丽江

丽江位于云南省西北部，辖古城、玉龙、永胜、华坪、宁蒗 5 个县（区），土地总面积 20 549.00km^2。其中，耕地 2624.52km^2，占总面积 12.77%；林地

14 349.71km^2，占总面积 69.83%；城镇村居民点及工矿用地 252.42km^2，占总面积 1.23%。

（一）土壤侵蚀因子

1. 地形因子

丽江地处青藏高原东南缘，滇西北横断山纵谷地带东部，地势西北高、东南低，呈梯状展开，高山峡谷相间，高原盆地镶嵌其中。地貌类型有极高山（玉龙雪山，由冰川地貌发育）、侵蚀高山和溶蚀、侵蚀中低山与溶蚀、侵蚀丘陵、盆地（断陷盆地、冰蚀盆地及浸蚀、溶蚀—断陷盆地）、河流阶地（河漫滩）、湖泊（断陷湖泊、冰蚀湖泊）等。玉龙雪山以西为横断山脉切割山地峡谷区的高山峡谷亚区，山高谷深，山势陡峻挺拔，河流深切其间；玉龙雪山以东属滇东盆地山原区的滇西北中山山原亚区，海拔较高，山势也较浑厚。全市最高点为玉龙雪山主峰扇子陡，海拔 5596m，最低点在华坪石龙坝乡塘坝河口，海拔 1015m，海拔相差 4581m。

丽江地形坡度以 25°～35°为主，在此范围内的土地面积占总面积 28.33%；15°～25°的占总面积 25.07%；大于 35°的占总面积 24.69%；小于 5°的占总面积 6.64%。坡度因子平均值 4.423，主要集中在 4.7～6.5，在此范围内的土地面积占总面积 50.21%。坡度因子平均值最大的是宁蒗，为 4.628，最小的是古城，为 3.644。坡长因子平均值 1.795，主要集中在 1.88～2.14，在此范围内的土地面积占总面积 34.49%。坡长因子平均值最大的是玉龙，为 1.831，最小的是古城，为 1.702。

2. 气象因子

丽江属低纬度暖温带高原山地季风气候，年平均气温 16.3℃，年平均降雨量 910～1040mm，6～9 月为雨季，占年降雨量的 87%～94%。降雨量东南部华坪较多，西北部和南部金沙江河谷地带少，山区多于坝区，随海拔升高降雨量增多。华坪年降雨量 1078mm，华坪、宁蒗交界处雾坪年降雨量 1764mm，南部金沙江河谷地带永胜的金江街年降雨量 552mm，西北部金沙江河谷地带石鼓年降雨量 745mm，丽江云杉坪年降雨量 1549mm，坝区年降雨量 920～960mm。

丽江降雨侵蚀力因子在 1925.63～4511.57MJ·mm/(hm^2·h·年)，平均值 2785.02MJ·mm/(hm^2·h·年)。降雨侵蚀力因子主要集中在 2500～3000MJ·mm/(hm^2·h·年)，在此范围内的土地面积占总面积 43.44%。降雨侵蚀力因子平均值最大的是华坪，为 3859.85MJ·mm/(hm^2·h·年)，最小的是玉龙，为 2329.44MJ·mm/(hm^2·h·年)。

3. 土壤因子

丽江因地形起伏较大，海拔相差达4000多米，光、温、水、湿、热辐射等条件分布不均，因此对分布在不同高度上土地的风化影响不同，形成发育的土壤类型也就不同，并有明显的垂直带谱，同时受成土母质和地形、地貌与开发利用等的影响，形成不同的土类。全市土壤分为高山寒漠土、亚高山草甸土、棕色暗针叶林土、暗棕壤、棕壤、黄棕壤、红壤、燥红土8个地带性土类和水稻土、红色石灰（岩）土、冲积土、盐碱土、紫色土、沼泽土6个非地带性土类。其中红壤面积4518.01km^2，占总面积21.99%；紫色土面积2193.06km^2，占总面积10.67%；高山寒漠土面积59.78km^2，占总面积0.29%。

丽江土壤可蚀性因子最大的为紫色土 0.0131t·hm^2·h/(hm^2·MJ·mm)，最小的为高山寒漠土0.0003t·hm^2·h/(hm^2·MJ·mm)，平均值0.0060t·hm^2·h/(hm^2·MJ·mm)。土壤可蚀性因子主要集中在 0.005～0.006t·hm^2·h/(hm^2·MJ·mm)，在此范围内的土地面积占总面积 31.09%。土壤可蚀性因子平均值最大的是永胜，为 0.0070t·hm^2·h/(hm^2·MJ·mm)，最小的是古城，为0.0050t·hm^2·h/(hm^2·MJ·mm)。

4. 水土保持生物措施因子

丽江具有独特的地理环境和优越的气候条件，因此森林植被类型多种多样，植物资源极为丰富。植被类型有干热河谷稀树灌丛草地、针阔混交林、暖温性针叶林、寒温性针叶林、高山灌丛草甸、流石滩稀疏植被等。全市有植物 1.3 万多种，仅种子植物就多达2988种，热带、温带、寒带植物均有分布，有许多树种属国家珍稀植物，如云南铁杉、红豆杉、香榧、水青树等。林草覆盖率81.74%。

丽江生物措施因子平均值0.165，其中以0.01～0.03较为集中，在此范围内的土地面积占总面积60.63%。生物措施因子平均值最大的是永胜，为0.205，最小的是玉龙，为0.115。

5. 水土保持工程措施因子

丽江工程措施总面积 1575.04km^2，其中水平梯田 599.48km^2，占措施总面积38.06%；坡式梯田 971.26km^2，占措施总面积 61.67%；水平阶 4.30km^2，占措施总面积 0.27%。工程措施分布面积较大的是永胜和宁蒗，分别占工程措施总面积30.94%和28.08%，分布面积较小的是华坪和古城，分别占工程措施总面积12.28%和7.48%。

丽江工程措施因子平均值0.936，平均值最大的是玉龙，为0.954；最小的是永胜，为0.913。

6. 水土保持耕作措施因子

丽江耕地轮作制度属滇黔边境高原山地河谷旱地一熟二熟水田二熟区。其中古城、玉龙、永胜轮作措施为小麦/玉米，耕作措施因子 0.359；华坪、宁蒗耕作措施为马铃薯/玉米两熟，耕作措施因子 0.421。全市耕作措施因子在 0.353～1.0，平均值 0.647。耕作措施因子平均值最大的是玉龙，为 0.944，最小的是永胜，为 0.892。

（二）土壤侵蚀强度

1. 土壤水力侵蚀模数

丽江平均土壤水力侵蚀模数为 1016t/(km^2·年)。土壤水力侵蚀模数大于 1000t/(km^2·年)的为东北部及东南部一带的宁蒗、永胜、华坪，这些区域内分布着一系列的山地、峡谷、溶蚀和侵蚀丘陵地貌，地势起伏较大，紫色土分布广泛，坡耕地分布面积较大，降雨量大且集中，土壤侵蚀程度趋于轻、中度以上，其中华坪、永胜土壤水力侵蚀模数分别达到 1728t/(km^2·年)和 1357t/(km^2·年)。土壤水力侵蚀模数小于 1000t/(km^2·年)的为西北部的玉龙和古城，这些地区多中山和峡谷，但植被覆盖度较高，土壤可蚀性较低，土壤侵蚀程度趋于中、轻度以下，古城、玉龙土壤水力侵蚀模数分别为 560t/(km^2·年)和 559t/(km^2·年)。

2. 侵蚀强度分级

丽江土壤侵蚀面积为 4305.92km^2，占总面积 20.95%。土壤侵蚀面积分布见表 4-6，空间分布见图 4-7。

轻度侵蚀面积为 2937.58km^2，占总面积 14.30%，占土壤侵蚀面积 68.22%，主要分布在东部永胜、宁蒗及金沙江沿线（宁蒗的拉伯三江口至永胜的涛源）以东的低中山浅切割缓坡、盆地区域，西部玉龙、古城及金沙江沿线以西的低中山一带。集中分布区域为古城的大东、文化、金江、七河一带；玉龙的石头西部、奉科、大具、太安、拉市海周边及金沙江、镇兰河、里马河、冲江河沿岸中低山浅切割缓坡一带；永胜的大安、三川、顺州、程海、仁和、东山及程海湖周边、金沙江以东中低山浅切割缓坡一带；华坪的通达、石龙坝南部、务坪水库周边及李子河、通达河、金沙江沿岸中低山浅切割缓坡一带；宁蒗的翠玉、红桥、永宁北部、永宁坪、泸沽湖周边及金沙江以东中低山浅切割缓坡一带。

中度侵蚀面积为 629.92km^2，占总面积 3.06%，占土壤侵蚀面积 14.63%，主要分布在东部宁蒗、永胜、华坪等侵蚀中山、溶蚀和侵蚀丘陵区域，西部玉龙中山峡谷一带。集中分布区域为古城的束河东部、七河西南部一带；玉龙的石头西部及南部、龙蟠东北部、大具北部、奉科西部及东部、百花山及玉龙雪山中山峡

表 4-6　丽江土壤侵蚀面积分布

地区	土地总面积/km²	微度侵蚀		土壤侵蚀		强度分级									
						轻度		中度		强烈		极强烈		剧烈	
		面积/km²	占总面积比例/%	面积/km²	占总面积比例/%	面积/km²	占侵蚀面积比例/%	面积/km²	占侵蚀面积比例/%	面积/km²	占侵蚀面积比例/%	面积/km²	占侵蚀面积比例/%	面积/km²	占侵蚀面积比例/%
古城	1 255.40	1 066.47	84.95	188.93	15.05	139.42	73.79	26.15	13.84	11.03	5.84	10.61	5.62	1.72	0.91
玉龙	6 198.76	5 290.46	85.35	908.30	14.65	643.17	70.81	155.10	17.08	58.81	6.47	39.99	4.40	11.23	1.24
永胜	4 925.51	3 597.47	73.04	1 328.04	26.96	1 009.15	75.99	154.27	11.62	74.41	5.60	56.76	4.27	33.45	2.52
华坪	2 156.03	1 546.37	71.72	609.66	28.28	368.35	60.42	112.30	18.42	47.85	7.85	42.87	7.03	38.29	6.28
宁蒗	6 013.30	4 742.31	78.86	1 270.99	21.14	777.49	61.17	182.10	14.33	115.45	9.08	146.64	11.54	49.31	3.88
合计	20 549.00	16 243.08	79.05	4 305.92	20.95	2 937.58	68.22	629.92	14.63	307.55	7.14	296.87	6.90	134.00	3.11

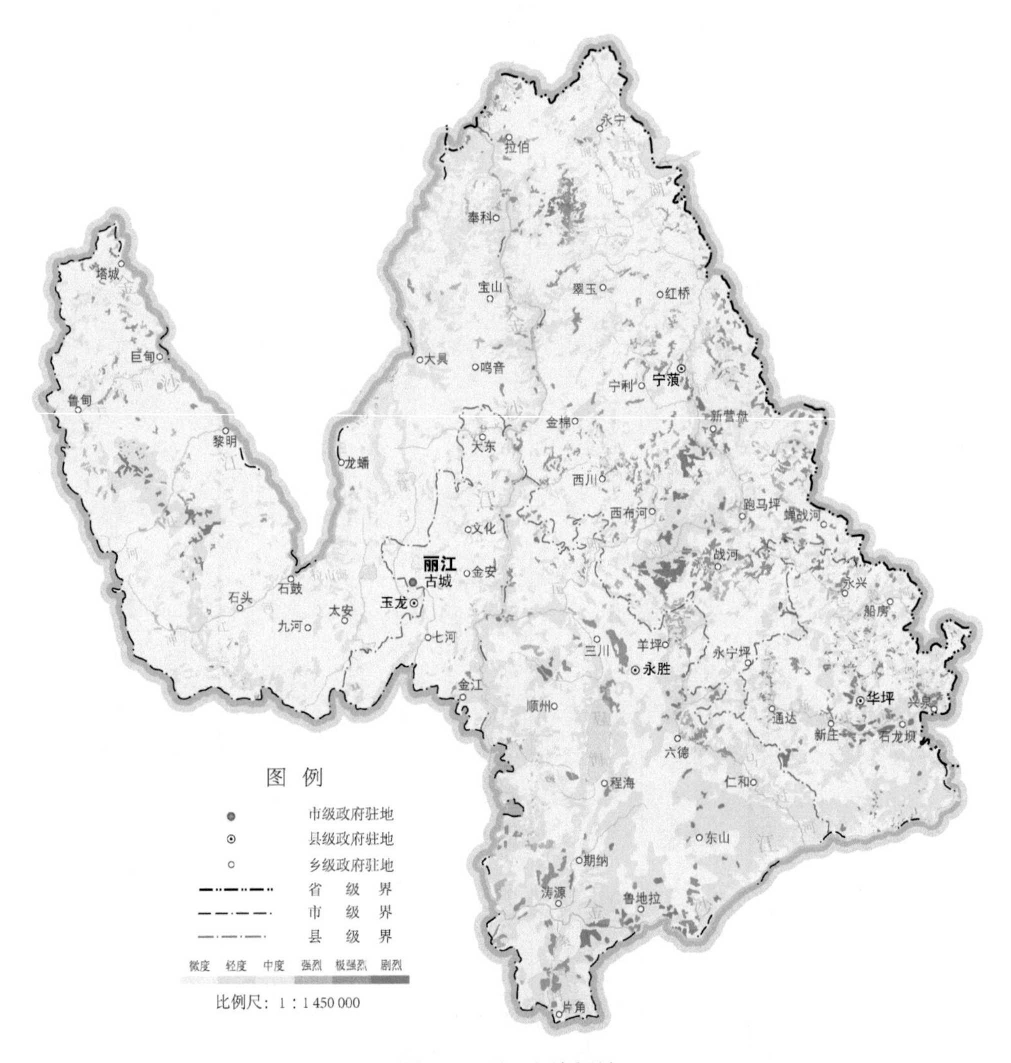

图 4-7 丽江土壤侵蚀

谷一带；永胜的羊坪北部、六德北部、仁和东南部、程海西南部、期纳、涛源、鲁地拉南部、片角东部一带；华坪的船房、通达北部、石龙坝西南部、兴泉西部、新庄南部等地；宁蒗的拉伯北部及南部、永宁北部等地，红桥西南部、新营盘一带，西布河东部、跑马坪西部、蝉战河南部一带。

强烈侵蚀面积为 307.55km^2，占总面积 1.50%，占土壤侵蚀面积 7.14%，主要分布在东部宁蒗、永胜等中山山原陡坡一带，西部玉龙中高山陡坡区域。集中分布区域为古城的大东南部、金江北部、七河西南部等地；玉龙的塔城北部、巨甸西部及北部、鲁甸南部、奉科北部、宝山南部等地；永胜的三川东部、羊坪北部、大安东南部、程海北部、六德东部、涛源西部、片角北部等地；华坪的永兴西北部、通达北部、兴泉北部、荣将等地；宁蒗的拉伯东南部、红桥南部、大兴、翠玉北部、金棉南部、西川北部、烂泥箐、跑马坪等地，木底箐河西部蝉战河北部、西布河一带。

极强烈侵蚀面积为 296.87km^2，占总面积 1.44%，占土壤侵蚀面积 6.90%，主要分布在东部宁蒗、永胜、华坪等中山深切割陡坡一带，西部玉龙高山深切割陡坡区域。集中分布区域为古城的大东西部及南部、金安东南部、金江东北部等地；玉龙的巨甸北部、鲁甸东北部、黎明西南部等地；永胜的光华北部、三川东部、羊坪北部、程海北部、六德东南部、期纳西南部、鲁地拉东部及西部、片角北部等地；华坪的永兴北部、兴泉北部、蘑菇山西部等地；宁蒗的拉伯东南部、永宁西南部、红桥南部、大兴、翠玉北部、金棉南部、西川北部、烂泥箐、跑马坪、战河北部、蝉战河北部、西布河等地。

剧烈侵蚀面积为 134.00km^2，占总面积 0.65%，占土壤侵蚀面积 3.11%，主要分布在东部宁蒗、华坪、永胜等中山深切割陡坡一带，西部玉龙高山深切割陡坡区域。集中分布区域为古城的金安、金江一带；玉龙的黎明、石鼓一带；永胜的松坪、大安、羊坪南部、六德北部、鲁地拉东部及西部等地；华坪的永兴、船房北部、通达、兴泉、荣将、新庄、石龙坝等地；宁蒗的永宁西南部、大兴一带，烂泥箐、新营盘西部、跑马坪、战河北部、蝉战河南部、西布河等地。

七、普洱

普洱位于云南省西南部，辖思茅、宁洱、墨江、景东、景谷、镇沅、江城、孟连、澜沧、西盟 10 个县（区），土地总面积 44 347.00km^2。其中，耕地 7563.85km^2，占总面积 17.06%；林地 31 833.26km^2，占总面积 71.78%；城镇村居民点及工矿用地 488.48km^2，占总面积 1.10%。

（一）土壤侵蚀因子

1. 地形因子

普洱地处云贵高原西南边缘，横断山脉南段，地势北高南低。哀牢山、无量山、怒山（余脉）三大山脉由北向南纵贯全市，北窄南宽，呈不规则的三角形，形似一把扫帚，最高点为景东无量山脉猫头山，海拔 3370m，最低点在江城土卡河口，海拔 317m，海拔相差 3053m。地貌类型有中山宽谷、中山窄谷、浅切割中山山地、深切割中山山地、高丘、盆地等。

普洱地形坡度以 25°～35°为主，在此范围内的土地面积占总面积 35.30%；15°～25°的占总面积 32.14%；大于 35°的占总面积 17.57%；小于 5°的占总面积 3.19%。坡度因子在 0～9.995，平均值 4.949。坡度因子主要集中在 4.7～6.5，在此范围内的土地面积占总面积 47.63%。坡度因子平均值最大的是墨江，为 5.365，最小的是思茅，为 4.409。坡长因子在 0～3.181，平均值 1.829。坡长因子主要集中在 1.88～2.14，在此范围内的土地面积占总面积 31.75%。坡长因子平均值最大的是西盟，为 1.953，最小的是思茅，为 1.788。

2. 气象因子

普洱属于亚热带湿润气候，年平均气温 15～20.3℃，年平均降雨量 1100～2780mm，5～10 月为雨季，占年降雨量的 87%。降雨量随海拔升高而增多，地区分布为西多东少、南多北少。普洱地处哀牢山以西，除北部景东外，全市大部地区降雨充沛，年降雨量大多在 1300mm 以上，西部、南部边缘地区可达 2000mm 以上，在云南省属于多雨区。降雨高值区分布在西南部的南卡江上游地区，中值区位于北部的无量山脉、东部的哀牢山脉及东南部的土卡河、勐野江、曼老江流域，低值区分布在元江流域李仙江水系川河上游河谷、澜沧江干流中下段河谷、黑江河谷及南垒河河谷一带 。

普洱降雨侵蚀力因子在 2531.41～10 241.17MJ·mm/(hm^2·h·年)，平均值 4816.75MJ·mm/(hm^2·h·年)。降雨侵蚀力因子主要集中在 4500～5000MJ·mm/(hm^2·h·年)，在此范围内的土地面积占总面积 25.26%。降雨侵蚀力因子平均值最大的是江城，为 8255.76MJ·mm/(hm^2·h·年)；最小的是景东，为 3323.89MJ·mm/(hm^2·h·年)。

3. 土壤因子

普洱的主要土壤类型有砖红壤、赤红壤、红壤、黄棕壤、棕壤、亚高山草甸土、水稻土、冲积土、紫色土、石灰（岩）土等。

普洱土壤可蚀性因子最大的为紫色土 0.0169t·hm^2·h/(hm^2·MJ·mm)，最小的为赤红壤 0.0028t·hm^2·h/(hm^2·MJ·mm)，平均值 0.0059t·hm^2·h/(hm^2·MJ·mm)。土壤可蚀性因子主要集中在 0.005～0.006t·hm^2·h/(hm^2·MJ·mm)，在此范围内的土地面积占总面积 38.03%。土壤可蚀性平均值最大的是思茅，为 0.0067t·hm^2·h/ (hm^2·MJ·mm)；最小的是孟连，为 0.0050t·hm^2·h/(hm^2·MJ·mm)。

4. 水土保持生物措施因子

普洱主要植被类型有亚热带季雨林、亚热带常绿阔叶林、针阔混交林、针叶林、高山矮林等，林草覆盖率 74.83%。有茶园 318 万亩[①]，有 2 个国家级、4 个省级自然保护区，是云南省重点林区、重要的商品用材林基地和林产工业基地。

普洱生物措施因子平均值 0.187，其中在 0～0.01 较为集中，在此范围内的土

① 1 亩≈666.67m^2

地面积占总面积 56.70%。生物措施因子平均值最大的是澜沧，为 0.284；最小的是江城，为 0.091。

5. 水土保持工程措施因子

普洱工程措施总面积 6348.10km^2，其中水平梯田 2032.77km^2，占措施总面积 32.02%；水平阶 1124.09km^2，占措施总面积 17.71%；坡式梯田 2437.13km^2，占措施总面积 38.39%；隔坡梯田 754.11km^2，占措施总面积 11.88%。工程措施分布面积较大的是澜沧和墨江，分别占工程措施总面积 21.06%和 14.64%；分布面积较小的是西盟和宁洱，分别占工程措施总面积 4.75%和 5.77%。

普洱工程措施因子平均值 0.880，平均值最大的是景谷，为 0.922；最小的是孟连，为 0.798。

6. 水土保持耕作措施因子

江城、孟连、澜沧、西盟耕地轮作制度属华南沿海西双版纳台南二熟三熟与热作区，轮作措施为玉米-甘薯，耕作措施因子 0.456。其余县（区）耕地轮作制度属滇南山地旱地水田二熟兼三熟区，轮作措施为低山玉米||豆一年一熟，耕作措施因子 0.417。全市耕作措施因子在 0.353～1.0，平均值 0.903。耕作措施因子平均值最大的是思茅，为 0.959；最小的是澜沧，为 0.854。

（二）土壤侵蚀强度

1. 土壤水力侵蚀模数

普洱平均土壤水力侵蚀模数为 1883t/(km^2·年)。高土壤水力侵蚀模数主要集中在澜沧、西盟，以及把边江、阿墨江、勐统河及其支流的河谷一带，以无措施陡坡耕地和裸地上较为明显。从分县（区）看，土壤水力侵蚀模数较大的主要是澜沧和西盟，这些地区山高坡陡，无措施的陡坡耕地分布面积较大，河谷分布较多，植被覆盖度较低，因此土壤水力侵蚀模数较高。低土壤水力侵蚀模数主要分布在各县（区）城区周边区域，以及坝子地区，以有耕作措施的耕地和植被覆盖度较高的林草地等地类上较为明显。从分县（区）上看，土壤水力侵蚀模数较小的主要是景谷和思茅，这些地区地势平缓，有措施的耕地分布面积较大，植被覆盖度较高，因此土壤水力侵蚀模数相对较低。

2. 侵蚀强度分级

普洱土壤侵蚀面积为 8328.69km^2，占总面积 18.78%。土壤侵蚀面积分布见表 4-7，空间分布见图 4-8。

表 4-7 普洱土壤侵蚀面积分布

地区	土地总面积/km²	微度侵蚀		土壤侵蚀		强度分级									
						轻度		中度		强烈		极强烈		剧烈	
		面积/km²	占总面积比例/%	面积/km²	占总面积比例/%	面积/km²	占侵蚀面积比例/%	面积/km²	占侵蚀面积比例/%	面积/km²	占侵蚀面积比例/%	面积/km²	占侵蚀面积比例/%	面积/km²	占侵蚀面积比例/%
思茅	3 908.21	3 333.15	85.29	575.06	14.71	370.99	64.51	105.14	18.28	45.45	7.91	26.76	4.65	26.72	4.65
宁洱	3 669.06	2 966.74	80.86	702.32	19.14	455.08	64.80	72.75	10.36	79.46	11.31	42.45	6.04	52.58	7.49
墨江	5 310.69	3 839.29	72.29	1 471.40	27.71	802.38	54.53	189.25	12.86	202.47	13.76	177.56	12.07	99.74	6.78
景东	4 460.28	3 593.81	80.57	866.47	19.43	484.57	55.92	189.32	21.85	62.12	7.17	92.52	10.68	37.94	4.38
景谷	7 520.38	6 502.85	86.47	1 017.53	13.53	546.74	53.73	141.00	13.86	155.23	15.25	117.31	11.53	57.25	5.63
镇沅	4 109.39	3 446.96	83.88	662.43	16.12	192.40	29.05	102.18	15.43	148.81	22.46	131.51	19.85	87.53	13.21
江城	3 485.07	3 078.99	88.35	406.08	11.65	252.48	62.18	45.94	11.31	50.55	12.45	25.46	6.27	31.65	7.79
孟连	1 891.97	1 498.34	79.19	393.63	20.81	161.65	41.07	70.46	17.90	73.33	18.63	61.14	15.53	27.05	6.87
澜沧	8 740.81	6 785.15	77.63	1 955.66	22.37	981.62	50.19	295.64	15.12	244.17	12.49	246.20	12.59	188.03	9.61
西盟	1 251.14	973.03	77.77	278.11	22.23	96.55	34.72	54.73	19.68	64.84	23.31	33.16	11.92	28.83	10.37
合计	44 347.00	36 018.31	81.22	8 328.69	18.78	4 344.46	52.16	1 266.41	15.21	1 126.43	13.52	954.07	11.46	637.32	7.65

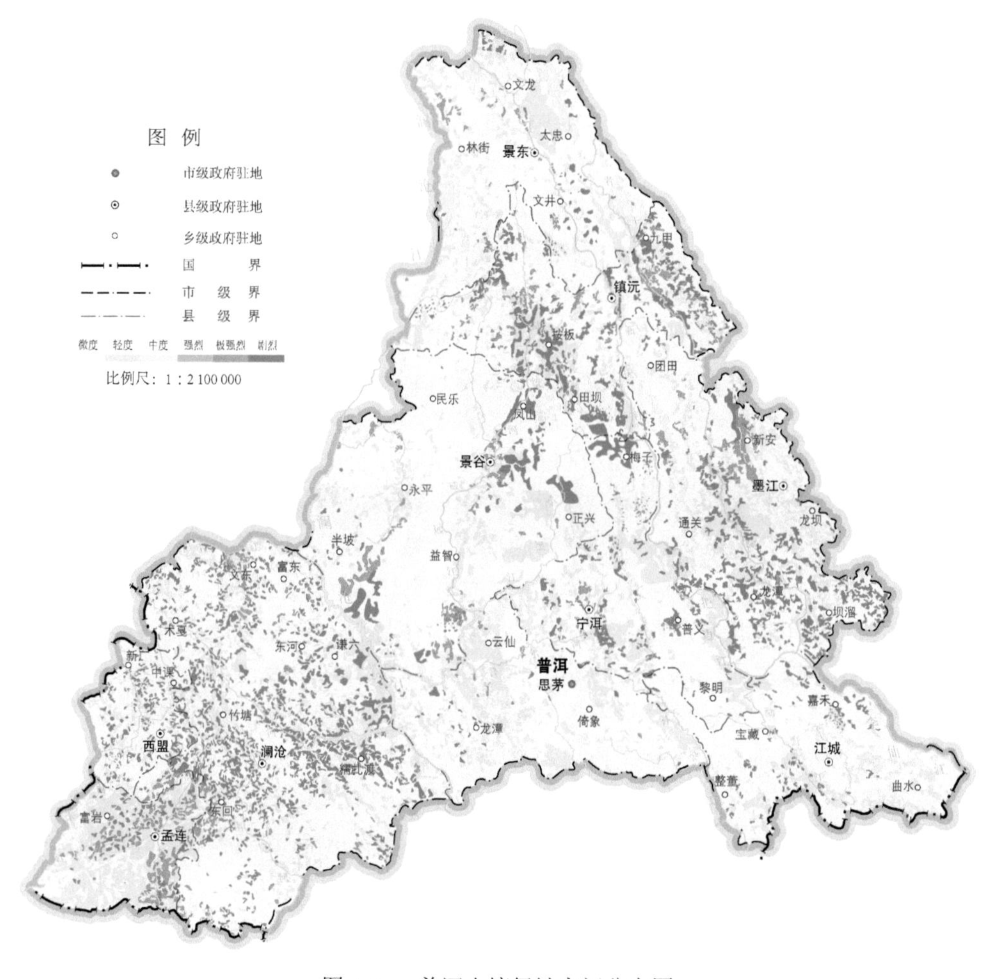

图 4-8　普洱土壤侵蚀空间分布图

轻度侵蚀面积为 4344.46km^2，占总面积 9.80%，占土壤侵蚀面积 52.16%，主要分布于中部。集中分布区域为思茅的小黑江、南班河沿线的云仙、龙潭一带，以及与宁洱相邻区域；宁洱的宁洱、德化、同心等乡镇的周边区域，以及把边江以西的磨黑、普义、黎明一带；墨江的阿墨江沿线的新安、通关、联珠、龙坝、雅邑一带；景东的川河以东的安定、龙街、太忠一带，以及花山以南区域；景谷县城周边，以及益智、正兴、永平等乡镇的周边区域；镇沅县城周边，勐大、按板、田坝一带，以及和景东、墨江相邻区域的村庄及坝子边缘；江城的嘉禾、国庆、曲水、整董等乡镇的周边区域；孟连有大面积分布；澜沧的澜沧江以西的谦六至糯扎渡一线；西盟呈零星分布。

中度侵蚀面积为 1266.41km^2，占总面积 2.85%，占土壤侵蚀面积 15.21%，主要集中分布在西部的澜沧江及其支流沿岸，以及东部阿墨江、把边江及其支流的河谷地带。集中分布区域为思茅的澜沧江上游以东一线，以及南班河及其支流沿线；宁洱的德化北部呈零星分布；墨江的新抚、景星、鱼塘、联珠一带；景东的景福、曼等、大朝山东一带，以及龙街、太忠、花山一带；景谷的永平西部、半坡西南部；镇沅的九甲至和平一带，以及古城以西、田坝以东区域；江城的曲水北部、西部和南部，以及整董的东南部；孟连的富岩、公信、勐马一带；澜沧的安康、文东、上允、竹塘一带，以及谦六南部；西盟各河流沿岸均有分布。

强烈侵蚀面积为 1126.43km^2，占总面积 2.54%，占土壤侵蚀面积 13.52%，主要集中分布在西部和北部。集中分布区域为思茅的南班河沿线；宁洱县城周边；墨江的新安、联珠、新抚等乡镇的周边区域；景东的文龙至大街的川河两岸，以及漫湾南部；景谷县城周边，永平北部，以及半坡东南部；镇沅的九甲、者东、和平、勐大、振太等乡镇的周边区域；江城呈零星分布；孟连的勐马北部，以及景信南部；澜沧的文东、上允、富东、大山、南岭、糯扎渡、发展河、东回等乡镇的周边区域；西盟的翁嘎科等乡镇的周边区域。

极强烈侵蚀面积为 954.07km^2，占总面积 2.15%，占土壤侵蚀面积 11.46%，主要集中分布在中北部及西南部，其他区域呈零星分布。集中分布区域为思茅的南班河沿线，以及云仙东部和西北部；宁洱县城周边，以及同心北部；墨江的新安至联珠一带，以及新抚、景星等乡镇的周边区域；景东的文龙至大街的川河两岸，以及漫湾南部；景谷县城周边，永平北部，以及半坡东南部；镇沅的九甲、者东、和平一带，以及勐大、振太、田坝等乡镇的周边区域；江城呈零星分布；孟连的景信、娜允、富岩、勐马一带，以及芒信等乡镇的周边区域；澜沧的文东、富东、上允一带；南岭北部，以及糯扎渡南部；西盟县城周边，翁嘎科西部，以及新厂等乡镇的周边区域。

剧烈侵蚀面积为 637.32km^2，占总面积 1.44%，占土壤侵蚀面积 7.65%，主要分布在东北部哀牢山以西，以及西南部的澜沧江西岸，其他区域呈零星分布。集中分布区域为思茅的龙潭至六顺一带；宁洱县城周边，以及磨黑、普义、同心、德化、梅子等乡镇的周边区域；墨江中部及南部河流沿线，以及勐弄等乡镇的周边区域；景东的大街、文井、花山一带，以及龙街东南部；景谷的凤山至威远一带，以及勐班西部；镇沅的勐大、按板、田坝、古城一带，以及九甲、者东、和平一带；江城的嘉禾、宝藏、整董等乡镇的周边区域；孟连的景信、娜允、富岩、勐马一带，以及芒信等乡镇的周边区域；澜沧及西盟河流沿岸均有分布。

八、临沧

临沧位于云南省西南部，辖临翔、凤庆、云县、永德、镇康、双江、耿马、沧源 8 个县（区），土地总面积 23 625.31km^2。其中，耕地 6650.62km^2，占总面积

28.15%；林地 13 290.28km^2，占总面积 56.25%；城镇村居民点及工矿用地 356.76km^2，占总面积 1.51%。

（一）土壤侵蚀因子

1. 地形因子

临沧总体地势中间高、四周低，并由东北向西南逐渐倾斜降低，有老别山、邦马山两大山脉，最高点为永德大雪山，海拔 3504m，最低点为孟定清水河，海拔 450m，海拔相差 3054m。由于喜马拉雅造山运动及其后的新构造运动，以及差别抬升、褶皱断裂和剥蚀作用，形成深度切割的中山峡谷地貌，大致可再分为侵蚀堆积山间盆地（坝子）、深切割中山宽谷、深切割中山窄谷、中山岩溶地貌、侵蚀中山等地貌类型。

临沧地形坡度以 25°～35°为主，在此范围内的土地面积占总面积 34.08%；15°～25°的占总面积 30.57%；大于 35°的占总面积 18.98%；小于 5°的占总面积 4.25%。坡度因子在 0～9.995，平均值 5.303。坡度因子主要集中在 4.7～6.5，在此范围内的土地面积占总面积 44.13%。坡度因子平均值最大的是云县，为 5.745，最小的是耿马，为 4.775。坡长因子在 0～3.181，平均值 1.806。坡长因子主要集中在 1.88～2.14，在此范围内的土地面积占总面积 32.56%。坡长因子平均值最大的是沧源，为 1.882，最小的是临翔，为 1.744。

2. 气象因子

临沧属亚热带低纬度高原山地季风气候，年平均气温 16.5～17.5℃，年平均降雨量 920～1750mm，6～9 月为雨季，占年降雨量的 88%。全市降雨量随海拔升高而增多，海拔 648m 的永德旧城年降雨量 823m，海拔 1606m 的永德年降雨量 1283mm，海拔 2636m 的棠梨山年降雨量 1796mm。降雨量还与坡向有关，一般为迎风坡多于背风坡。耿马孟定与耿马县城仅一山之隔，但年降雨量明显不同，孟定处在迎风面，年降雨量 1530mm，附近的姑老河处在迎风坡，年降雨量达 1900mm，而背面的耿马年降雨量 1332mm。此外，临沧还有一些降雨量特别多的区域，如沧源的南腊、镇康的木厂和彭木山等。降雨量地区分布有西多东少的特点，年降水量沧源 1772mm，临翔 1171mm。西部边缘地带降雨量多，年降雨量一般在 1500mm 以上。澜沧江河谷地带降雨量较少，一般在 900～1000mm。

临沧降雨侵蚀力因子在 2247.51～6008.44MJ·mm/(hm^2·h·年)，平均值 3658.16MJ·mm/(hm^2·h·年)，降雨侵蚀力因子主要集中在 3000～3500MJ·mm/(hm^2·h·年)，在此范围内的土地面积占总面积 39.98%。降雨侵蚀力因子平均值最大的是沧源，为 5034.75MJ·mm/(hm^2·h·年)；最小的是云县，为 2859.89MJ·mm/(hm^2·h·年)。

3. 土壤因子

临沧土壤有 10 土类 19 亚类 72 土属 348 土种，各土类呈地带性垂直分布。由低海拔到高海拔主要依次分布有砖红壤、赤红壤、红壤、黄壤、黄棕壤和亚高山草甸土等土类。砖红壤主要分布在海拔 800m 以下，面积占 2.3%；赤红壤主要分布在海拔 800～1300m，占 20.3%；红壤分布在海拔 1300～2200m，占 14.5%；黄壤主要分布在海拔 2100～2400m，占 14.5%；黄棕壤主要分布在海拔 2400～3000m 的地带，占 4.0%；亚高山草甸土分布在海拔 3000～3500m 的山顶部，占 0.06%。非地带性土类有潮土，占 0.09%；红色石灰（岩）土，占 2.6%；紫色土，占 4.1%；水稻土，占 3.6%。

临沧土壤可蚀性因子最大的为紫色土 0.0131t·hm^2·h/(hm^2·MJ·mm)，最小的为黄棕壤 0.0029t·hm^2·h/(hm^2·MJ·mm)，平均值 0.0055t·hm^2·h/(hm^2·MJ·mm)。土壤可蚀性因子主要集中在 0.004～0.005t·hm^2·h/(hm^2·MJ·mm)，在此范围内的土地面积占总面积 38.54%。土壤可蚀性平均值最大的是双江，为 0.0060t·hm^2·h/(hm^2·MJ·mm)；最小的是镇康，为 0.0051t·hm^2·h/(hm^2·MJ·mm)。

4. 水土保持生物措施因子

临沧植被呈垂直带状分布，植物种类繁多，主要树种有云南松、思茅松、麻栎、木荷、桤木、华山松等，是云南省重点林区之一。植被类型有北热带季雨林、亚热带常绿阔叶林、落叶阔叶林、暖性针叶林、温凉性针叶林、寒温性针叶林、高山灌丛草甸及竹林等。全市活立木蓄积量 1.1 亿 m^3，有自然保护区 5 个，林草覆盖率 61.83%，有乔木 89 科 436 属 3700 多种，其中商品木材树种 70 科 271 种、常用商品木材树种 27 种、主要珍贵树种 21 种、主要经济林树种 28 种。

临沧生物措施因子平均值 0.304，其中以 0.01～0.03 较为集中，在此范围内的土地面积占总面积 29.40%。生物措施因子平均值最大的是永德，为 0.392；最小的是沧源，为 0.225。

5. 水土保持工程措施因子

临沧工程措施总面积 4840.37km^2，其中水平梯田 1353.88km^2，占措施总面积 27.97%；水平阶 737.84km^2，占措施总面积 15.25%；坡式梯田 2684.18km^2，占措施总面积 55.46%；隔坡梯田 63.69km^2，占措施总面积 1.32%。工程措施分布面积较大的是云县和耿马，分别占工程措施总面积 20.21%和 17.11%；分布面积较小的是双江和镇康，分别占工程措施总面积 6.88%和 8.78%。

临沧工程措施因子平均值 0.829，平均值最大的是双江，为 0.869；最小的是云县，为 0.784。

6. 水土保持耕作措施因子

沧源、镇康耕地轮作制度属华南沿海西双版纳台南二熟三熟与热作区，轮作措施为玉米-甘薯，耕作措施因子 0.456。凤庆耕地轮作制度属云南高原水田旱地二熟一熟区，轮作措施为小麦-玉米，耕作措施因子 0.353。其余县（区）耕地轮作制度属滇南山地旱地水田二熟兼三熟区，轮作措施为低山玉米||豆一年一熟，耕作措施因子 0.417。全市耕作措施因子在 0.353～1.0，平均值 0.833。耕作措施因子平均值最大的是沧源，为 0.885；最小的是永德，为 0.781。

（二）土壤侵蚀强度

1. 土壤水力侵蚀模数

临沧平均土壤水力侵蚀模数为 2175t/(km^2·年)。高土壤水力侵蚀模数主要集中在怒江以南、南汀河及其支流的河谷一带，以及小黑江及其支流沿线，以无措施陡坡耕地和裸地上分布较为明显。从分县（区）看，土壤水力侵蚀模数较大的主要是永德和镇康，这些地区山高坡陡，无措施的陡坡耕地分布面积较大，河谷分布较多，植被覆盖度较低，因此土壤水力侵蚀模数较高。低土壤水力侵蚀模数主要分布在各县（区）城区周边区域，以及坝子地区，以有耕作措施的耕地和植被覆盖度较高的林草地等地类上分布较为明显。从分县（区）上看，土壤水力侵蚀模数较小的主要是临翔和耿马，这些地区地势平缓，有措施的耕地分布面积较大，植被覆盖度较高，因此土壤水力侵蚀模数相对较低。

2. 侵蚀强度分级

临沧土壤侵蚀面积为 6780.60km^2，占总面积 28.70%。土壤侵蚀强度分级见表 4-8，空间分布见图 4-9。

轻度侵蚀面积为 3042.42km^2，占总面积 12.88%，占土壤侵蚀面积 44.87%，主要分布于中部和北部。集中分布区域为临翔南汀河及其支流沿线，澜沧江以西的邦东、马台一带；凤庆各河流沿岸均有分布；云县大寨河两岸的茶房、大寨、大朝山西一带，晓街北部，以及涌宝周边的村庄及坝子边缘；永德县城周边及南部，永康河东岸河谷一线，以及班卡以南一带；镇康南捧河两岸的河谷地带；双江各河流沿岸均有分布；耿马南碧河及其支流沿线，以及南汀河及其支流沿线；沧源县城周边的坝子边缘，以及芒卡的东南部。

中度侵蚀面积为 1320.45km^2，占总面积 5.59%，占土壤侵蚀面积 19.47%，主要集中分布在中部和北部的南汀河以北、澜沧江以西区域的河谷地带，以及南部的南碧河两岸。集中分布区域为临翔的章驮、圈内等乡镇附近；凤庆右甸河、南桥河一线及其支流，北桥河及其支流，以及黑惠江以南及其支流；云县澜沧江以

表 4-8 临沧土壤侵蚀面积分布

地区	土地总面积/km^2	微度侵蚀		土壤侵蚀		强度分级									
						轻度		中度		强烈		极强烈		剧烈	
		面积/km^2	占总面积比例/%	面积/km^2	占总面积比例/%	面积/km^2	占侵蚀面积比例/%	面积/km^2	占侵蚀面积比例/%	面积/km^2	占侵蚀面积比例/%	面积/km^2	占侵蚀面积比例/%	面积/km^2	占侵蚀面积比例/%
临翔	2 555.43	1 997.87	78.18	557.56	21.82	286.48	51.38	99.84	17.91	79.00	14.17	56.34	10.10	35.90	6.44
凤庆	3 326.02	2 253.66	67.76	1 072.36	32.24	539.27	50.29	246.01	22.94	147.68	13.77	90.71	8.46	48.69	4.54
云县	3 668.35	2 500.10	68.15	1 168.25	31.85	533.64	45.68	274.56	23.50	193.35	16.55	115.35	9.87	51.35	4.40
永德	3 215.08	2 088.18	64.95	1 126.90	35.05	403.34	35.79	207.08	18.38	264.25	23.45	167.90	14.90	84.33	7.48
镇康	2 534.13	1 807.19	71.31	726.94	28.69	269.72	37.10	122.80	16.89	162.98	22.42	83.23	11.45	88.21	12.14
双江	2 160.20	1 459.43	67.56	700.77	32.44	301.75	43.06	136.14	19.43	139.02	19.84	74.26	10.59	49.60	7.08
耿马	3 718.45	2 785.07	74.90	933.38	25.10	540.96	57.95	151.35	16.22	114.87	12.31	80.98	8.68	45.22	4.84
沧源	2 447.65	1 953.21	79.80	494.44	20.20	167.26	33.83	82.67	16.72	140.96	28.51	51.99	10.51	51.56	10.43
合计	23 625.31	16 844.71	71.30	6 780.60	28.70	3 042.42	44.87	1 320.45	19.47	1 242.11	18.32	720.76	10.63	454.86	6.71

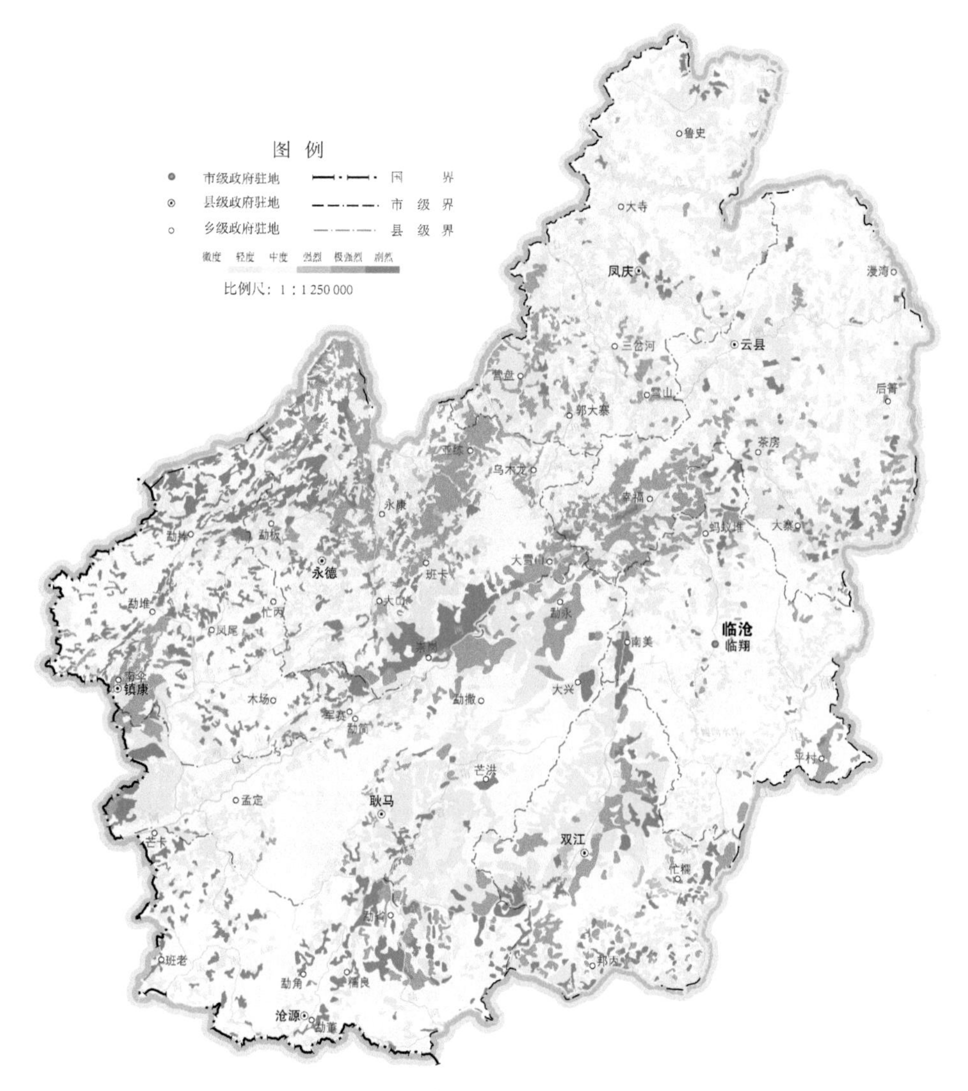

图 4-9　临沧土壤侵蚀空间分布图

西区域，罗扎河及其支流沿线，以及与镇康相邻区域；永德县城南部，以及勐板周边及以南区域；镇康凤尾河、勐捧河沿线；双江的忙糯西北部，以及邦丙南部；耿马南碧河沿岸，四排山西部，以及大兴西北部；沧源的班老、勐角、糯良等乡镇的周边区域。

强烈侵蚀面积为 1242.11km^2，占总面积 5.26%，占土壤侵蚀面积 18.32%，主要分布在南部和东部，其他区域呈零星分布。集中分布区域为临翔的章驮北部，蚂蚁堆东部，以及圈内等乡镇周边区域；凤庆的营盘至郭大寨一线，以及南桥河及其支流沿线；云县的涌宝南部，以及拿鱼河以西、大寨河以东区域；永德的亚练至班卡一带；镇康县城周边区域，以及军赛以北区域；双江的沙河西南部，以及忙糯西南部及北部；耿马的勐永至勐撒一带，以及南碧河下游与沧源相邻区域；沧源的小黑江、拉勐河沿线。

极强烈侵蚀面积为 720.76km^2，占总面积 3.05%，占土壤侵蚀面积 10.63%，主要集中分布在中部的南汀河、永康河及其支流沿线，以及南部的小黑江及其支流沿线。集中分布区域为临翔的蚂蚁堆至章驮一带，以及平村等乡镇周边区域；凤庆的营盘、郭大寨、三岔河、雪山一带；云县的幸福、茶房、栗树一带，以及茂兰东南部；永德县城以北，永康河沿线，亚练至大山一带，崇岗西部，以及大雪山等乡镇的周边区域；镇康县城周边，以及南伞至勐堆一带；双江勐勐河以东的勐库至勐勐一带，澜沧江以西、小黑江以北的忙糯、大文、邦丙等区域，以及沙河西部；耿马县城周边，南汀河以南的勐永、勐撒、勐简一带，南碧河沿线区域，以及小黑江以北与双江相邻区域；沧源的拉勐河与小黑江交汇区域。

剧烈侵蚀面积为 454.86km^2，占总面积 1.92%，占土壤侵蚀面积 6.71%，主要集中分布在西北部和南部，其他区域呈零星分布。集中分布区域为临翔南汀河以东的蚂蚁堆东部和北部，以及南美等乡镇的周边区域；凤庆周边凤山至洛党一带，营盘东部，以及黑惠江以南沿线；云县的晓街、茶房、大寨、大朝山西等乡镇的周边区域，以及栗树北部、东南部；永德县城周边，小勐统至勐板一带，以及南汀河以北崇的岗至大雪山一带；镇康各河流沿岸均有分布；双江的勐库北部、东部，沙河西南部，忙糯东部、南部，以及邦丙等乡镇的周边区域；耿马的南碧河及其支流沿线；沧源各河流沿岸。

九、楚雄

楚雄位于云南省中部偏北，辖楚雄、双柏、牟定、南华、姚安、大姚、永仁、元谋、武定、禄丰 10 个县（市），土地总面积 28 448.21km^2。其中，耕地 4885.70km^2，占总面积 17.17%；林地 19 027.46km^2，占总面积 66.88%；城镇村居民点及工矿用地 531.60km^2，占总面积 1.87%。

（一）土壤侵蚀因子

1. 地形因子

楚雄地处横断山脉和云贵高原过渡地带，地势由西北向东南倾斜。州内乌蒙山虎踞于东部，哀牢山盘桓于西南部，百草岭雄峙于西北部，构成“三山鼎立”之势。州内最高点是大姚百草岭帽台山，海拔 3657m，最低点为双柏的三江口，海拔 556m。州内地层发育完全，褶皱、断裂发育不完整，山高谷深，地形复杂，山区、半山区土地占全州土地面积的 95%，坝区面积仅占 5%，是一个以高中山和低山丘陵为主的地区，素有“九分山水一分坝”之称。

楚雄地形坡度以 25°～35°为主，在此范围内的土地面积占总面积 29.71%；15°～25°的占总面积 28.66%；大于 35°的占总面积 18.36%；小于 5°的占总面积 6.70%。坡度因子在 0～9.995，平均值 4.433。坡度因子主要集中在 4.7～6.5，在此范围内的土地面积占总面积 44.68%。坡度因子平均值最大的是双柏，为 5.006，最小的是元谋，为 3.666。坡长因子在 0～3.180，平均值为 1.745。坡长因子主要集中在 1.88～2.14 和 0.67～1.23，在此范围内的土地面积分别占总面积 27.79%和 21.51%。坡长因子平均值最大的是双柏，为 1.820，最小的是元谋，为 1.621。

2. 气象因子

楚雄地处滇中腹地，是典型的亚热带低纬度高原季风气候区，年平均气温 16.3℃，年平均降雨量 850mm，5～10 月为雨季，占年降雨量的 89%。州内年降雨量空间分布不均，东部的武定、禄丰和南部的双柏年降雨量较多，年降雨量极大值为武定（1522.6mm)，西北部各县及元谋年降雨量相对较少，元谋、姚安年平均降雨量分别为 641.6mm 和 776mm。年降雨量的垂直分布总体上随海拔增高而增多，金沙江流域内，海拔每增加 100m，年降雨量约增加 31mm，三台山、百草岭一带年平均降雨量达 1000mm 以上，而金江一带年平均降雨量仅有 585.7mm；元江流域内，海拔每增加 100m，年降雨量约增加 30mm，哀牢山顶一带年平均降雨量多达 2000mm，而支流上三家厂水文站的年降而量仅有 679mm。

楚雄降雨侵蚀力因子在 1944.55～3766.81MJ·mm/(hm^2·h·年)，平均值 2743.88MJ·mm/(hm^2·h·年)。降雨侵蚀力因子主要集中在 2500～3000MJ·mm/(hm^2·h·年)，在此范围内的土地面积占总面积 61.27%。降雨侵蚀力因子平均值最大的是永仁，为 3093.11MJ·mm/(hm^2·h·年)；最小的是姚安，为 2319.44MJ·mm/(hm^2·h·年)。

3. 土壤因子

楚雄属红色丘状高原，地层以中生代红层为主，紫色、紫红色、杂色砂页岩是楚雄主要出露的地层。全州土壤类型有暗棕壤、棕壤、黄棕壤、红壤、紫色土、水稻土、燥红土、石灰（岩）土、冲积土等，其中紫色土占全州土壤总面积 65.16%，是楚雄分布面积最大的一个土类，与其他土壤呈交错分布。中部以紫色土、水稻土组合分布，坝子以水稻土为主，坝子边缘和其他地区多为紫色土；东部以红壤和紫色土复合分布，大致沿禄丰金山、武定猫街一线以东，为滇中红层的边缘地带；南部元江水系紫色土、黄红壤复合区，主要包括双柏、楚雄山区和南华的五街、一街、罗武庄、红土坡、五顶山、马街、兔街等区域；金沙江燥热河谷和局部地形封闭区域为燥红土与石灰性紫色土复合区。

楚雄土壤可蚀性因子最大的为紫色土 $0.0169t·hm^2·h/(hm^2·MJ·mm)$，最小的为红壤 $0.0026t·hm^2·h/(hm^2·MJ·mm)$，平均值 $0.0101t·hm^2·h/(hm^2·MJ·mm)$，是云南省土壤可蚀性因子平均值最大的市（州）。土壤可蚀性因子主要集中在 0.008～$0.017t·hm^2·h/(hm^2·MJ·mm)$，在此范围内的土地面积占总面积 65.04%。土壤可蚀性平均值最大的是楚雄，为 $0.0111t·hm^2·h/(hm^2·MJ·mm)$；最小的是武定，为 $0.0087t·hm^2·h/(hm^2·MJ·mm)$。

4. 水土保持生物措施因子

楚雄植被类型主要有半湿润常绿阔叶林、暖温性针阔混交林、暖温性针叶林、山地次生常绿阔叶林和灌丛、草丛五大类型，主要为常绿阔叶林。植物种类有 6000 多种，主要是林草、中草药、野生食用菌等，林草覆盖率 76.90%。州内常见的树种有云南松、华山松、云南油杉、金丝桃、余甘子、杜鹃、桤木等，草本植物以柠檬草、龙须草、野古草为最多。

楚雄生物措施因子平均值 0.222，其中以 0.01～0.03 较为集中，在此范围内的土地面积占总面积 47.10%。生物措施因子平均值最大的是武定，为 0.277；最小的是永仁，为 0.172。

5. 水土保持工程措施因子

楚雄工程措施总面积 $4041.96km^2$，其中水平梯田 $1608.51km^2$，占措施总面积 39.80%；水平阶 $84.10km^2$，占措施总面积 2.08%；坡式梯田 $2349.35km^2$，占措施总面积 58.12%。工程措施分布面积较大的是楚雄和武定，分别占工程措施总面积 15.34%和 13.27%；分布面积较小的是姚安和牟定，分别占工程措施总面积 5.49%和 7.38%。

楚雄工程措施因子平均值 0.880，平均值最大的是双柏，为 0.913；最小值的是牟定，为 0.821。

6. 水土保持耕作措施因子

楚雄耕地轮作制度属云南高原水田旱地二熟一熟区，其中双柏轮作措施为冬闲-夏玉米||豆，耕作措施因子 0.417；其余县（市）轮作措施均为小麦-玉米，耕作措施因子 0.353。全州耕作措施因子在 0.353～1.0，平均值 0.881。耕作措施因子平均值最大的是永仁，为 0.915；最小的是武定，为 0.837。

（二）土壤侵蚀强度

1. 土壤水力侵蚀模数

楚雄平均土壤水力侵蚀模数为 $1842t/(km^2·年)$。高土壤水力侵蚀模数主要集中在双柏和牟定的东部，禄丰和元谋县城周边，以及金沙江和礼社江及其支流的干热河谷一带，以紫色土区、无措施陡坡耕地和裸地上分布较为明显。从分县（市）看，土壤水力侵蚀模数较大的主要是双柏和武定，这些地区主要以紫色土为主，土壤可蚀性较高，无措施的陡坡耕地分布面积较大，干热河谷分布较多，植被覆盖度较低，因此土壤水力侵蚀模数较高。低土壤水力侵蚀模数主要分布在各县（市）城区周边区域，以及坝子地区，以红壤区、有耕作措施的耕地和植被覆盖度较高的林草地等地类上分布较为明显。从分县（市）上看，土壤水力侵蚀模数较小的主要是牟定和姚安，这些地区土壤主要以红壤为主，土壤可蚀性较低，有措施的耕地分布面积较大，植被覆盖度较高，因此土壤水力侵蚀模数相对较低。

2. 侵蚀强度分级

楚雄土壤侵蚀面积为 10 114.03km^2，占总面积 35.55%。土壤侵蚀面积分布见表 4-9，空间分布见图 4-10。

轻度侵蚀面积为 6894.58km^2，占总面积 24.24%，占土壤侵蚀面积 68.17%，主要分布于南北两端。集中分布区域为楚雄的东华西部，鹿城南部，三街、大过口、新村和大地基等地区；双柏县城周边，以及大庄北部，妥甸、独田、爱尼山和碍嘉一带；牟定的戌街和蟠猫等地带，以及安乐、新桥、江坡和凤屯一带；南华县城周边乡镇区域，以及和楚雄相邻区域的村庄及坝子边缘；姚安的光禄、官屯、太平和弥兴等的城区、村庄及坝子边缘；大姚的三岔河、石羊、新街、金碧和龙街一带，以及桂花、六苴和赵家店等乡镇的村庄周边；永仁县城周边，西北部的永兴、中和、猛虎和宜就等区域；元谋县城坝子边缘，以及物茂、平田、新华和老城一带；武定县城坝子边缘，以及北部的己衣、万德、环州和田心一带；禄丰的仁兴、勤丰、一平浪和彩云等区域。

中度侵蚀面积为 1706.52km^2，占总土面积 6.00%，占土壤侵蚀面积 16.87%，主要分布在金沙江及其一级支流龙川江沿岸，以及南部的礼社江和绿汁江及其支流的河谷地带。集中分布区域为楚雄的苍岭和吕合周边，以及西南部的礼社江两岸的树苴、三街、八角、西舍路、新村和大地基一带；双柏东部的大庄、法脿和安龙堡等坡耕地较多的地区，以及西部哀牢山中下部碍嘉一带和马龙河沿岸；牟定的新桥东部、北部，江坡西南部，安乐东部龙川江及其支流六渡河沿岸，以及西部紫甸河沿岸；南华的雨露、沙桥北部和五街，以及一街河沿岸等区域；姚安的光禄、前场、弥兴和大河口等区域的村庄周边；大姚各河流沿岸均有分布；永仁县城周边，宜就和莲池南部，中和周边，永兴北部，以及金沙江及其支流沿岸；元谋北部的江边周边，以及凉山一带的河谷两侧呈带状分布，羊街和物茂等区域的村庄周边分布较为集中；武定县城周边，以及北部的东坡、田心和万德等区域的村庄周边；禄丰的和平、金山和彩云一带，以及西北部的黑井和广通一带的村庄周边。

表 4-9 楚雄土壤侵蚀面积分布

地区	土地总面积/km^2	微度侵蚀		土壤侵蚀		强度分级									
						轻度		中度		强烈		极强烈		剧烈	
		面积/km^2	占总面积比例/%	面积/km^2	占总面积比例/%	面积/km^2	占侵蚀面积比例/%	面积/km^2	占侵蚀面积比例/%	面积/km^2	占侵蚀面积比例/%	面积/km^2	占侵蚀面积比例/%	面积/km^2	占侵蚀面积比例/%
楚雄	4 424.59	2 812.32	63.56	1 612.27	36.44	1 185.81	73.55	232.51	14.42	111.67	6.93	43.40	2.69	38.88	2.41
双柏	3 892.34	2 097.39	53.89	1 794.95	46.11	1 215.00	67.69	303.59	16.91	155.61	8.67	69.81	3.89	50.94	2.84
牟定	1 441.56	1 036.69	71.91	404.87	28.09	273.05	67.44	75.60	18.67	23.73	5.86	18.28	4.52	14.21	3.51
南华	2 263.61	1 484.74	65.59	778.87	34.41	483.77	62.11	122.90	15.78	84.94	10.91	50.17	6.44	37.09	4.76
姚安	1 693.41	1 293.28	76.37	400.13	23.63	233.36	58.32	81.03	20.25	19.23	4.81	28.09	7.02	38.42	9.60
大姚	4 045.69	2 421.91	59.86	1 623.78	40.14	1 182.10	72.80	249.90	15.39	88.55	5.45	56.30	3.47	46.93	2.89
永仁	2 152.92	1 287.41	59.80	865.51	40.20	703.58	81.29	105.30	12.17	14.41	1.67	17.95	2.07	24.27	2.80
元谋	2 026.33	1 294.99	63.91	731.34	36.09	504.57	68.99	177.10	24.22	18.34	2.51	17.23	2.35	14.10	1.93
武定	2 938.62	2 149.01	73.13	789.61	26.87	398.59	50.48	185.15	23.45	78.50	9.94	69.03	8.74	58.34	7.39
禄丰	3 569.14	2 456.44	68.82	1 112.70	31.18	714.75	64.24	173.44	15.59	98.37	8.84	75.24	6.76	50.90	4.57
合计	28 448.21	18 334.18	64.45	10 114.03	35.55	6 894.58	68.17	1 706.52	16.87	693.35	6.86	445.50	4.40	374.08	3.70

图 4-10　楚雄土壤侵蚀空间分布图

强烈侵蚀面积为 693.35km^2，占总面积 2.44%，占土壤侵蚀面积 6.86%，主要分布在东部，靠近昆明、玉溪一带。集中分布区域为楚雄西南部的礼社江沿岸的干热河谷地区，以及大地基、东瓜和紫溪等区域，分布较零散；双柏东部的大庄、法脿和安龙堡等区域，以及西部礼社江沿岸；牟定的安乐、江坡和凤屯一带，以及戌街东部区域；南华西南部的一街、红土坡、罗武庄、五顶山、马街和兔街等区域的村庄周边人为活动频繁的地区，总体分布较零散；姚安县城周边，以及前场、左门和大河口等区域人为活动频繁的地区；大姚的金碧、桂花、铁锁和三台等区域，以及湾碧南部；永仁县城东南部人为活动频繁的地区，以及北部中和、永兴一带；元谋的凉山和老城一带，以及金沙江沿岸降雨较小的河谷一带；武定的狮山、猫街、白路、发窝和万德等区域的城镇村庄周边；禄丰的和平、金山和恐龙山一带，以及西北部的黑井和广通等区域的村庄周边。

极强烈侵蚀面积为 445.50km^2，占总面积 1.56%，占土壤侵蚀面积 4.40%，主要集中分布在东部，其他区域呈零星分布。集中分布区域为楚雄的东瓜和紫溪北部，以及礼社江沿岸一带；双柏东部靠近易门和峨山的大庄、法脿和安龙堡等紫色土区；牟定的安乐、江坡和凤屯等乡镇村庄周边；南华的沙桥北部，以及西南部五顶山、马街和兔街等乡镇的村庄周边；姚安的前场、官屯和左门等乡镇周边人为活动较频繁的区域，以及弥兴和大河口等村庄周边；大姚县城周边村庄附近，以及桂花和铁锁等乡镇的村庄周边；永仁县城南部和中和等区域，以及永兴北部河谷一带；元谋的凉山和羊街东南部的紫色土区，以及江边河谷地区；武定县城周边，猫街和白路一带，以及发窝和己衣一带的沟谷地区；禄丰的和平、金山和恐龙山一带的村庄周边人类活动较频繁的紫色土区，以及西北部的一平浪、黑井和高峰等地。

剧烈侵蚀面积为 374.08km^2，占总面积 1.31%，占土壤侵蚀面积 3.70%，主要分布在东南部，其他区域呈零星分布。集中分布区域为楚雄的东华西南部，以及西部的八角、西舍路、新村和大地基等河谷两岸；双柏的大庄周边和法脿南部成片的紫色土区，以及绿汁江沿岸的大麦地和安龙堡一带的干热河谷两岸；牟定的蟠猫和新桥一带，安乐东部，以及江坡和凤屯等乡镇的村庄周边；南华的五街，沙桥东北部，以及一街和兔街等乡镇的村庄周边；姚安石者河河谷一带，以及官屯、大河口和左门等乡镇的周边区域；大姚县城周边村庄附近人为活动极为频繁的地区，以及金沙江及其支流河谷一带；永仁县城东南部的沟谷，北部万马河和永兴河沿岸，以及永兴北部河谷地区；元谋的凉山和羊街东部，以及姜驿东部和江边周边区域；武定县城周边，猫街、白路和田心一带的村庄周边，以及万德和己衣一带的沟谷地区；禄丰的仁兴至恐龙山一带的紫色土区，龙川江两侧的中村、黑井、妥安和广通等区域，以及舍资河沿岸一带。

十、红河

红河位于云南省东南部，辖个旧、开远、蒙自、弥勒、屏边、建水、石屏、泸西、元阳、红河、金平、绿春、河口 13 个县（市），土地总面积 32 181.12km^2。其中，耕地 8580.98km^2，占总面积 26.66%；林地 17 697.52km^2，占总面积 54.99%；城镇村居民点及工矿用地 747.17km^2，占总面积 2.32%。

（一）土壤侵蚀因子

1. 地形因子

红河地处低纬度地段，主要山脉为云岭南延的哀牢山，地势总体呈西北高、东南低。以元江为界，划分两个地貌，中北部为岩溶高原湖盆区，广布碳酸盐岩，发育着各种类型的岩溶地形，区内以高原地貌为主，大部分高原保留较完整，地形起伏较小，海拔相差较小，地势由西北向东南递减；南部为中高山峡谷区，包括元江南岸的红河、元阳、绿春、金平，区内以变质岩为主，总的山势是西北向东南递减，主要山脉走向为北西-南东。州内最高点为金平的西隆山，海拔 3074m，最低点位于河口的南溪河与元江的汇合处，海拔 76.4m，海拔相差 2997.6m。

红河地形坡度以 25°～35°为主，在此范围内的土地面积占总面积 26.95%；15°～25°的占总面积 25.92%；大于 35°的占总面积 18.24%；小于 5°的占总面积 11.65%。坡度因子平均值 4.493，主要集中在 4.7～6.5，在此范围内的土地面积占总面积 38.42%。坡度因子平均值最大的是绿春，为 6.064，最小的是泸西，为 2.563。坡长因子平均值 1.743，主要集中在 1.88～2.14，在此范围内的土地面积占总面积 32.21%。坡长因子平均值最大的是金平，为 1.970，最小的是蒙自，为 1.441。

2. 气象因子

红河属低纬度亚热带高原型湿润季风气候，年平均气温 16.3℃，年平均降雨量 2026.5mm，5～10 月为雨季，占年降雨量的 85%左右。降雨量随海拔升高而增多，地区分布有南部多于中北部、山区多于坝区、迎风坡多于背风坡的特点。南部、西南部的金平、绿春山区，降雨丰沛，为多雨区，金平海拔 2100m 以上地带，分水老林等地年降雨量高达 3400～3500mm。东南部山区，年降雨量达 1700～2100mm。中北部坝区及边缘山区，为少雨区，少雨中心在建水、开远、蒙自一带，年降雨量仅 800mm 左右。元江西段干热河谷因地处哀牢山以北背风坡，年降雨量仅 740～870mm。南部金平海拔 1260m 处年降雨量 2267.3mm，中部个旧海拔 1692m 处年降雨量 1080.4mm，坝区蒙自海拔 1301m 处年降雨量 815.2mm，建水海拔 1309m 处年降雨量 800.4mm。

红河降雨侵蚀力因子在 2148.12～10 263.89MJ·mm/(hm^2·h·年)，平均值 4637.32MJ·mm/(hm^2·h·年)。降雨侵蚀力因子主要集中在 2500～3000MJ·mm/(hm^2·h·年)和 5000～8000MJ·mm/(hm^2·h·年)，在此范围内的土地面积分别占总面积 28.00%和 26.88%。降雨侵蚀力因子平均值最大的是金平，为 8243.09MJ·mm/(hm^2·h·年)，最小的是开远，为 2529.95MJ·mm/(hm^2·h·年)。

3. 土壤因子

红河土壤类型主要有棕壤、黄棕壤、黄壤、红壤、赤红壤、砖红壤、紫色土、水稻土等。紫色土广泛分布于海拔 2600m 以下的紫色岩区，占总面积 7.54%；水稻土广泛分布于海拔 2400m 以下的坝区及山区梯田；海拔 2400m 以上的山区多为棕壤；海拔 2100～2400m 的山区以黄棕壤为主；海拔 1200m 以上的坝区以黄壤为主，约占总面积 11.20%；红壤分布于海拔 1500～2400m 的广大地区，占总面积 41.83%；海拔 1000m 左右的河谷区以砖红壤、赤红壤为主。

红河土壤可蚀性因子最大的为紫色土 0.0140t·hm^2·h/(hm^2·MJ·mm)，最小的为砖红壤 0.0026t·hm^2·h/(hm^2·MJ·mm)，平均值 0.0064t·hm^2·h/(hm^2·MJ·mm)。土壤可蚀性因子主要集中在 0.006～0.007t·hm^2·h/(hm^2·MJ·mm)，在此范围内的土地面积占总面积 35.71%。土壤可蚀性因子平均值最大的是弥勒，为 0.0081t·hm^2·h/ (hm^2·MJ·mm)，最小的是金平，为 0.005t·hm^2·h/(hm^2·MJ·mm)。

4. 水土保持生物措施因子

红河地处低纬地带，地形复杂，气候多样，林种繁多，是全国植物种类丰富的地方之一。从植物角度划分为南、北两部分，北部多针叶林，南部有阔叶林、干热河谷灌丛、高原湖泊水生植被等。州内主要植被类型有北热带季雨林、湿性沟谷雨林、亚热带常绿阔叶林、针阔混交林、针叶林、高山苔藓和干热河谷稀树、灌丛、草地等。林草覆盖率 64.33%。

红河生物措施因子平均值 0.300，其中以 0.01～0.03 较为集中，在此范围内的土地面积占总面积 29.39%。生物措施因子平均值最大的是泸西，为 0.491，最小的是河口，为 0.119。

5. 水土保持工程措施因子

红河工程措施总面积 6569.00km^2，其中水平梯田 2956.78km^2，占措施总面积 45.01%；坡式梯田 2805.61km^2，占措施总面积 42.71%；隔坡梯田 64.01km^2，占措施总面积 0.97%；水平阶 742.60km^2，占措施总面积 11.31%。工程措施分布面积较大的是金平和建水，分别占工程措施总面积 11.36%和 11.10%，分布面积较小的是个旧和河口，分别占工程措施总面积 3.10%和 2.51%。

红河工程措施因子平均值 0.822，平均值最大的是河口，为 0.902，最小的是泸西，为 0.684。

6. 水土保持耕作措施因子

弥勒、泸西耕地轮作制度属云南高原水田旱地二熟一熟区，轮作措施为冬闲-夏玉米||豆，耕作措施因子 0.417。金平、河口耕地轮作制度属华南沿海西双版纳台南二熟三熟与热作区，轮作措施为玉米-甘薯，耕作措施因子 0.456。其余县（市）耕地轮作制度属滇南山地旱地水田二熟兼三熟区，轮作措施为低山玉米||豆一年一熟，耕作措施因子 0.417。全州耕作措施因子在 0.353～1.0，平均值 0.845。全州耕作措施因子平均值最大的是河口，为 0.947，最小的是泸西，为 0.728。

（二）土壤侵蚀强度

1. 土壤水力侵蚀模数

红河平均土壤水力侵蚀模数为 2500t/(km^2·年)。土壤水力侵蚀模数大于 2000t/(km^2·年)的主要集中在全州元江南岸及东南部一带，这些区域以中高山峡谷地形为主，降雨量大且集中，紫色土分布广泛，无措施的陡坡耕地分布面积较大，且多为山区，土壤侵蚀程度趋于轻、中度以上，导致土壤水力侵蚀模数偏高，其中屏边、金平土壤水力侵蚀模数分别达到 4341t/(km^2·年)和 4337t/(km^2·年)。土壤水力侵蚀模数小于 2000t/(km^2·年)的主要集中在全州元江北岸及东北部一带，这些地区以高原地貌为主，大部分高原保留较完整，地形起伏较小，海拔相差较小，降雨量小而分散，土壤主要以红壤为主，有措施的耕地分布面积较大，土壤水力侵蚀程度趋于中、轻度以下，土壤水力侵蚀模数相对较低，其中以泸西、石屏土壤水力侵蚀模数较低，分别为 1219t/(km^2·年)和 1175t/(km^2·年)。

2. 侵蚀强度分级

红河土壤侵蚀面积为 9944.48km^2，占总面积 30.90%。土壤侵蚀面积分布见表 4-10，空间分布见图 4-11。

轻度侵蚀面积为 5941.12km^2，占总面积 18.46%，占土壤侵蚀面积 59.74%，主要分布在元江南岸中高山峡谷地带的绿春、金平，元江北岸岩溶高原湖盆地带的建水、弥勒、石屏、开远、蒙自、泸西、个旧、河口等。集中分布区域为个旧的沙甸、大屯、老厂北部及贾沙河、普洒河沿岸低中山浅切割缓坡区域；开远的小龙潭、大庄、羊街、碑格及南盘江沿岸低中山浅切割缓坡一带；蒙自的草坝、西北勒、冷泉、水田、老寨一带；弥勒的西一、巡检司、竹园、东山等；屏边的大围山、花坝子水库上游及绿水河、咪租河、南溪河、四岔河沿岸低中山浅切割缓坡一带；建水的甸尾、青龙、官厅、坡头、面甸、岔科等；石屏的异龙、新城、

表 4-10　红河土壤侵蚀面积分布

地区	土地总面积/km^2	微度侵蚀		土壤侵蚀		强度分级									
						轻度		中度		强烈		极强烈		剧烈	
		面积/km^2	占总面积比例/%	面积/km^2	占总面积比例/%	面积/km^2	占侵蚀面积比例/%	面积/km^2	占侵蚀面积比例/%	面积/km^2	占侵蚀面积比例/%	面积/km^2	占侵蚀面积比例/%	面积/km^2	占侵蚀面积比例/%
个旧	1 578.22	978.25	61.98	599.97	38.02	295.46	49.25	118.13	19.69	72.22	12.04	54.62	9.10	59.54	9.92
开远	1 944.69	1 217.71	62.62	726.98	37.38	487.11	67.00	119.09	16.38	38.63	5.32	34.10	4.69	48.05	6.61
蒙自	2 170.32	1 439.19	66.31	731.13	33.69	442.93	60.58	121.68	16.64	85.53	11.70	35.81	4.90	45.18	6.18
屏边	1 862.87	1 221.56	65.57	641.31	34.43	342.27	53.37	82.45	12.86	71.92	11.21	73.09	11.40	71.58	11.16
建水	3 759.29	2 369.57	63.03	1 389.72	36.97	1 045.13	75.20	203.12	14.62	55.33	3.98	37.84	2.72	48.30	3.48
石屏	3 040.85	2 196.70	72.24	844.15	27.76	543.23	64.35	184.84	21.90	42.69	5.06	33.21	3.93	40.18	4.76
弥勒	3 904.97	2 746.87	70.34	1 158.10	29.66	667.92	57.67	185.59	16.03	134.72	11.63	98.43	8.50	71.44	6.17
泸西	1 659.88	1 195.59	72.03	464.29	27.97	302.51	65.16	73.40	15.81	25.76	5.55	23.05	4.96	39.57	8.52
元阳	2 207.86	1 530.15	69.30	677.71	30.70	322.93	47.65	82.55	12.18	124.86	18.42	79.29	11.70	68.08	10.05
红河	2 011.19	1 444.05	71.80	567.14	28.20	263.44	46.45	97.11	17.12	88.26	15.56	58.70	10.35	59.63	10.52
金平	3 621.93	2 714.26	74.94	907.67	25.06	401.45	44.23	127.39	14.04	215.77	23.77	82.45	9.08	80.61	8.88
绿春	3 095.96	2 215.41	71.56	880.55	28.44	608.21	69.07	60.97	6.92	94.25	10.70	59.67	6.78	57.45	6.53
河口	1 323.09	967.33	73.11	355.76	26.89	218.53	61.42	59.05	16.60	29.53	8.30	24.22	6.81	24.43	6.87
合计	32 181.12	22 236.64	69.10	9 944.48	30.90	5 941.12	59.74	1 515.37	15.24	1 079.47	10.86	694.48	6.98	714.04	7.18

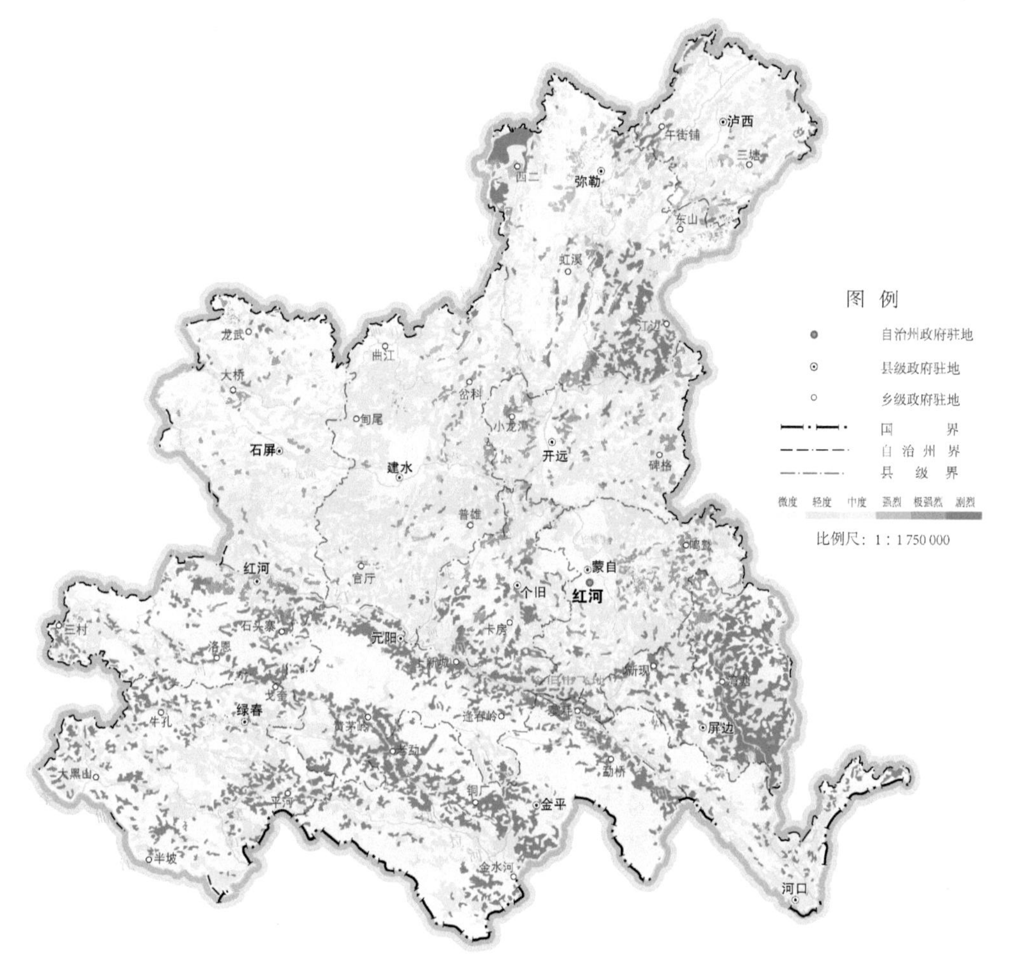

图 4-11　红河土壤侵蚀空间分布图

宝秀、牛街、龙朋及异龙湖周边；泸西的旧城、金马、白水、中枢、永宁等地；元阳的大坪及元江、逢春岭河、三家河、蛮提河、马龙河、窑毖罗河沿岸低中山浅切割缓坡等地；红河的垤玛南部及元江沿岸低中山浅切割缓坡一带；金平的者米、勐拉及元江、金水河、荞菜坪河、茨通坝河、平坝河、老勐河沿岸低中山浅切割缓坡一带；绿春的大兴、大黑山、骑马坝；河口的莲花滩东南部、瑶山、南溪南部、河口北部及元江沿岸低中山浅切割缓坡一带。

中度侵蚀面积为 1515.37km^2，占总面积 4.71%，占土壤侵蚀面积 15.24%，主要分布在元江两岸一带的建水、石屏、金平、红河、蒙自、个旧及北部的弥勒、开远等中山中切割一带。集中分布区域为个旧的贾沙、保和南部及元江沿岸干热河谷一带；开远的小龙潭东北部、乐百道的楷甸、酒房和阿得邑、大庄东部、碑格西南部、中和营西南部等地；蒙自的芷村东部、新安所南部、水田南部一带；弥勒的西二、虹溪、西三及太平水库周边；屏边的新现南部、新华北部、和平东部、白河东南部及那么果河以西一带；建水的坡头、官厅一带；石屏的异龙、牛街及异龙湖南部山区、小河底河沿岸、元江沿岸干热河谷一带；泸西的白水南部、向阳东部、永宁一带；元阳的马街北部、上新城西部和东部、南沙北部及元江以南中山陡坡一带；红河的大羊街、迤萨及元江沿岸干热河谷一带；金平的金河、勐拉及元江沿岸；绿春的大兴西部、大水沟西南部及泗南江以北一带；河口的莲花滩西北部、南溪南部、河口北部及元江沿岸中山陡坡一带。

强烈侵蚀面积为 1079.47km^2，占总面积 3.35%，占土壤侵蚀面积 10.86%，主要分布在南部以中高山切割地形为主且降雨量集中、山区多的金平、元阳、绿春、红河，元江北岸的弥勒、蒙自、个旧、开远、泸西等中高山一带。集中分布区域为个旧的鸡街、北坡水库周边、大屯、锡城西部、贾沙、保和、卡房等地；开远的小龙潭、乐百道东北部、中和营北部、碑格北部和南部、灵泉西部等地；蒙自的西北勒南部、芷村、鸣鹫、新安所东部、冷泉北部等地；弥勒的西二西部、西三东部、新哨南部、东山西部和东部、虹溪东部、巡检司东部、太平水库上游一带；屏边的新华北部、和平、新现北部、白河、玉屏等地；建水的盘江南部、岔科北部和东部、面甸东部、坡头、官厅一带；石屏的龙武北部、哨冲、龙朋南部、大桥、异龙、牛街东南部一带；泸西的午街铺北部、向阳南部、三塘、永宁南部等地；元阳的马街、南沙、黄草岭西南部及元江沿岸中高山一带；红河的大羊街、乐育北部、阿扎河西北部及元江沿岸中高山一带；金平的勐桥东部、元江南岸中高山峡谷一带；绿春的牛孔、大水沟、大黑山南部、三猛、平河等地；河口的莲花滩西北部、河口等地。

极强烈侵蚀面积为 694.48km^2，占总面积 2.16%，占土壤侵蚀面积 6.98%，主要分布在元江北岸的弥勒、个旧、蒙自、开远、屏边，以及元江南岸的金平、元阳、绿春、红河等中高山陡坡一带。集中分布区域为个旧的鸡街、大屯、锡城西部、贾沙、老厂、卡房南部、保和等地；开远的小龙潭、乐白道、中和营、碑格、灵泉等地；蒙自的西北勒、鸣鹫、老寨、芷村南部、文澜、冷泉、期路白东北部等地；弥勒的西二、西一、弥阳、东山、虹溪、竹园等地；屏边的新华北部、和平北部、湾塘南部、新现北部、白河东南部等地；建水的岔科、面甸、坡头、官厅、临安等地；石屏的龙武北部、哨冲、大桥、新城北部、异龙、牛街等地；泸西的旧城、向阳东部和南部、午街铺、永宁等地；元阳的马街、南沙、新街、牛角寨、逢春岭、黄草岭及元江沿岸一带；红河的大羊街、迤萨、石头寨、阿扎河、甲寅、宝华、乐育北部、垤玛、三村南部、车古、浪堤、架车西北部等地；金平的沙依坡、勐桥、铜厂及元江南岸干热河谷陡坡一带；绿春的牛孔、大水沟、戈奎、平河等地；河口的莲花滩西北部、瑶山、河口、南溪等地。

剧烈侵蚀面积为 714.04km^2，占总面积 2.22%，占土壤侵蚀面积 7.18%，主要分布在元江南岸的金平、元阳、红河、绿春，以及元江北岸的屏边、弥勒、个旧、建水、开远、蒙自等中高山深切割陡坡地带。集中分布区域为个旧的锡城、老厂、贾沙西南部、保和南部、卡房南部等地；开远的小龙潭、乐百道；蒙自的期路白东部、灵泉西部、水田西南部、蔓耗北部等地；弥勒的西二西部、弥阳以北、江边、竹园；屏边的新华南部、和平东南部、白云南部、湾塘、新现、白河东南部、南溪河沿岸中高山陡坡地段；建水的坡头南部；石屏的龙武、哨冲北部、大桥东部、牛街东南部等地；泸西的旧城西北部、午街铺西部、向阳东部等地；元阳的马街西部和东部、南沙、新街北部、噶娘北部、上新城北部、小新街北部、逢春岭东北部、大坪东南部、沙拉托南部、攀枝花南部、黄茅岭东部、黄草岭西南部及元江沿岸一带；红河的浪堤北部、迤萨东部、甲寅北部、石头寨北部、三村南部、阿扎河南部；金平的沙依坡、大寨、金河南部和西南部、铜厂、老勐、老集寨、者米、营盘、勐桥、马鞍底、金水河及元江南岸中高山陡坡地段；绿春的牛孔西北部、平河东部、三猛东南部、半坡、大黑山西部等地；河口的莲花滩南部、瑶山、老范寨北部、桥头北部和东部、南溪东北部等地。

十一、文山

文山位于云南省东南部，辖文山、砚山、西畴、麻栗坡、马关、丘北、广南、富宁 8 个县（市），土地总面积 31 404.77km^2。其中，耕地 9251.85km^2，占总面积 29.46%；林地 18 746.41km^2，占总面积 59.69%；城镇村居民点及工矿用地 533.83km^2，占总面积 1.70%。

（一）土壤侵蚀因子

1. 地形因子

文山地貌形态为滇东南喀斯特山原岩溶地貌，有裸露型岩溶、半裸露或半覆盖型岩溶地貌，以及溶蚀洼地等。州内山脉属云岭山系的余脉，主要有六诏山和结露山，六诏山纵横全州。全州地势西北高、东南低，以山区和半山区为主。州内最高点为文山的薄竹山主峰，海拔 2991.2m，最低点为麻栗坡的船头，海拔 107m，海拔相差 2884.2m，

文山地形坡度以 25°～35°为主，在此范围内的土地面积占总面积 27.27%；15°～25°的占总面积的 25.81%；大于 35°的占总面积 17.52%；小于 5°的占总面积 14.70%。坡度因子平均值 4.296，主要集中在 4.7～6.5，在此范围内的土地面积占总面积 40.54%。坡度因子平均值最大的是马关，为 5.057，最小的是砚山，为 3.136。坡长因子平均值 1.657，主要集中在 1.88～2.14，在此范围内的土地面积占总面积

28.27%。坡长因子平均值最大的是马关，为 1.824，最小的是砚山，为 1.568。

2. 气象因子

文山属于中亚热带季风气候，年平均气温 15.8～19.3℃，年平均降雨量 999.3～1341.2mm，5～10 月为雨季，占年降雨量的 82%。降雨量分布有南多北少，东多西少，山区多、河谷及坝区少的特点。北回归线以南降雨多，年降雨量 1500～1900mm，马关小坝子、麻栗坡猛洞和普弄等地降雨最多，年降雨量 1800～1900mm。北回归线以北降雨减少，年降雨量 900～1400mm，其中砚山平远、稼依和文山马塘等地降雨最少，年降雨量 900mm 左右，地处南部河谷地带的八布、天保年降雨量 1350mm，雨量相对偏少。迎风坡的麻栗坡董干、铁厂年降雨量 1600mm，背风坡的董湖年降雨量 100mm，相差 500mm。

文山降雨侵蚀力因子在 2821.01～7534.90MJ·mm/(hm^2·h·年)，平均值 3802.41MJ·mm/(hm^2·h·年)。降雨侵蚀力因子主要集中在 3500～4000MJ·mm/(hm^2·h·年)，在此范围内的土地面积占总面积 56.05%。降雨侵蚀力因子平均值最大的是马关，为 5052.12MJ·mm/(hm^2·h·年)，最小的是砚山，为 3417.01MJ·mm/(hm^2·h·年)。

3. 土壤因子

文山土壤类型有暗棕壤、棕壤、黄棕壤、黄壤、红壤、赤红壤、砖红壤、紫色土、石灰（岩）土等。暗棕壤主要分布在文山、马关海拔 2800m 以上的高寒山区；棕壤主要分布在文山、丘北海拔 2400～2700m 地带；黄棕壤主要分布在文山、马关、丘北、广南海拔 1800～2400m 的冷凉山区；黄壤主要分布在马关、麻栗坡、西畴、砚山、广南等地海拔 1400～1800m 的地区；红壤集中在文山和丘北、砚山、广南、马关、富宁等地海拔 1000～1200m 的地区；赤红壤主要分布在富宁、广南、麻栗坡、马关海拔 400～1000m 的河谷地带；砖红壤主要分布在麻栗坡、富宁、马关海拔 400m 以下的炎热河谷地区；石灰（岩）土主要分布在文山和西畴、麻栗坡、丘北、广南、马关；紫色土主要分布在砚山。

文山土壤可蚀性因子最大的为紫色土 0.0140t·hm^2·h/(hm^2·MJ·mm)，最小的为黄棕壤 0.0029t·hm^2·h/(hm^2·MJ·mm)，平均值 0.0063t·hm^2·h/(hm^2·MJ·mm)。土壤可蚀性因子主要集中在 0.005～0.006t·hm^2·h/(hm^2·MJ·mm)，在此范围内的土地面积占总面积 48.81%。土壤可蚀性因子平均值最大的是砚山，为 0.007t·hm^2·h/(hm^2·MJ·mm)，最小的是马关，为 0.0055t·hm^2·h/(hm^2·MJ·mm)。

4. 水土保持生物措施因子

文山主要植被类型有亚热带常绿阔叶林、热带沟谷雨林、针阔混交林、针叶林等。海拔 500m 以下的地区分布着热带雨林、季雨林，海拔 500～1000m 分布着南亚热带常绿阔叶林，海拔 1000～1800m 分布着中亚热带常绿阔叶林，海拔 1800m 以上分布着北亚热带常绿阔叶林。在丛山峻岭中，除大面积的松类、杉类、栎类、竹类、油茶、油桐、八角、核桃、板栗、橡胶树等主要用材和经济林木外，还生长着樟、檫木、鹅掌楸、肉桂及华盖木、香木莲、大果木莲、大叶木莲、长蕊木兰、苦梓含笑、毛枝五针松、望天树、白栎等珍稀树种，林下还可发展草果、砂仁等，野生油料、香料、淀粉、药材及山林特产资源十分丰富。林草覆盖率 65.95%。

文山生物措施因子平均值 0.323，其中以 0.01～0.03 较为集中，在此范围内的土地面积占总面积 41.39%。生物措施因子平均值最大的是文山，为 0.464，最小的是富宁，为 0.209。

5. 水土保持工程措施因子

文山工程措施总面积 5102.68km^2，其中水平梯田 1497.24km^2，占措施总面积 29.34%；坡式梯田 3431.85km^2，占措施总面积 67.26%；水平阶 173.59km^2，占措施总面积 3.40%。工程措施分布面积较大的是广南和丘北，分别占工程措施总面积 20.78%和 16.72%，分布面积较小的是麻栗坡和西畴，分别占工程措施总面积 7.22%和 5.60%。

文山工程措施因子平均值 0.866，平均值最大的是富宁，为 0.918，最小的是砚山，为 0.820。

6. 水土保持耕作措施因子

砚山、丘北耕地耕作制度属云南高原水田旱地二熟一熟区，其中砚山轮作措施为小麦-玉米，耕作措施因子 0.353；丘北轮作措施为冬闲-夏玉米||豆，耕作措施因子 0.417。其余县（市）耕地轮作制度属滇南山地旱地水田二熟兼三熟区，轮作措施为低山玉米||豆一年一熟，耕作措施因子 0.417。全州耕作措施因子在 0.353～1.0，平均值 0.825。耕作措施因子最大的是富宁，为 0.894，最小的是砚山，为 0.742。

（二）土壤侵蚀强度

1. 土壤水力侵蚀模数

文山平均土壤水力侵蚀模数为 2296t/(km^2·年)。土壤水力侵蚀模数除广南、砚山小于 2000t/(km^2·年)外，其余县（市）均大于 2000t/(km^2·年)，且土壤水力侵蚀模数较高的主要集中在西南部和西北部一带，这些区域属切割较深的低中山河谷地带，局部性大雨、暴雨多，多为山区，土壤侵蚀程度趋于中、强度以上，其中马关、西畴土壤水力侵蚀模数分别达到 4407t/(km^2·年)和 2729t/(km^2·年)。

2. 侵蚀强度分级

文山土壤侵蚀面积为 11 404.99km^2，占总面积 36.32%。土壤侵蚀面积分布见表 4-11，空间分布见图 4-12。

轻度侵蚀面积为 6731.72km^2，占总面积 21.44%，占土壤侵蚀面积 59.02%，主要分布在西北部广南、丘北、砚山低中山岩溶区，西南部文山、马关元江流域低中山地带，东部富宁低中山一带。集中分布区域为文山的卧龙、古木、德厚南部及市区周边低中山一带；砚山的平远、江那、蚌峨、阿猛、八嘎、盘龙等低中山区域；西畴的柏林、法斗等区域；麻栗坡的麻栗、铁厂、大坪北部等地；马关的马白、南捞等地；丘北县城周边、平寨以北及南盘江沿岸低中山一带；广南的坝美、底圩、者兔、者太、旧莫及南盘江流域清水江以东低中山岩溶区；富宁的阿用、花甲东南部、者桑、木央等地。

中度侵蚀面积为 1748.54km^2，占总面积 5.57%，占土壤侵蚀面积 15.33%，主要分布在中北部广南、丘北南盘江流域中山岩溶区，东部富宁及西南部文山、麻栗坡、马关中山一带。集中分布区域为文山的红甸北部、薄竹东南部、喜古西部、小街西部等地；砚山的平远北部、维摩北部、阿舍西部和南部、八嘎东南部、嫁依水库下游中山一带；西畴的新马街中南部、鸡街东北部等地；麻栗坡的麻栗东南部、大坪西南部、六河西南部、杨万南部等中山一带；马关的南捞东北部、马白西部和北部、金厂周边、都龙南部等地；丘北的官寨北部、温浏南部、平寨南部、八道哨西南部、双龙营东南部、树皮西南部等中山岩溶区；广南的那洒南部、珠街、曙光周边、黑支果南部等中山岩溶区；富宁的阿用、花甲、谷拉西南部、归朝南部、板仑南部、木洪大山西北部等中山地带。

强烈侵蚀面积为 1759.81km^2，占总面积 5.60%，占土壤侵蚀面积 15.43%，主要分布在西北部广南、丘北南盘江流域中高山区域，东部富宁及西南部马关、文山、砚山中高山一带。集中分布区域为文山的德厚、秉烈东部和西部、马塘东部、红甸北部、薄竹东南部、坝心西部、小街东南部等地；砚山的平远北部、嫁依北部、阿舍西部和南部一带；马关的八寨北部、都龙北部和东部；丘北的曰者北部及西部、舍得北部、温浏东北部、官寨东部、双龙营北部、腻脚南部、树皮西部等地；广南的黑支果东南部、八宝西部等中山岩溶区一带；富宁的剥隘东北部、那能东部、洞坡北部、谷拉西部等地。

极强烈侵蚀面积为 655.52km^2，占总面积 2.09%，占土壤侵蚀面积 5.75%，主要分布在西南部文山、砚山、马关中高山陡坡一带，西北部广南、丘北及东部富宁等中高山陡坡区域。集中分布区域为文山的德厚、秉烈东部和西部、马塘东部、红甸北部、薄竹东南部、坝心西部、小街北部和东南部等地；砚山的平远北部、稼依北部、阿舍西部和南部一带及公革河沿岸一带；西畴的柏林东部、兴街东南

表 4-11　文山土壤侵蚀面积分布

地区	土地总面积/km²	微度侵蚀		土壤侵蚀		强度分级									
						轻度		中度		强烈		极强烈		剧烈	
		面积/km²	占总面积比例/%	面积/km²	占总面积比例/%	面积/km²	占侵蚀面积比例/%	面积/km²	占侵蚀面积比例/%	面积/km²	占侵蚀面积比例/%	面积/km²	占侵蚀面积比例/%	面积/km²	占侵蚀面积比例/%
文山	2 977.19	1 649.76	55.41	1 327.43	44.59	695.76	52.41	270.82	20.40	197.64	14.90	106.74	8.04	56.47	4.25
砚山	3 865.21	2 221.55	57.48	1 643.66	42.52	1 092.16	66.44	251.10	15.28	153.51	9.34	98.60	6.00	48.29	2.94
西畴	1 494.90	989.96	66.22	504.94	33.78	273.92	54.25	74.27	14.71	101.73	20.15	35.93	7.11	19.09	3.78
麻栗坡	2 337.75	1 524.13	65.20	813.62	34.80	404.91	49.77	178.77	21.97	131.44	16.15	65.99	8.11	32.51	4.00
马关	2 659.54	1 493.64	56.16	1 165.90	43.84	497.73	42.69	170.14	14.59	283.17	24.29	97.45	8.36	117.41	10.07
丘北	5 056.89	3 285.54	64.97	1 771.35	35.03	1 109.82	62.65	219.70	12.40	293.76	16.59	76.51	4.32	71.56	4.04
广南	7 735.54	5 158.70	66.69	2 576.84	33.31	1 741.88	67.60	343.72	13.34	307.29	11.92	92.49	3.59	91.46	3.55
富宁	5 277.75	3 676.50	69.66	1 601.25	30.34	915.54	57.18	240.02	14.99	291.27	18.19	81.81	5.11	72.61	4.53
合计	31 404.77	19 999.78	63.68	11 404.99	36.32	6 731.72	59.02	1 748.54	15.33	1 759.81	15.43	655.52	5.75	509.40	4.47

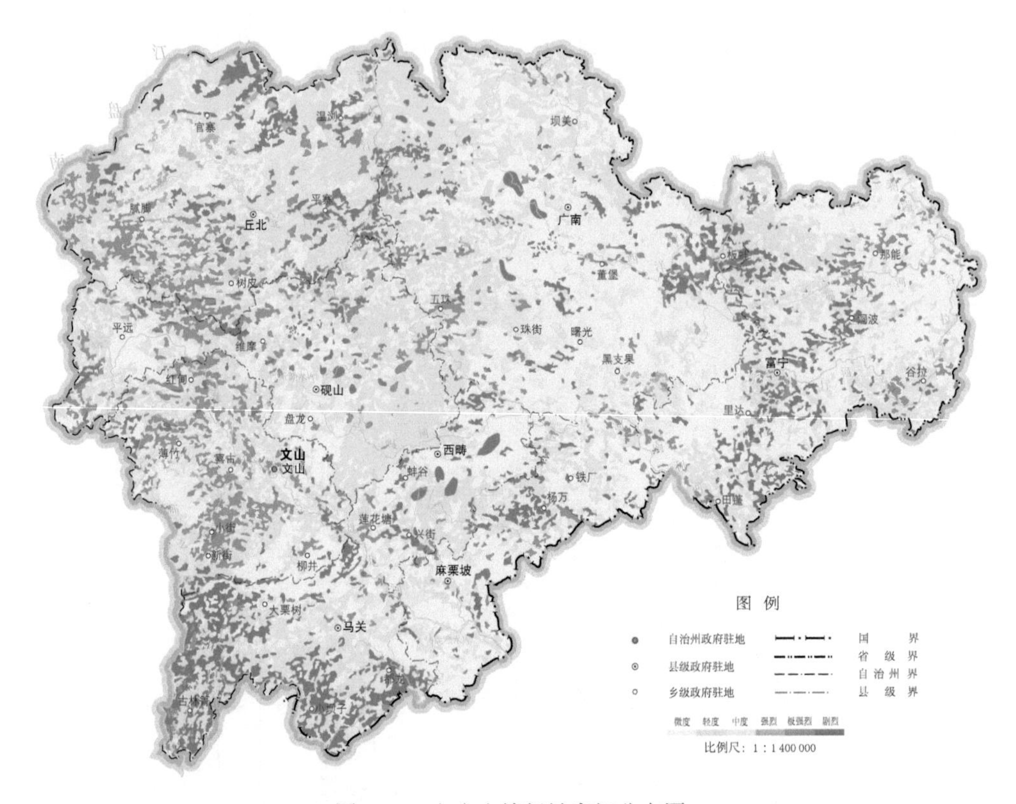

图 4-12 文山土壤侵蚀空间分布图

部、莲花塘西南部、新马街西部等地；麻栗坡的马街东北部、六河西南部、杨万南部等中山一带；马关的马白北部、南捞东北部、都龙东部、八寨北部、健康农场等地；丘北的曰者北部及西部、舍得北部、温浏南部、官寨北部、双龙营北部、腻脚南部、树皮西部等地；广南的黑支果东南部、八宝、板蚌西北部、杨柳井北部、者兔西部等中山岩溶区一带；富宁的剥隘东北部、那能东部、洞坡北部、谷拉西部、新华南部、里达南部等地。

剧烈侵蚀面积为 509.40km^2，占总面积 1.62%，占土壤侵蚀面积 4.47%，主要分布在西南部马关、文山，中北部广南、丘北及东部富宁等中高山深切割陡坡区域。集中分布区域为文山的德厚南部、秉烈东南部、小街东南部、新街西南部；砚山的平远北部、嫁依北部、阿舍西部；西畴的兴街北部和中部、鸡街东北部一带；麻栗坡的六河北部和南部、杨万西北部一带；马关的坡脚东北部、八寨西部、健康农场西部、古林箐东南部、仁和南部、小坝子、都龙东南部、金厂西南部等地；丘北的官寨中北部、平寨东南部、双龙营中北部、温浏东部、天星南部、树皮西南部一带；广南的者太南部、革雷河沿岸、八宝北部和东部一带、板蚌南部等地；富宁的花甲西部、洞坡南部、新华东北部、板仑中部、里达东部和南部一带、田蓬东部一带。

十二、西双版纳

西双版纳位于云南省西南部，辖景洪、勐海、勐腊 3 个县（市），土地总面积 18 994.51km^2。其中，耕地 1701.00km^2，占总面积 8.96%；林地 10 541.59km^2，占总面积 55.50%；城镇村居民点及工矿用地 238.20km^2，占总面积 1.25%。

（一）土壤侵蚀因子

1. 地形因子

西双版纳地处横断山脉的南延部分，怒江、澜沧江、金沙江褶皱系的末端，属山原地貌。全州地势由北向南倾斜迭降，两侧高、中间低，东、西部地貌差异大，类型复杂。澜沧江以东为山原、中低山山地，多大型深切峡谷，为无量山余脉，纵贯景洪东北部和勐腊，海拔 1000～1500m；西部为中山宽谷盆地类型，边缘有深谷围绕，主要地貌类型有浅丘宽谷相间地貌、中山峡谷地貌及由中低山、缓丘和小盆地组成的地貌类型，主要为怒山余脉，漫布整个勐海，除中部几个珠状相串的盆地和低山外，多为中山，海拔 1500～2000m；中部的澜沧江下游及其支流迂回曲折，为低山和群山环抱的宽谷，比较成片地集中在景洪西部、南部和勐腊南部，地势相对平缓，海拔 500～1000m。州内最高点是勐海勐宋的桦竹梁子，海拔 2429m；最低点在南腊河与澜沧江交汇入口处的曼岗，海拔 477m，海拔相差 1952m。

西双版纳地形坡度以 15°～25°为主，在此范围内的土地面积占总面积 36.55%；25°～35°的占总面积 30.33%；大于 35°的占总面积 10.29%；小于 5°的占总面积 7.38%。坡度因子在 0～9.995，平均值 4.858。坡度因子主要集中在 4.7～6.5 和 2.84～4.7，在此范围内的土地面积分别占总面积 33.67%和 28.58%。坡度因子平均值最大的是勐腊，为 5.174，最小的是勐海，为 4.466。坡长因子为 0～3.180，平均值 1.774。坡长因子主要集中在 1.88～2.14 和 0.67～1.23，在此范围内的土地面积分别占总面积 29.74%和 19.23%。坡长因子平均值最大的是勐腊，为 1.798，最小的是勐海，为 1.755。

2. 气象因子

西双版纳地处云南省西南部，属热带湿润季风气候，年平均气温 18.9～22.6℃，年平均降雨量 1136～1513mm，5～10 月为雨季。全州年降雨量随海拔升高而递增，东部多于中西部。中西部地区海拔 553～745m 年降雨量为 1168～1198mm，景洪勐龙因位置偏南数值较大为 1439mm，海拔 850～1176m 年降雨量为 1364～1375mm，海拔 1402m 年降雨量约为 1600m，海拔 1800m 年降雨量约为

1932mm；东部地区海拔 539～760m 年降雨量为 1446～1562mm，海拔 800～846m 年降雨量为 1618～1655mm，海拔 1350m 年降雨量约为 1785mm，海拔 1979m 年降雨量为 2431mm。

西双版纳降雨侵蚀力因子在 3920.45～7679.26MJ·mm/(hm^2·h·年)，平均值 5348.44MJ·mm/(hm^2·h·年)，是全省降雨侵蚀力因子最大的市（州）。降雨侵蚀力因子主要集中在 5000～8000MJ·mm/(hm^2·h·年)，在此范围内的土地面积占总面积 58.13%。降雨侵蚀力因子平均值最大的是勐腊，为 6155.77MJ·mm/(hm^2·h·年)；最小的是勐海，为 4612.48MJ·mm/(hm^2·h·年)。

3. 土壤因子

西双版纳土壤具有明显的地带性、区域性特点。全州土壤主要有水稻土、赤红壤、紫色土、砖红壤、红壤、黄壤、黄棕壤、石灰（岩）土和冲积土等。受地形、地势变化很大，局地气候存在差异，地质岩石的分布和风化程度不同，以及耕作制度的综合影响，全州土壤类型较为复杂。低海拔北热带一般多为砖红壤，南亚热带大多为赤红壤和红壤，海拔较高山区多为黄壤和黄棕壤。在赤红壤带内还分布着非地带性土类紫色土，在部分石灰岩地区为石灰（岩）土，在坝子及河谷地带为水稻土和冲积土。

西双版纳土壤可蚀性因子最大的为紫色土 0.0169t·hm^2·h/(hm^2·MJ·mm)，最小的为黄棕壤 0.0029t·hm^2·h/(hm^2·MJ·mm)，平均值 0.0054t·hm^2·h/(hm^2·MJ·mm)。土壤可蚀性因子主要集中在 0.004～0.005t·hm^2·h/(hm^2·MJ·mm)，在此范围内的土地面积占总面积 67.55%。土壤可蚀性平均值最大的是勐海，为 0.0056t·hm^2·h/ (hm^2·MJ·mm)；最小的是勐腊，为 0.0052t·hm^2·h/(hm^2·MJ·mm)。

4. 水土保持生物措施因子

西双版纳是中国热带生态系统保存最完整的地区，植被类型有热带雨林、热带季雨林、亚热带常绿阔叶林、暖性针叶林、竹林、次生植被、河滩灌丛和草丛 8 个森林类型，13 个植被亚型和 29 个群系，林草覆盖率 59.07%。有勐养、勐腊、勐仑、尚勇、曼搞、纳板河流域 6 块国家级自然保护区 402 万亩，其中 70 万亩为保护完好的原始森林，有高等植物 5000 多种，其中特有植物 153 种，如望天树、版纳青梅、云南肉豆蔻等；濒危植物 134 种，如铁力木、云南石梓、云南美登木等。众多的植物种属相互交错生长，形成了热带雨林、热带季雨林、亚热带常绿阔叶林、苔藓常绿阔叶林、南亚热带针阔混交林、竹木混交林、灌木林等复杂多样的植被景观。

西双版纳生物措施因子平均值 0.106，其中以 0.01～0.03 和 0～0.01 较为集中，在此范围内的土地面积分别占总面积 44.59%和 39.57%。生物措施因子平均值最大的是勐海，为 0.211；最小的是勐腊，为 0.062。

5. 水土保持工程措施因子

西双版纳工程措施总面积 6039.64km^2，其中水平梯田 1086.12km^2，占措施总面积 17.98%；水平阶 358.15km^2，占措施总面积 5.93%；坡式梯田 84.73km^2，占措施总面积 1.40%；隔坡梯田 4510.64km^2，占措施总面积 74.69%。工程措施分布面积较大的是勐海，占工程措施总面积 45.33%；分布面积较小的是勐腊，占工程措施总面积 17.63%。

西双版纳工程措施因子平均值 0.769，平均值最大的是勐海，为 0.840；最小值的是景洪，为 0.716。

6. 水土保持耕作措施因子

西双版纳耕地轮作制度属华南沿海西双版纳台南二熟三熟与热作区，轮作措施为玉米-甘薯，耕作措施因子 0.456。全州耕作措施因子在 0.417～1.0，平均值 0.951。耕作措施因子平均值最大的是勐腊，为 0.974；最小的是勐海，为 0.898。

（二）土壤侵蚀强度

1. 土壤水力侵蚀模数

西双版纳平均土壤水力侵蚀模数为 890t/(km^2·年)。高土壤水力侵蚀模数主要集中在勐海和勐腊北部，以紫色土区、无措施陡坡耕地和裸地上分布较为明显。从分县（市）看，土壤水力侵蚀模数最大的是勐海，该地区主要是无措施的陡坡耕地分布面积较大，降雨侵蚀力因子较高，因此土壤水力侵蚀模数较高。低土壤水力侵蚀模数主要分布在坝子地区，集中在景洪和勐腊南部，以红壤和赤红壤区为主，有耕作措施的耕地和植被覆盖度较高的林草地等地类上分布较为明显。从分县（市）上看，土壤水力侵蚀模数最小的是景洪，该地区主要以坝子为主，为红壤区，土壤可蚀性较低，有措施的耕地分布面积较大，植被覆盖度较高，因此土壤水力侵蚀模数相对较低。

2. 侵蚀强度分级

西双版纳土壤侵蚀面积为 3288.37km^2，占总面积 17.31%。土壤侵蚀面积分布见表 4-12，空间分布见图 4-13。

轻度侵蚀面积为 2096.79km^2，占总面积 11.04%，占土壤侵蚀面积 63.76%，主要分布在北部地区。集中分布区域为景洪的普文周边，勐旺东南部，以及基诺山周边等区域；勐海县城周边，勐满、勐宋、布朗山北部和勐混东南部一带；勐腊的象明和磨憨等地区。

表 4-12　西双版纳土壤侵蚀面积分布

地区	土地总面积/km²	微度侵蚀		土壤侵蚀		强度分级									
						轻度		中度		强烈		极强烈		剧烈	
		面积/km²	占总面积比例/%	面积/km²	占总面积比例/%	面积/km²	占侵蚀面积比例/%	面积/km²	占侵蚀面积比例/%	面积/km²	占侵蚀面积比例/%	面积/km²	占侵蚀面积比例/%	面积/km²	占侵蚀面积比例/%
景洪	6 867.50	5 667.56	82.53	1 199.94	17.47	873.72	72.81	245.52	20.46	23.72	1.98	29.15	2.43	27.83	2.32
勐海	5 310.27	4 241.49	79.87	1 068.78	20.13	631.02	59.04	201.59	18.86	90.33	8.45	98.33	9.20	47.51	4.45
勐腊	6 816.74	5 797.09	85.04	1 019.65	14.96	592.05	58.06	313.32	30.73	33.10	3.25	45.05	4.42	36.13	3.54
合计	18 994.51	15 706.14	82.69	3 288.37	17.31	2 096.79	63.76	760.43	23.13	147.15	4.47	172.53	5.25	111.47	3.39

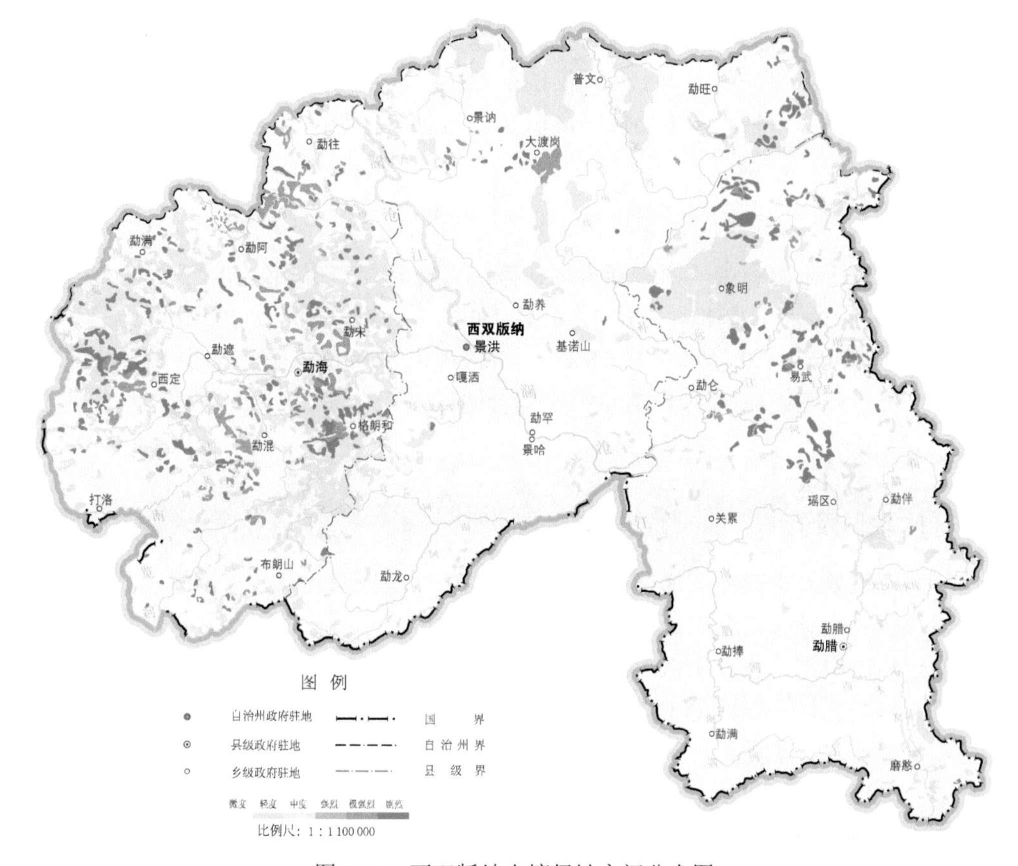

图 4-13　西双版纳土壤侵蚀空间分布图

中度侵蚀面积为 760.43km²，占总面积 4.00%，占土壤侵蚀面积 23.13%，主要分布在东北部和西部地区。集中分布区域为景洪的勐旺东南部和景讷西南部地区；勐海的格朗和至布朗山一带，勐混、西定、勐满一带，以及勐阿至勐宋一带的地区；勐腊北部的象明地区。

强烈侵蚀面积为 147.15km²，占总面积 0.77%，占土壤侵蚀面积 4.47%，主要分布在东北部和西部地区。集中分布区域为景洪的勐旺东南部、景讷南部、大渡岗周边等地区；勐海县城周边，以及格朗和、勐混、西定、勐满和勐宋等地区；勐腊瑶区和易武的北部地区，以及象明北部地区。

极强烈侵蚀面积为 172.53km²，占总面积 0.91%，占土壤侵蚀面积 5.25%，主要分布在西部勐海。集中分布区域为景洪的基诺山东部，以及勐旺东南部地区；勐海县城周边，以及格朗和、勐混、西定、勐满、勐阿、勐往和勐宋等地区；勐腊瑶区和易武的北部地区，以及象明北部地区。

剧烈侵蚀面积为 111.47km²，占总面积 0.59%，占土壤侵蚀面积 3.39%，主要分布在东西两侧。集中分布区域为景洪的基诺山东部，以及勐旺东南部的紫色土区；勐海的格朗和、西定西部和勐满南部地区，以及勐阿、勐往和勐宋等地区；勐腊的瑶区北部和易武周边的地区，以及象明北部和西部地区。

十三、大理

大理位于云南省中西部，辖大理、漾濞、祥云、宾川、弥渡、南涧、巍山、永平、云龙、洱源、剑川、鹤庆12个县（市），土地总面积28 302.16km^2。其中，耕地5031.25km^2，占总面积17.78%；林地19 077.99km^2，占总面积67.41%；城镇村居民点及工矿用地594.67km^2，占总面积2.10%。

（一）土壤侵蚀因子

1. 地形因子

大理地处云贵高原与横断山脉接合部，总体地势西北高、东南低，具有高原湖泊和横断山脉纵谷两大地貌。州内山脉主要属云岭山脉和怒山山脉，其中点苍山位于州内中部，点苍山以西以构造侵蚀深切割高山峡谷地形为主，河流湍急；点苍山以东、祥云以西为中切割中山陡坡地形，地势开阔，坝区和湖泊较多。北部剑川和丽江、兰坪交界处的老君山是州内群山的最高峰，海拔4247m，最低点是云龙怒江边的红旗坝，海拔730m，海拔相差3517m。

大理地形坡度以25°～35°为主，在此范围内的土地面积占总面积29.06%；15°～25°的占总面积28.25%；大于35°的占总面积17.87%；小于5°的占总面积9.37%。坡度因子平均值4.331，主要集中在4.7～6.5，在此范围内的土地面积占总面积44.26%。坡度因子平均值最大的是南涧，为5.122，最小的是大理，为3.249。坡长因子平均值1.759，主要集中在1.88～2.14，在此范围内的土地面积占总面积31.90%。坡长因子平均值最大的是云龙，为1.909，最小的是大理，为1.381。

2. 气象因子

大理属亚热带高原季风型气候，年平均气温15℃，年平均降雨量1054mm。全州降雨量时空分布不均，5～10月为雨季，占年降雨量的90%左右。全州降雨量分布由西向东递减，大致以老君山、罗坪山、点苍山、无量山为界，其西部多于东部。点苍山以西年降雨量在1000mm以上，云龙漕涧年降雨量1599.6mm。东北部金沙江河谷地带，如宾川年降雨量仅576.6mm。祥云、弥渡、巍山、南涧、剑川、洱源、云龙石门等地年降雨量多在700～800mm。大理、漾濞、鹤庆、永平等地年降雨量1000～1100mm。降雨量山区多于坝区，坝区中心地带和河谷地带降雨量最少，一般在900mm以下，海拔较高的山区降雨量较多。降雨量随海拔升高而增多，大理站海拔 1991m，年降雨量 1071.5mm，点苍山花甸海拔 2989m，年降雨量 1935.4mm，为州内最大值。

大理降雨侵蚀力因子在 1518.02～3677.09MJ·mm/(hm^2·h·年)，平均值 2434.05MJ·mm/(hm^2·h·年)。降雨侵蚀力因子主要集中在 2000～2500MJ·mm/(hm^2·h·年)，在此范围内的土地面积占总面积 50.05%。降雨侵蚀力因子平均值最大的是漾濞，为 2988.85MJ·mm/(hm^2·h·年)，最小的是剑川，为 1985.91MJ·mm/(hm^2·h·年)。

3. 土壤因子

大理土壤类型主要有亚高山草甸土、棕色针叶林土、暗棕壤、棕壤、黄棕壤、红壤、黄壤、紫色土、水稻土等。亚高山草甸土、棕色针叶林土分布在海拔 4000m 左右的老君山、点苍山顶；暗棕壤分布于海拔 3200～3900m 的高山灌丛植被地带；棕壤分布于海拔 2700～3200m 的山地灌丛植被地带；黄棕壤分布于海拔 2400～2700m 的针阔混交林植被地带，为红壤和棕壤的过渡地带；红壤分布于海拔 1500～2400m 的广大地区，一般发育于云南松林、松栎混交林的灌草丛、疏幼林植被下，面积 8412.77km^2，占总面积 29.72%；黄壤分布于云龙西部漕涧、民建海拔 1640～2300m 的多雨地区；紫色土广泛分布于海拔 2600m 以下的紫色岩区，面积 8814.73km^2，占总面积的 31.15%；水稻土广泛分布于海拔 2400m 以下的坝区及山区梯田，是农业、村寨集中的地区。

大理土壤可蚀性因子最大的为紫色土 0.0169t·hm^2·h/(hm^2·MJ·mm)，最小的为红壤 0.0026t·hm^2·h/(hm^2·MJ·mm)，平均值 0.0067t·hm^2·h/(hm^2·MJ·mm)。土壤可蚀性因子主要集中在 0.008～0.017t·hm^2·h/(hm^2·MJ·mm)，在此范围内的土地面积占总面积 35.62%。土壤可蚀性因子平均值最大的是巍山，为 0.0082t·hm^2·h/(hm^2·MJ·mm)，最小的是鹤庆，为 0.0047t·hm^2·h/(hm^2·MJ·mm)。

4. 水土保持生物措施因子

大理植物区系成分及植被类型复杂，从植物角度划分为南、北两部分，分界线为鸡足山、点苍山和云龙一线，北部以寒温带植物为基调，南部则以亚热带植物种类为主。植被的垂直分布明显，点苍山、鸡足山从山脚到山顶分布着热带北缘至温带、高山寒带的各种不同植被类型和景观。州内主要植被类型有半湿性常绿阔叶林、寒温山地硬叶常绿栎林、寒温性针叶林、寒温性灌丛、干热河谷灌丛、高原湖泊水生植被 6 类。林草覆盖率 77.72%。

大理生物措施因子平均值 0.215，其中以 0.01～0.03 较为集中，在此范围内的土地面积占总面积 45.59%。生物措施因子平均值最大的是宾川，为 0.301，最小的是永平，为 0.138。

5. 水土保持工程措施因子

大理工程措施总面积3844.84km^2，其中水平梯田1768.16km^2，占措施总面积45.99%；坡式梯田2006.44km^2，占措施总面积52.18%；水平阶70.24km^2，占措施总面积1.83%。工程措施分布面积较大的是宾川和祥云，分别占工程措施总面积14.59%和10.40%，分布面积较小的是永平和漾濞，分别占工程措施总面积4.48%和3.76%。

大理工程措施因子平均值0.883，平均值最大的是云龙，为0.952，最小的是弥渡，为0.803。

6. 水土保持耕作措施因子

鹤庆耕地轮作制度属滇黔边境高原山地河谷旱地一熟二熟水田二熟区，轮作措施为马铃薯/玉米两熟，耕作措施因子0.421。其余县（市）属云南高原水田旱地二熟一熟区，其中洱源、剑川轮作措施为冬闲-夏玉米||豆，耕作措施因子0.417，其余县（市）轮作措施为小麦-玉米，耕作措施因子0.353。全州耕作措施因子在0.353～1.0，平均值0.884。耕作措施因子平均值最大的是永平，为0.930，最小的是宾川，为0.826。

（二）土壤侵蚀强度

1. 土壤水力侵蚀模数

大理平均土壤水力侵蚀模数为1079t/(km^2·年)。土壤水力侵蚀模数大于1000t/(km^2·年)的主要集中在西北部和西南部一带，这些区域以深切割高山峡谷地形为主，降雨量多且集中，紫色土分布广泛，无措施的陡坡耕地分布面积较大，导致土壤水力侵蚀模数偏高，其中漾濞、巍山土壤水力侵蚀模数分别达到1576t/(km^2·年)和1469t/(km^2·年)。土壤水力侵蚀模数小于1000t/(km^2·年)的主要集中在中东部和东北部一带，这些地区为中切割中山陡坡地形，地势开阔，坝区和湖泊较多，降雨量少而分散，土壤可蚀性偏低，植被覆盖度较高，土壤水力侵蚀模数相对较低，其中以大理、剑川土壤水力侵蚀模数较低，分别为746t/(km^2·年)和511t/(km^2·年)。

2. 侵蚀强度分级

大理土壤侵蚀面积为7655.94km^2，占总面积27.05%。土壤侵蚀面积分布见表4-13，空间分布见图4-14。

表 4-13　大理土壤侵蚀面积分布

地区	土地总面积/km²	微度侵蚀		土壤侵蚀		强度分级									
						轻度		中度		强烈		极强烈		剧烈	
		面积/km²	占总面积比例/%	面积/km²	占总面积比例/%	面积/km²	占侵蚀面积比例/%	面积/km²	占侵蚀面积比例/%	面积/km²	占侵蚀面积比例/%	面积/km²	占侵蚀面积比例/%	面积/km²	占侵蚀面积比例/%
大理	1 749.58	1 348.98	77.10	400.60	22.90	303.37	75.73	42.04	10.49	23.74	5.93	21.62	5.40	9.83	2.45
漾濞	1 857.08	1 300.81	70.05	556.27	29.95	337.16	60.61	70.17	12.61	54.35	9.77	56.94	10.24	37.65	6.77
祥云	2 437.75	1 786.07	73.27	651.68	26.73	451.17	69.23	91.82	14.09	45.25	6.94	38.12	5.85	25.32	3.89
宾川	2 540.91	1 699.15	66.87	841.76	33.13	492.78	58.54	93.47	11.11	171.74	20.40	55.80	6.63	27.97	3.32
弥渡	1 514.93	1 112.10	73.41	402.83	26.59	279.08	69.28	63.33	15.72	25.69	6.38	18.31	4.54	16.42	4.08
南涧	1 738.60	1 298.10	74.66	440.50	25.34	259.42	58.89	102.08	23.18	36.08	8.19	29.53	6.70	13.39	3.04
巍山	2 177.88	1 596.32	73.30	581.56	26.70	317.72	54.63	113.34	19.49	84.20	14.48	40.57	6.98	25.73	4.42
永平	2 792.79	2 066.23	73.98	726.56	26.02	504.42	69.42	88.54	12.19	64.07	8.82	33.18	4.57	36.35	5.00
云龙	4 372.23	3 100.94	70.92	1 271.29	29.08	906.94	71.34	131.05	10.31	148.81	11.71	44.77	3.52	39.72	3.12
洱源	2 519.28	1 796.59	71.31	722.69	28.69	574.22	79.46	64.19	8.88	36.84	5.10	26.10	3.61	21.34	2.95
剑川	2 247.44	1 885.32	83.89	362.12	16.11	309.51	85.47	26.83	7.41	12.16	3.36	8.72	2.41	4.90	1.35
鹤庆	2 353.69	1 655.61	70.34	698.08	29.66	533.08	76.37	100.17	14.35	31.72	4.54	27.29	3.91	5.82	0.83
合计	28 302.16	20 646.22	72.95	7 655.94	27.05	5 268.87	68.82	987.03	12.89	734.65	9.60	400.95	5.24	264.44	3.45

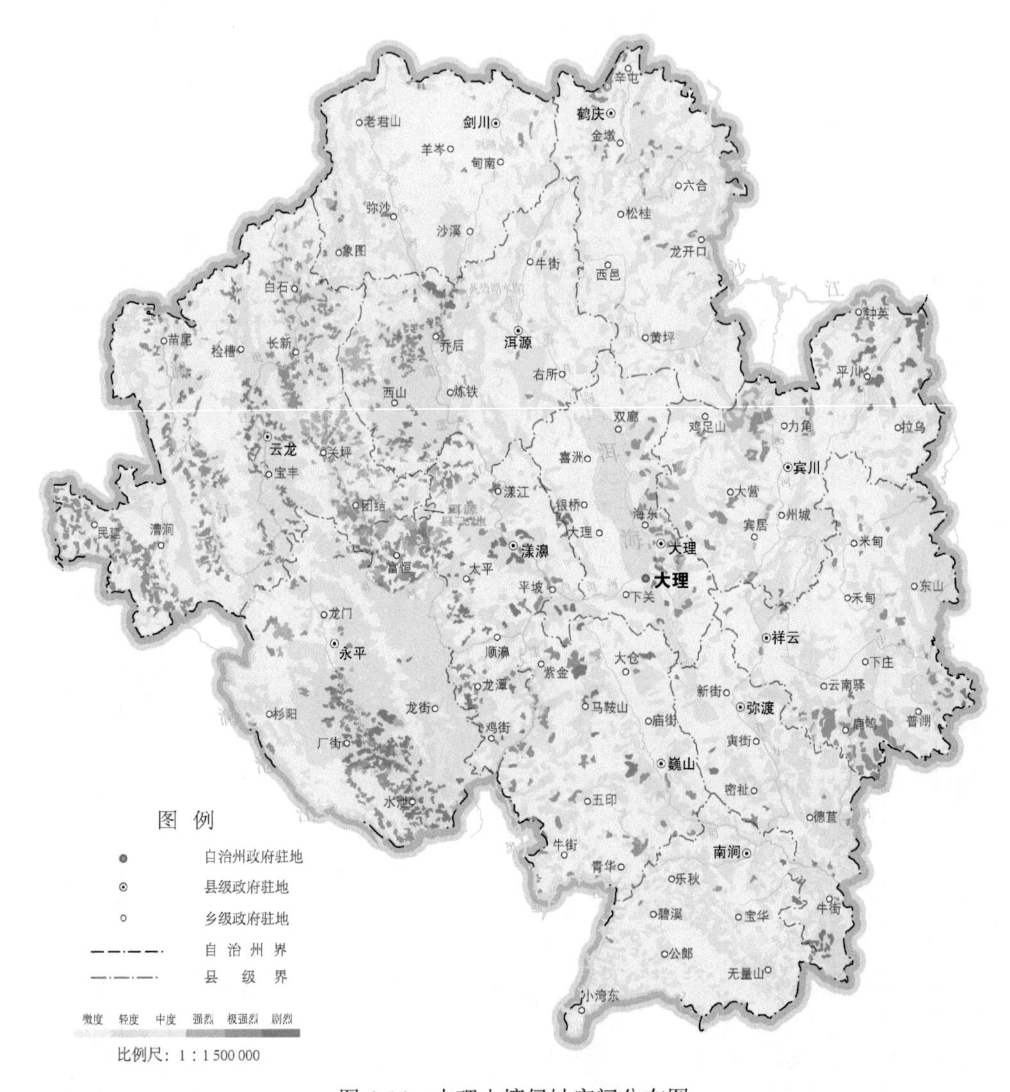

图 4-14 大理土壤侵蚀空间分布图

轻度侵蚀面积为 5268.87km^2，占总面积 18.61%，占土壤侵蚀面积 68.82%，主要分布在中东部的大理、宾川、祥云及东北部的洱源、剑川、鹤庆等以中切割低中山地形为主，地势开阔的地带。集中分布区域为大理的双廊、挖色、海东、凤仪等；祥云的东山、刘厂、下庄、普淜；宾川的州城、宾居、大营；弥渡的苴力、密祉、德苴、红岩一带；南涧的拥翠、公郎、南涧；巍山的南诏、巍宝山、庙街、青华、五印、牛街等地；永平的北斗、龙街、杉阳；云龙的白石、长新、宝丰及沘江沿岸一带；洱源的西山、炼铁、右所；剑川的甸南、沙溪、老君山、马登；鹤庆的金墩、六合、松桂、黄坪等低中山缓坡一带。

中度侵蚀面积为 987.03km^2，占总面积 3.49%，占土壤侵蚀面积 12.89%，主要分布在点苍山以西高山峡谷地带的云龙、永平、漾濞，点苍山以东中切割中山陡坡地带的巍山、南涧、宾川、祥云。集中分布区域为大理的双廊北部、海东东南部；漾濞的龙潭、鸡街一带；祥云的刘厂、普淜及县城周边；宾川的力角、平川、乔甸；弥渡的牛街；南涧的宝华、无量山及县城周边；巍山的永建、大仓及漾濞江沿岸一带；永平的博南、龙街、厂街及银江河沿岸的中山一带；云龙的检槽中北部、白石南部、长新中北部、诺邓、宝丰、民建南部、漕涧一带；洱源的乔后西部、西山等中山一带；剑川的弥沙南部、象图西部等地；鹤庆的黄坪及县城周边。

强烈侵蚀面积为 734.65km^2，占总面积 2.60%，占土壤侵蚀面积 9.60%，主要分布在西部以深切割高山峡谷地形为主且降雨量集中、山区多的云龙、永平、漾濞，东部的宾川、祥云及东南部的巍山等。集中分布区域为大理的挖色、海东东部等地；漾濞的双涧西部、富恒等地；祥云的云南驿南部区域；宾川的钟英南部、拉乌北部、鸡足山东北部、力角西部、金牛西北部、州城西南部、乔甸南部、大营一带；巍山的大仓西部中高山区域；永平的银江河沿岸一带；云龙的关坪、团结、漕涧及澜沧江沿岸中高山一带；洱源的西山南部及清水朗山一带。

极强烈侵蚀面积为 400.95km^2，占总面积 1.42%，占土壤侵蚀面积 5.24%，主要分布在西部的漾濞、云龙、永平及东部的宾川、祥云、巍山等中高山陡坡地带。集中分布区域为大理的双廊南部、挖色、海东东部等地；漾濞的富恒、漾江西部、苍山西、平坡、太平、龙潭、瓦厂、鸡街一带；祥云的鹿鸣；宾川的鸡足山、钟英、大营等地；巍山的紫金、五印、青华及漾濞江沿岸一带；永平的水泄、厂街；云龙的白石、长新、关坪、团结、漕涧、上江及澜沧江沿岸一带；洱源的乔后、西山；鹤庆的辛屯、草海、金墩南部、龙开口西部等地。

剧烈侵蚀面积为 264.44km^2，占总面积 0.93%，占土壤侵蚀面积 3.45%，主要分布在西部的云龙、永平、漾濞、洱源，以及东部的宾川、巍山等中高山深切割陡坡一带。集中分布区域为漾濞的苍山西、富恒、太平、顺濞；宾川的平川一带；弥渡的牛街南部一带；巍山的紫金东部、马鞍山北部等地；永平的厂街、水泄；云龙的苗尾、诺邓、宝丰一带；洱源的乔后北部、西山南部一带。

十四、德宏

德宏位于云南省西南部，辖瑞丽、芒市、梁河、盈江、陇川 5 个县（市），土地总面积 11 173.75km^2。其中，耕地 2214.85km^2，占总面积 19.82%；林地 7749.48km^2，占总面积 69.35%；城镇村居民点及工矿用地 280.71km^2，占总面积 2.51%。

（一）土壤侵蚀因子

1. 地形因子

德宏地处横断山脉高黎贡山南延部分以西，州内峻岭、峡谷相间排列，高山、大河平行急下。地势东北高而陡峻，西南低而宽缓。地表为东北向西南倾斜的几条梁状山地与宽谷相间构成的中山宽谷地带，山体为东北-西南走向，展现出山岭、河谷、盆坝相间排列的地貌形态。主要地貌类型有亚高山深切割峡谷陡坡、中山深切割陡坡、中山中切割长垣垄岗和圆垣状山坡、中低山浅切割缓坡、低丘台地、山间河谷冲积宽谷盆地夹洪积扇和坝间峡谷、岩溶地貌 7 种。州内最高点为盈江大娘山，海拔 3404.6m，最低点位于盈江昔马乡穆雷江与界河拉沙河交汇处，仅 210m，海拔相差 3194.6m。

德宏地形坡度以 15°～25°为主，在此范围内的土地面积占总面积 36.09%；25°～35°的占总面积 21.57%；大于 35°的占总面积 6.06%；小于 5°的占总面积 13.73%。坡度因子平均值 3.590，主要集中在 2.84～4.7，在此范围内的土地面积占总面积 35.34%。坡度因子平均值最大的是梁河，为 4.033，最小的是瑞丽，为 2.858。坡长因子平均值 1.727，主要集中在 1.88～2.14，在此范围内的土地面积占总面积 34.29%。坡长因子平均值最大的是梁河，为 1.810，最小的是瑞丽，为 1.565。

2. 气象因子

德宏属低纬度山地中亚热带季风气候，大部分地区冬无严寒，夏无酷暑，四季如春，年平均气温 19.1℃，年平均降雨量 1519mm。分布有北热带、南亚热带、中亚热带、北亚热带、南温带、中温带、北温带 7 个气候带。全州位居高黎贡山西侧，有来自孟加拉湾的西南暖湿气流，再加上地形的抬升作用，该地区形成丰富的降雨，降雨量北少南多、山区多于坝区，年均降雨量瑞丽 1418mm、陇川 1630mm、梁河 1385mm。多雨区在盈江西部昔马一带，昔马年平均降雨量 4014mm。

德宏降雨侵蚀力因子在 4004.19～7808.82MJ·mm/(hm^2·h·年)，平均值 5260.70MJ·mm/(hm^2·h·年)。降雨侵蚀力因子主要集中在 5000～8000MJ·mm/(hm^2·h·年)，在此范围内的土地面积占总面积 76.81%。降雨侵蚀力因子平均值最大的是芒市，为 5703.31MJ·mm/(hm^2·h·年)，最小的是盈江，为 4928.18MJ·mm/(hm^2·h·年)。

3. 土壤因子

德宏土壤类型有亚高山草甸土、棕壤、黄棕壤、红壤、黄壤、赤红壤、砖红壤 7 个地带性土类，以及石灰（岩）土、紫色土、潮土、沼泽土、水稻土 5 个非地带性土类，其中黄棕壤面积 577.90km^2，占总面积 5.17%；红壤面积 2819.90km^2，占总面积 25.24%；赤红壤面积 4445.14km^2，占总面积 39.78%；紫色土面积 37.72km^2，占总面积 0.34%。

德宏土壤可蚀性因子最大的为紫色土 0.0131t·hm^2·h/(hm^2·MJ·mm)，最小的为黄棕壤 0.0029t·hm^2·h/(hm^2·MJ·mm)，平均值 0.0052t·hm^2·h/(hm^2·MJ·mm)。土壤可蚀性因子主要集中在 0.004～0.005t·hm^2·h/(hm^2·MJ·mm)，在此范围内的土地面积占总面积 34.77%。土壤可蚀性因子平均值最大的是芒市，为 0.0054t·hm^2·h/(hm^2·MJ·mm)，最小的是陇川，为 0.0050t·hm^2·h/(hm^2·MJ·mm)。

4. 水土保持生物措施因子

德宏植被类型有热带雨林、热带季雨林、亚热带常绿阔叶林、落叶阔叶林、暖热性针叶林、暖温性针叶林、温凉性针叶林、山地矮林及竹林等。热带、北亚热带季风气候区，面积占全州森林总面积的 5.4%，主要植被为龙脑香、云南娑罗双、柚木、云南美登木、竹类等；在亚热带，主要植被为阔叶林，以红锥、栎类、栲类、木荷、红椿、楠木、柚木、油茶、松类等为主，面积约占 57.2%；在温暖带，主要植被为常绿阔叶林，有杉木、松类、油茶、核桃等，面积约占 36.1%；在温带山地，主要植被为铁杉、高山栎、杜鹃、灌木丛等，面积约占 1.3%。林草覆盖率 74.34%。

德宏生物措施因子平均值 0.219，其中以 0.01～0.03 较为集中，在此范围内的土地面积占总面积 64.48%。生物措施因子平均值最大的是陇川，为 0.295，最小的是盈江，为 0.148。

5. 水土保持工程措施因子

德宏工程措施总面积 1855.49km^2，其中水平梯田 1334.65km^2，占措施总面积 71.93%；坡式梯田 303.82km^2，占措施总面积 16.37%；隔坡梯田 136.93km^2，占措施总面积 7.38%；水平阶 80.11km^2，占措施总面积 4.32%。工程措施分布面积较大的是芒市和盈江，分别占工程措施总面积 29.67%和 24.57%，分布面积较小的是瑞丽和梁河，分别占工程措施总面积的 12.65%和 10.97%。

德宏工程措施因子平均值 0.847，平均值最大的是盈江，为 0.900，最小的是瑞丽，为 0.784。

6. 水土保持耕作措施因子

梁河耕地轮作制度属滇南山地旱地水田二熟兼三熟区，轮作措施为低山玉米||豆一年一熟，耕作措施因子 0.417。其余县（市）属华南沿海西双版纳台南二熟三

熟与热作区，轮作措施为玉米-甘薯，耕作措施因子 0.456。全州耕作措施因子在 0.417～1.0，平均值 0.891。耕作措施因子平均值最大的是盈江，为 0.931，最小的是陇川，为 0.849。

（二）土壤侵蚀强度

1. 土壤水力侵蚀模数

德宏平均土壤水力侵蚀模数为 1307t/(km^2·年)。土壤水力侵蚀模数大于 1000t/(km^2·年)的主要为中东部的芒市、梁河、陇川，该区域河流切割强烈，以亚高山、中山深切割陡坡地貌为主，土壤可蚀性较大，局部性大雨、暴雨多，造成土壤侵蚀程度呈轻、中度以上，芒市平均土壤水力侵蚀模数达到 1877t/(km^2·年)。土壤水力侵蚀模数小于 1000t/(km^2·年)的主要是西北部和西南部的盈江、瑞丽，此区域地形起伏较小，植被覆盖度高，降雨量少，工程措施占比大，土壤侵蚀程度趋于中、轻度。

2. 侵蚀强度分级

德宏土壤侵蚀面积为 2155.72km^2，占总面积 19.29%。土壤侵蚀面积分布见表 4-14，空间分布见图 4-15。

轻度侵蚀面积为 1416.36km^2，占总面积 12.68%，占土壤侵蚀面积 65.70%，主要分布在西北部和西南部盈江、陇川、瑞丽，东部芒市等低中山、地势平缓一带。集中分布区域为瑞丽的畹町、勐秀及南畹河以东低中山中切割山坡一带；芒市的勐焕、勐戛及龙川江以东中低山浅切割缓坡、宽谷盆地区域；梁河的遮岛、九保、平山、大厂南部一带；盈江的太平、铜壁关、勐弄、卡场、苏典、昔马、那邦及大盈江沿岸低中山中切割山坡一带；陇川的陇把、户撒及户撒河、南畹河沿岸低中山中切割山坡一带。

中度侵蚀面积为 353.59km^2，占总面积 3.16%，占土壤侵蚀面积 16.40%，主要分布在西南部盈江、陇川，中东部芒市、梁河等中山中切割一带。集中分布区域为瑞丽的勐秀北部、畹町西北部、户育南部、弄岛西北部一带；芒市的江东中部、轩岗北部、遮放南部、三台山东部一带，以及芒市大河、戈朗河沿岸中山中切割长垣垄岗和圆垣状山坡区域；梁河的芒东东部、曩宋、平山东部一带；盈江的支那、卡场东部、勐弄北部、盏西南部、平原北部及南部、铜壁关南部等中山中切割陡坡一带；陇川的景罕中部、勐约西部、王子树东北部、龙川江以西等中山中切割陡坡一带。

表 4-14　德宏土壤侵蚀面积分布

地区	土地总面积/km²	微度侵蚀		土壤侵蚀		强度分级									
						轻度		中度		强烈		极强烈		剧烈	
		面积/km²	占总面积比例/%	面积/km²	占总面积比例/%	面积/km²	占侵蚀面积比例/%	面积/km²	占侵蚀面积比例/%	面积/km²	占侵蚀面积比例/%	面积/km²	占侵蚀面积比例/%	面积/km²	占侵蚀面积比例/%
瑞丽	942.79	796.87	84.52	145.92	15.48	95.86	65.69	16.05	11.00	7.83	5.37	14.46	9.91	11.72	8.03
芒市	2 899.65	2 290.30	78.99	609.35	21.01	401.03	65.81	97.99	16.08	39.20	6.43	37.76	6.20	33.37	5.48
梁河	1 137.29	893.15	78.53	244.14	21.47	131.49	53.86	30.60	12.53	39.20	16.06	28.19	11.55	14.66	6.00
盈江	4 320.95	3 530.28	81.70	790.67	18.30	520.81	65.87	170.90	21.62	35.08	4.44	35.22	4.45	28.66	3.62
陇川	1 873.07	1 507.43	80.48	365.64	19.52	267.17	73.07	38.05	10.41	29.61	8.10	13.79	3.77	17.02	4.65
合计	11 173.75	9 018.03	80.71	2 155.72	19.29	1 416.36	65.70	353.59	16.40	150.92	7.00	129.42	6.00	105.43	4.90

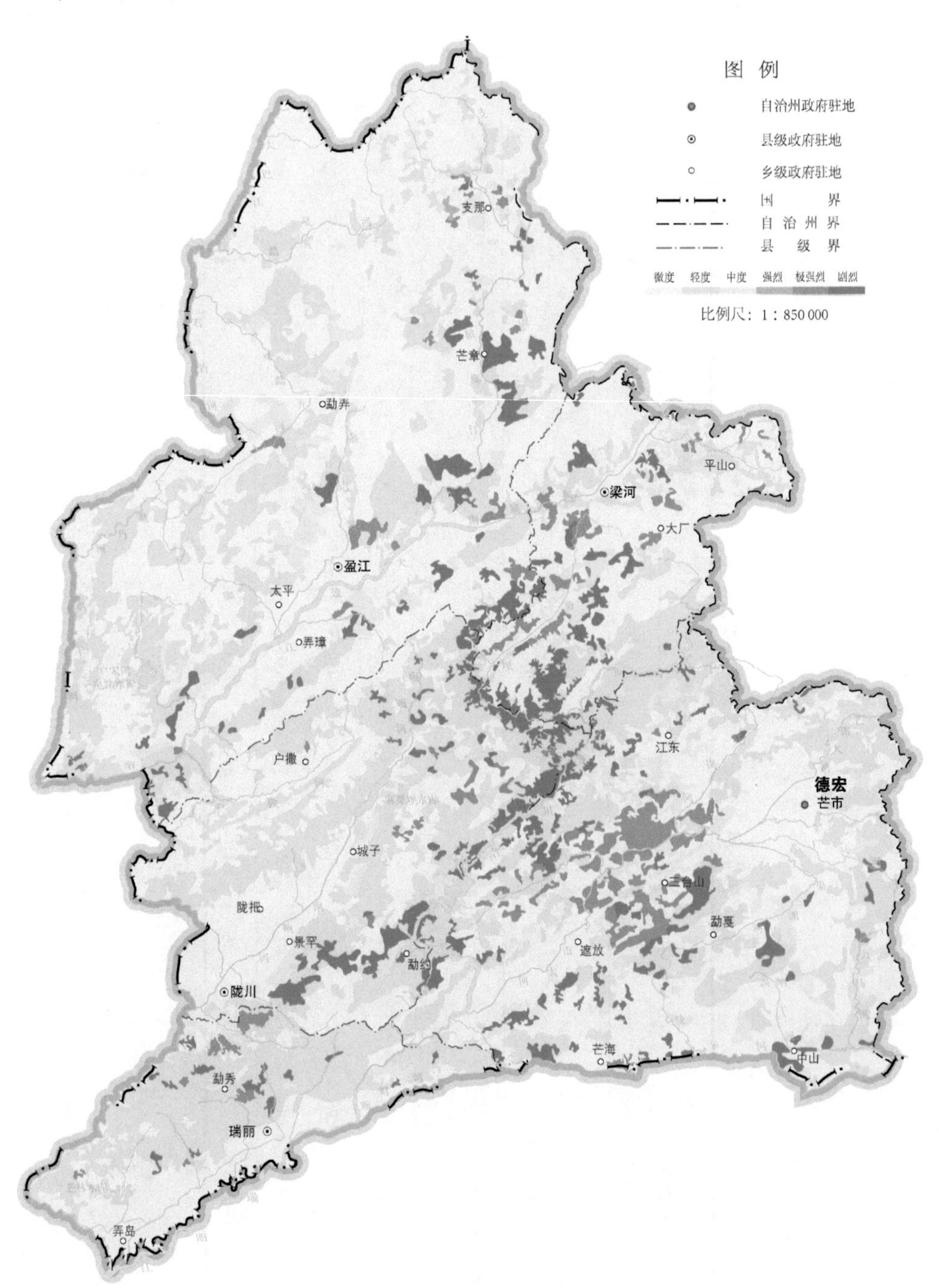

图 4-15 德宏土壤侵蚀空间分布图

强烈侵蚀面积为 150.92km²，占总面积 1.35%，占土壤侵蚀面积 7.00%，主要分布在中东部以亚高山、中山深切割陡坡地形为主的芒市、梁河，西南部盈江、陇川等中山深切割陡坡区域。集中分布区域为瑞丽的勐秀北部及中部、户育南部、弄岛西北部等中高山深切割陡坡一带；芒市的江东西部、轩岗南部、遮放南部、三台山东部一带；梁河的曩宋、河西西部、芒东、遮岛、勐养西部、大厂北部等地及萝卜坝河沿岸中山深切割陡坡一带；盈江的支那东部及西部、旧城南部、油松岭南部、平原东北部、太平西南部一带；陇川的护国南部、陇把西部、景罕等地，以及勐约西部、城子东北部一带。

极强烈侵蚀面积为 129.42km²，占总面积 1.16%，占土壤侵蚀面积 6.00%，主要分布在中东部以亚高山、中山深切割陡坡地形为主的芒市、梁河，西南部盈江、瑞丽等中山深切割陡坡区域。集中分布区域为瑞丽的勐秀北部及中部、户育南部、弄岛西北部等中山深切割陡坡一带；芒市的江东西部、轩岗南部、五岔路东部、三台山北部、芒海南部一带；梁河的曩宋、河西西部、芒东等地，遮岛、勐养西部、大厂北部、小厂等地及萝卜坝河沿岸中山深切割陡坡一带；盈江的支那南部、盏西南部、新城东部、平原等地，以及弄璋东北部、太平西南部一带；陇川的护国南部、陇把西部、景罕、勐约西部、城子东北部、王子树等地及龙川江以西等中山深切割陡坡一带。

剧烈侵蚀面积为 105.43km²，占总面积 0.94%，占土壤侵蚀面积 4.90%，主要分布在中东部芒市、梁河等亚高山、中山深切割陡坡一带，西南部盈江、陇川等中山深切割陡坡区域。集中分布区域为瑞丽的勐秀北部及中部、户育南部、弄岛西北部、畹町北部等中山深切割陡坡一带；芒市的江东西部及北部、轩岗南部、五岔路一带、遮放南部、三台山、勐戛、芒海南部、中山西南部等地及龙川江以东中山深切割陡坡一带；梁河的曩宋一带，河西西部、芒东等地和遮岛一带，勐养西部、大厂北部、小厂等地及萝卜坝河沿岸中山深切割陡坡一带；盈江的盏西南部、芒章中部、新城东部、平原东部、旧城东部、油松岭东南部、弄璋东北部及西南部等地，太平西南部一带；陇川的护国东部等地，景罕一带，勐约中部、王子树北部及东部、龙川江以西等中山深切割陡坡一带。

十五、怒江

怒江位于云南省西北部，辖泸水、福贡、贡山、兰坪 4 个县（市），土地总面积 14 597.93km²。其中，耕地 1072.51km²，占总面积 7.35%；林地 10 878.27km²，占总面积 74.52%；城镇村居民点及工矿用地 71.70km²，占总面积 0.49%。

（一）土壤侵蚀因子

1. 地形因子

怒江地处滇西横断山脉纵谷地带，担当力卡山、高黎贡山、碧罗雪山、云岭山脉自西向东纵贯全州，构成了切割很深的独龙江、怒江、澜沧江流域三大高中山峡谷地貌，山体与峡谷并列，山高谷深，狭窄陡峻，地面起伏急剧。全州除兰坪的通甸、金顶有较开阔山间槽地，和在河谷江边分布着面积大小不一的一些冲积扇、冲积堆、冲积裙以外，多为陡坡山地。全州地势总体呈北部高、南部低，山脉高、沟谷深，州内最高峰为高黎贡山的嘎瓦嘎普，海拔 5128m，最低点为泸水南部的蛮云冷水沟，海拔 738m，海拔相差达 4408m。

怒江地形坡度以大于 35°的陡坡为主，在此范围内的土地面积占总面积 53.34%；25°～35°的占总面积 28.56%；15°～25°的占总面积 12.87%；小于 5°的占总面积 0.98%。坡度因子平均值 5.623，是全省坡度因子最大的市（州）。坡度因子主要集中在 4.7～6.5，在此范围内的土地面积占总面积 71.19%，坡度因子平均值最大的是贡山，为 6.172，最小的是兰坪，为 5.156。坡长因子平均值 1.952，是全省坡长因子最大的市（州）。坡长因子主要集中在 1.88～2.14，在此范围内的土地面积占总面积 44.28%，坡长因子平均值最大的是贡山，为 1.982，最小的是兰坪，为 1.910。

2. 气象因子

怒江属于亚热带山地季风气候，年平均气温 11.3～17℃，年平均降雨量 1818.4mm，5～10 月为雨季，占年降雨量 51%～60%。州内由低到高、由南到北、由西到东降雨量增多。高黎贡山西坡为暖湿气流迎风坡，降雨量较多。泸水的片马（海拔 1910m）年降雨量 1656.1mm，垭口（海拔 3200m）年降雨量 2815.2mm。贡山独龙江年降雨量最大值为 4758mm。南部由西向东年降雨量减少，高黎贡山西坡片马年降雨量 1656mm，东坡的泸水年降雨量 1238mm。怒江河谷东侧碧罗雪山西坡的福贡（海拔 1928m）年降雨量 1181mm，碧罗雪山东侧的兰坪（海拔 2345m）年降雨量 987mm。

怒江降雨侵蚀力因子在 2144.04～4606.73MJ·mm/(hm^2·h·年)，平均值 3072.31MJ·mm/(hm^2·h·年)。降雨侵蚀力因子主要集中在 2500～3000MJ·mm/(hm^2·h·年)，在此范围内的土地面积占总面积 39.06%。降雨侵蚀力因子平均值最大的是贡山，为 3420.02MJ·mm/(hm^2·h·年)，最小的是兰坪，为 2639.32MJ·mm/(hm^2·h·年)。

3. 土壤因子

怒江土壤类型有亚高山草甸土、暗棕壤、棕壤、黄棕壤、红壤、黄壤 6 个地带性土类，以及紫色土、石灰（岩）土、水稻土 3 个非地带性土类。亚高山草甸土主要分布在高黎贡山、碧罗雪山南段海拔 3300m、北段海拔 3700m 处，雪邦山海拔 4000m 以上的高山地区；暗棕壤主要分布在高黎贡山及碧罗雪山南段海拔 2900～3100m、北段海拔 2700～3300m 处，以及兰坪的雪邦山 3100～3400m 处；棕壤主要分布在泸水及兰坪的营盘、兔峨一带，海拔 2600～2900m，福贡、贡山则为海拔 2000～2700m，面积 3180.16km^2，占总面积 21.78%；黄棕壤主要分布在高黎贡山和碧罗雪山南段海拔 2400～2600m、北段 2100m 以下的部分地区；红壤主要分布在怒江、澜沧江峡谷的南段，泸水在海拔 2400m 以下，福贡在海拔 1900m 以下，往北到马吉，兰坪则分布在碧罗雪山东坡，面积 1594.88km^2，占总面积 10.93%；黄壤主要分布在泸水的片马及贡山的高黎贡山西坡海拔 2000m 以下地区；紫色土主要分布在兰坪的雪邦山西坡海拔 2000m 以下地区，泸水的大兴地、六库也有零星分布，面积 421.90km^2，占总面积 2.89%；石灰土主要分布在怒江河谷南段和云岭山间槽地，与黄红壤、紫色土、黄棕壤组成复区；水稻土主要分布在三江两岸的台地、冲积扇、洪积扇、半山坡及山间槽地。

怒江土壤可蚀性因子最大的为紫色土 0.0169t·hm^2·h/(hm^2·MJ·mm)，最小的为棕壤 0.0014t·hm^2·h/(hm^2·MJ·mm)，平均值 0.0056t·hm^2·h/(hm^2·MJ·mm)。土壤可蚀性因子主要集中在 0～0.004t·hm^2·h/(hm^2·MJ·mm)，在此范围内的土地面积占总面积 29.54%。土壤可蚀性因子平均值最大的是兰坪，为 0.0060t·hm^2·h/ (hm^2·MJ·mm)，最小的是泸水，为 0.0052t·hm^2·h/(hm^2·MJ·mm)。

4. 水土保持生物措施因子

怒江属泛北极植物区和古热带植物区交汇地带的中国-喜马拉雅植物区系，州内容纳了寒温性、暖热性等植物类型。干热河谷灌丛、草丛，主要分布在怒江南部及澜沧江河谷一带海拔 190m 以下地区；亚热带季风常绿阔叶林，主要分布在碧罗雪山西坡山地下部；山地湿性常绿阔叶林，主要分布在高黎贡山、碧罗雪山；云南松，是亚热带西南山地特有的森林树种，云南松林广泛分布于海拔 1600～2800m 地带；铁杉林，在山地湿性常绿阔叶林之上，该树种为建群种；高山松林，主要分布在兰坪、泸水海拔 2800～3400m、云南松林之上的干旱地区；云杉林，主要分布在怒江东岸广大的亚高山地区，通常在冷杉林的下部；冷杉林，主要分布在亚高山阴坡，面积很广，位于云杉林上方，直到林线附近；亚高山灌丛草甸，分布在海拔 3300m 以上高山地区，位于林线以上。林草覆盖率 82.54%。

怒江生物措施因子平均值 0.105，其中以 0.01～0.03 较为集中，在此范围内的土地面积占总面积 53.98%。生物措施因子平均值最大的是兰坪，为 0.169，最小的是贡山，为 0.022。

5. 水土保持工程措施因子

怒江工程措施总面积 378.59km^2，其中水平梯田 97.97km^2，占措施总面积 25.88%；坡式梯田 279.19km^2，占措施总面积 73.74%；水平阶 1.43km^2，占措施总面积 0.38%。工程措施分布面积较大的是兰坪和泸水，分别占工程措施总面积 51.18%和 30.61%，分布面积较小的是福贡和贡山，分别占工程措施总面积 15.99%和 2.22%。

怒江工程措施因子平均值 0.979，平均值最大的是贡山，为 0.998，最小的是兰坪，为 0.964。

6. 水土保持耕作措施因子

怒江耕地轮作制度属滇黔边境高原山地河谷旱地一熟二熟水田二熟区，轮作措施为小麦/玉米，耕作措施因子 0.359。全州耕作措施因子在 0.353～1.0，平均值 0.949。耕作措施因子平均值最大的是贡山，为 0.995，最小的是兰坪，为 0.913。

（二）土壤侵蚀强度

1. 土壤水力侵蚀模数

怒江平均土壤水力侵蚀模数为 1048t/(km^2·年)。土壤水力侵蚀模数大于 1500t/(km^2·年)的为兰坪，地形以高山峡谷为主，紫色土广泛分布在雪邦山西坡，多为山区，土壤侵蚀程度趋于轻、中度以上，导致土壤水力侵蚀模数偏高，为 1579t/(km^2·年)。土壤水力侵蚀模数处在 500～1500t/(km^2·年)的为福贡和泸水，地形以中高山峡谷为主，红壤广泛分布于泸水海拔 2400m 以下及福贡海拔 1900m 以下区域，植被覆盖度高，降雨量少，工程措施占比大，土壤侵蚀程度趋于中、轻度，福贡和泸水土壤水力侵蚀模数分别为 1265t/(km^2·年)和 1108t/(km^2·年)。土壤水力侵蚀模数小于 500t/(km^2·年)的为贡山，该县属独龙江流域，以高山峡谷地形为主，降雨丰沛，植被覆盖度较高，人为破坏极少，土壤可蚀性较低，土壤侵蚀程度趋于轻度以下，因此土壤水力侵蚀模数相对较低，为 340t/(km^2·年)。

2. 侵蚀强度分级

怒江土壤侵蚀面积为 2938.11km^2，占总面积 20.13%。土壤侵蚀面积分布见表 4-15，空间分布见图 4-16。

表 4-15　怒江土壤侵蚀面积分布

地区	土地总面积/km²	微度侵蚀		土壤侵蚀		强度分级									
						轻度		中度		强烈		极强烈		剧烈	
		面积/km²	占总面积比例/%	面积/km²	占总面积比例/%	面积/km²	占侵蚀面积比例/%	面积/km²	占侵蚀面积比例/%	面积/km²	占侵蚀面积比例/%	面积/km²	占侵蚀面积比例/%	面积/km²	占侵蚀面积比例/%
泸水	3 088.79	2 357.76	76.33	731.03	23.67	473.24	64.74	95.13	13.01	117.83	16.12	37.74	5.16	7.09	0.97
福贡	2 756.47	2 293.97	83.22	462.50	16.78	246.99	53.40	131.00	28.32	51.92	11.23	23.34	5.05	9.25	2.00
贡山	4 366.21	3 975.62	91.05	390.59	8.95	314.60	80.54	52.91	13.55	8.73	2.23	12.88	3.30	1.47	0.38
兰坪	4 386.46	3 032.47	69.13	1 353.99	30.87	626.28	46.25	336.16	24.83	201.69	14.90	158.97	11.74	30.89	2.28
合计	14 597.93	11 659.82	79.87	2 938.11	20.13	1 661.11	56.53	615.20	20.94	380.17	12.94	232.93	7.93	48.70	1.66

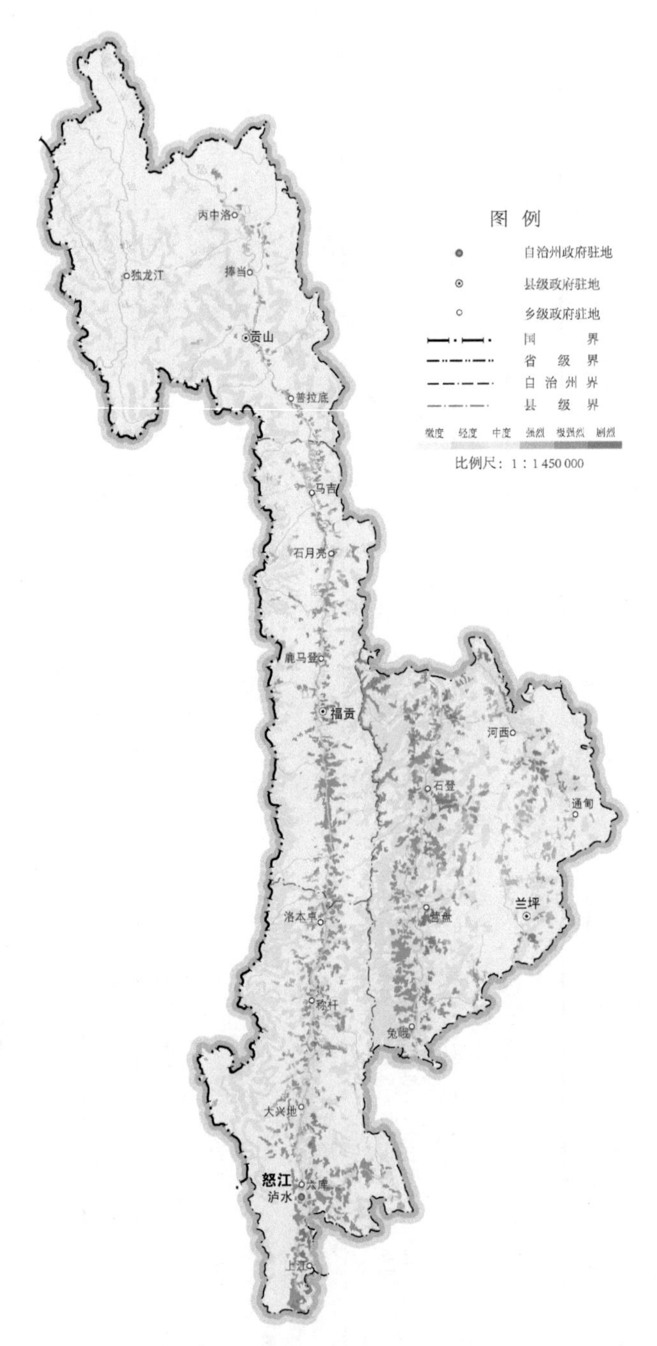

图 4-16 怒江土壤侵蚀空间分布图

轻度侵蚀面积为 1661.11km^2，占总面积 11.38%，占土壤侵蚀面积 56.53%，主要分布在东部兰坪的澜沧江沿岸，西部泸水的怒江沿岸，西北部贡山的怒江、独龙江两岸，碧罗雪山、高黎贡山顶部、山麓一带。集中分布区域为泸水的片马及怒江两岸的中山一带；福贡的高黎贡山东侧山麓、碧罗雪山西侧山麓；贡山的怒江和独龙江两岸中山区域；兰坪的金顶、通甸、河西及澜沧江两岸的中山地带。

中度侵蚀面积为 615.20km^2，占总面积 4.21%，占土壤侵蚀面积 20.94%，主要分布于东部兰坪的澜沧江沿岸及中西部福贡、泸水的怒江沿岸等中山一带，以及碧罗雪山、高黎贡山、担当力卡山的顶部、山麓一带。集中分布区域为泸水的六库及怒江两岸沿线的低中山区域；福贡的高黎贡山和碧罗雪山顶部、怒江两岸沿线的低中山区域；贡山的高黎贡山西侧山麓、担当力卡山东侧山麓；兰坪的河西及澜沧江两岸沿线的低中山一带。

强烈侵蚀面积为 380.17km^2，占总面积 2.61%，占土壤侵蚀面积 12.94%，主要分布在东部兰坪的澜沧江沿岸及中西部泸水、福贡的怒江沿岸等中高山一带。集中分布区域为泸水的上江、大兴地、称杆、洛本卓一带；福贡的马吉、石月亮、匹河一带；贡山的丙中洛、普拉底一带；兰坪的河西、通甸、石登及丰坪水库上游区域。

极强烈侵蚀面积为 232.93km^2，占总面积 1.60%，占土壤侵蚀面积 7.93%，主要分布在东部兰坪的澜沧江沿岸及中西部泸水、福贡的怒江沿岸等高山陡坡地带。集中分布区域为泸水的老窝、六库、上江；福贡的上帕、子里甲、匹河；贡山的茨开、普拉底；兰坪的中排、石登、营盘、兔峨等高山陡坡地带。

剧烈侵蚀面积为 48.70km^2，占总面积 0.33%，占土壤侵蚀面积 1.66%，主要分布在东部兰坪的澜沧江沿岸等高山深切割陡坡地带。集中分布区域为泸水的称杆、六库、上江一带；福贡的上帕、架科底一带；兰坪的中排、石登、营盘、河西一带。

十六、迪庆

迪庆位于云南省西北部，辖香格里拉、德钦、维西 3 个县（市），土地总面积 23 227.96km^2。其中，耕地 751.31km^2，占总面积 3.23%；林地 16 752.17km^2，占总面积 72.12%；城镇村居民点及工矿用地 90.60km^2，占总面积 0.39%。

（一）土壤侵蚀因子

1. 地形因子

迪庆地处青藏高原东南缘，是“三江（金沙江、澜沧江、怒江）并流”的腹心地带。怒山山脉、云岭山脉和香格里拉大雪山山脉（也称沙鲁里山脉）由北向南逶迤，由西向东形成怒山山脉、澜沧江、云岭山脉、金沙江、香格里拉大雪山山脉相间排列的“三岭两江”格局。地势由北向南逐渐降低，大趋势似阶梯形，地貌形态类型是山地、古高原面及岭峰，州内最高点为梅里雪山主峰卡瓦格博峰，海拔 6740m，最低点为澜沧江河谷，海拔 1486m，海拔相差 5254m。

迪庆山高坡陡，高山耸峙，峡谷绵长深邃，地形坡度大于 35°的土地面积占总面积 34.78%；25°～35°的占总面积的 32.45%；小于 5°的占总面积 3.30%。坡度因子为 0～9.995，平均值 5.033。坡度因子主要集中在 4.7～6.5，在此范围内的土地面积占总面积 58.92%。坡度因子平均值最大的是德钦，为 5.506，最小的是香格里拉，为 4.673。坡长因子为 0～3.180，平均值 1.945。坡长因子主要集中在 1.88～2.14，在此范围内的土地面积占总面积的 48.37%。坡长因子平均值最大的是德钦，为 2.013，最小的是香格里拉，为 1.903。

2. 气象因子

迪庆地处低纬度高原横断山脉间，属低纬度高原季风性立体型温带和寒带气候，年平均气温 4.7～16.5℃，年平均降雨量 770mm，4～5 月及 11 月至翌年 1 月为雨季，占年降雨量 62.3%～94.4%。州内降雨量由南而北逐步减少，由东向西逐渐递增，岭多谷少。澜沧江右岸海拔 3500m 以上的怒山山脉山脊一带及云岭山脉史跨底一带为暴雨区，年均降雨量高达 1600～2000mm。澜沧江右岸海拔 3000m 左右的山腰一带，澜沧江左岸、云岭山脉南端——维西的塔城、柯那、康普、白济汛、攀天阁、马场、中路、塘上、维登、庆福、纸厂、拖枝、统维一带，以及香格里拉大雪山山脉海拔 3000m 以上的土官、马家一带为多雨区，年平均降雨量 1000～1600mm。维西除暴雨、多雨区外的地区，德钦云岭山脉海拔 3500m 以上的山腰山脊地带和海拔 2800～3500m 的半山区，以及澜沧江沿岸燕门、云岭的深谷地带、升平、佛山，香格里拉大雪山山脉海拔 2800m 以上的山腰山脊、草地半山区及河谷地带，以及金沙江沿岸的上江、金江、虎跳峡、三坝、洛吉、格咱等区域为中雨区，年平均降雨量 400～1000mm。德钦澜沧江河谷的升平至佛山一带，金沙江上游沿岸的德钦羊拉、奔子栏，香格里拉的尼西、上桥头一带，以及东旺河谷地带为少雨区，年平均降雨量 400mm 以下。

迪庆降雨侵蚀力因子在 1057.01～3793.5MJ·mm/(hm^2·h·年)，平均值 2075.47MJ·mm/(hm^2·h·年)，是全省最低的市（州）。降雨侵蚀力因子主要集中在 0～2000MJ·mm/(hm^2·h·年)，在此范围内的土地面积占总面积 52.61%。降雨侵蚀力因子平均值最大的是维西，为 2729.36MJ·mm/(hm^2·h·年)；最小的是香格里拉，为 1881.83MJ·mm/(hm^2·h·年)。

3. 土壤因子

迪庆土壤类型主要有黄棕壤、红壤、棕壤、高山寒漠土、高山草甸土、暗棕壤、褐土、冰川雪被、亚高山草甸土、水稻土、紫色土、石灰（岩）土、砖红壤、沼泽土等，州内土壤垂直分布较为明显。红壤主要分布在海拔2000～2900m的缓坡及半山坡台阶地段，香格里拉的金江、上江、虎跳峡，维西的大部分地区和德钦均有分布，是迪庆分布较广的土类。棕壤主要分布在海拔3300～3500m的香格里拉的东旺、建塘、小中甸、三坝、尼西、洛吉等地区的森林地带，属于主要林地土壤。高原草甸土主要分布在海拔2900～3500m的香格里拉的小中甸、建塘、格咱、三坝等地森林线以上的高原地。水稻土主要分布在海拔2500m以下地势平缓的坝区、山间盆地、河流两岸的冲积阶地、山谷谷底及其出口处的洪积扇。高山寒漠土主要分布在迪庆的玉龙雪山、梅里雪山等海拔4500m以上的高山流石滩地带。

迪庆土壤可蚀性因子最大的为紫色土0.0169t·hm^2·h/(hm^2·MJ·mm)，最小的为高山寒漠土0.0003t·hm^2·h/(hm^2·MJ·mm)，平均值0.0048t·hm^2·h/(hm^2·MJ·mm)，是云南省土壤可蚀性因子平均值最小的市（州）。土壤可蚀性因子主要集中在0～0.004t·hm^2·h/(hm^2·MJ·mm)，在此范围内的土地面积占总面积40.81%。土壤可蚀性平均值最大的是维西，为0.0054t·hm^2·h/(hm^2·MJ·mm)；最小的是香格里拉和德钦，均为0.0047t·hm^2·h/(hm^2·MJ·mm)。

4. 水土保持生物措施因子

迪庆植被丰富，类型多样，南北差异大，垂直分布明显。从山原型水平带看这里是云南北亚热带常绿阔叶林植被区向青藏高原高寒植被区过渡的地带，水平分布以德钦的燕门、拖顶，香格里拉的五境、土官和安南一线为界，分属高原亚热带北部常绿阔叶林带和青藏高原东南部寒温性针叶林、草甸地带。从垂直带看，这里山高谷深，山川相间，植被随山地海拔的升高和气候土壤类型的递变呈现“亚热带常绿阔叶林及云南松林带、温性常绿针叶林带、寒温性针叶林带、高山灌丛草甸带、高山流石滩疏生植被带和终年积雪带”规律性的垂直带状分布。迪庆有种子植物187个科1004属4519种，林草覆盖率85.20%。

迪庆生物措施因子平均值0.071，其中以0.01～0.03较为集中，在此范围内的土地面积占总面积55.34%。生物措施因子平均值最大的是维西，为0.102；最小的是香格里拉，为0.057。

5. 水土保持工程措施因子

迪庆工程措施总面积438.83km^2，其中水平梯田150.05km^2，占措施总面积34.19%；水平阶0.24km^2，占措施总面积0.06%；坡式梯田288.54km^2，占措施总面积65.75%。工程措施分布面积较大的是香格里拉和维西，分别占工程措施总面积45.03%和41.53%；分布面积较小的是德钦，占工程措施总面积13.44%。

迪庆工程措施因子平均值0.984，平均值最大的是德钦，为0.994；最小值的是维西，为 0.968。

6. 水土保持耕作措施因子

迪庆耕地轮作制度属藏东南川西河谷地喜凉一熟区和滇黔边境高原山地河谷旱地一熟二熟水田二熟区，其中香格里拉和德钦轮作措施为春小麦→春小麦→春小麦→休闲或撂荒，耕作措施因子 0.423；维西轮作措施均为小麦/玉米，耕作措施因子 0.359。全州耕作措施因子在 0.359～1.0，平均值 0.980。耕作措施因子平均值最大的是德钦，为 0.990；最小的是维西，为 0.949。

（二）土壤侵蚀强度

1. 土壤水力侵蚀模数

迪庆平均土壤水力侵蚀模数为 522t/(km^2·年)，是全省土壤水力侵蚀模数最低的市（州）。高土壤水力侵蚀模数主要集中在金沙江河谷的香格里拉五境和虎跳峡等地，德钦珠巴龙河河谷石茸至拖顶一带，以及澜沧江河谷燕门至维登一带，以干热河谷区、无措施陡坡耕地和裸地上分布较为明显。从分县（区）看，土壤水力侵蚀模数最大的是维西，该地区降雨量较大，降雨侵蚀力较高，无措施的陡坡耕地分布面积较大，干热河谷分布较多，植被覆盖度较低，因此土壤水力侵蚀模数较高。低土壤水力侵蚀模数主要分布在各县（区）城区周边区域，以及坝子地区，海拔 4000m 以上的高原地，以有耕作措施的耕地和植被覆盖度较高的林草地等地类上分布较为明显。土壤水力侵蚀模数最小的是香格里拉，该地区高原草甸和高山寒漠土分布较广，土壤可蚀性较低，有措施的耕地分布面积较大，植被覆盖度较高，因此土壤水力侵蚀模数相对较低。

2. 侵蚀强度分级

迪庆土壤侵蚀面积为 3882.55km^2，占总面积 16.71%。土壤侵蚀面积分布见表 4-16，空间分布见图 4-17。

轻度侵蚀面积为 2583.76km^2，占总面积 11.12%，占土壤侵蚀面积 66.55%，主要分布于香格里拉和德钦。集中分布区域为香格里拉城区坝子边缘，南部天宝山一带，以及北部的许曲沿岸一带，格咱以东区域；德钦的甲午雪山西面、梅里雪山东面和白马雪山山腰至山脊一带，金沙江和澜沧江沿岸；维西县城和村庄坝子边缘，碧罗雪山山脊至山腰一带。

中度侵蚀面积为 834.97km^2，占总面积 3.59%，占土壤侵蚀面积 21.50%，主要分布于高海拔的山脊及河谷一带。集中分布区域为香格里拉南部的天宝山、鲁子拉山和哈巴雪山等山区，以及北部许曲两侧的山坡、格咱以东等区域；德钦的羊拉周边，金沙江入境处至奔子栏一带的干热河谷区，以及澜沧江两侧的山区；

表 4-16 迪庆土壤侵蚀面积分布

地区	土地总面积/km²	微度侵蚀		土壤侵蚀		强度分级									
						轻度		中度		强烈		极强烈		剧烈	
		面积/km²	占总面积比例/%	面积/km²	占总面积比例/%	面积/km²	占侵蚀面积比例/%	面积/km²	占侵蚀面积比例/%	面积/km²	占侵蚀面积比例/%	面积/km²	占侵蚀面积比例/%	面积/km²	占侵蚀面积比例/%
香格里拉	11 487.50	9 809.71	85.39	1 677.79	14.61	1 150.49	68.57	388.24	23.14	76.21	4.54	59.62	3.56	3.23	0.19
德钦	7 273.01	5 913.63	81.31	1 359.38	18.69	885.83	65.16	300.28	22.09	116.43	8.57	52.81	3.88	4.03	0.30
维西	4 467.45	3 622.07	81.08	845.38	18.92	547.44	64.76	146.45	17.32	51.79	6.12	79.27	9.38	20.43	2.42
合计	23 227.96	19 345.41	83.29	3 882.55	16.71	2 583.76	66.55	834.97	21.51	244.43	6.30	191.70	4.94	27.69	0.71

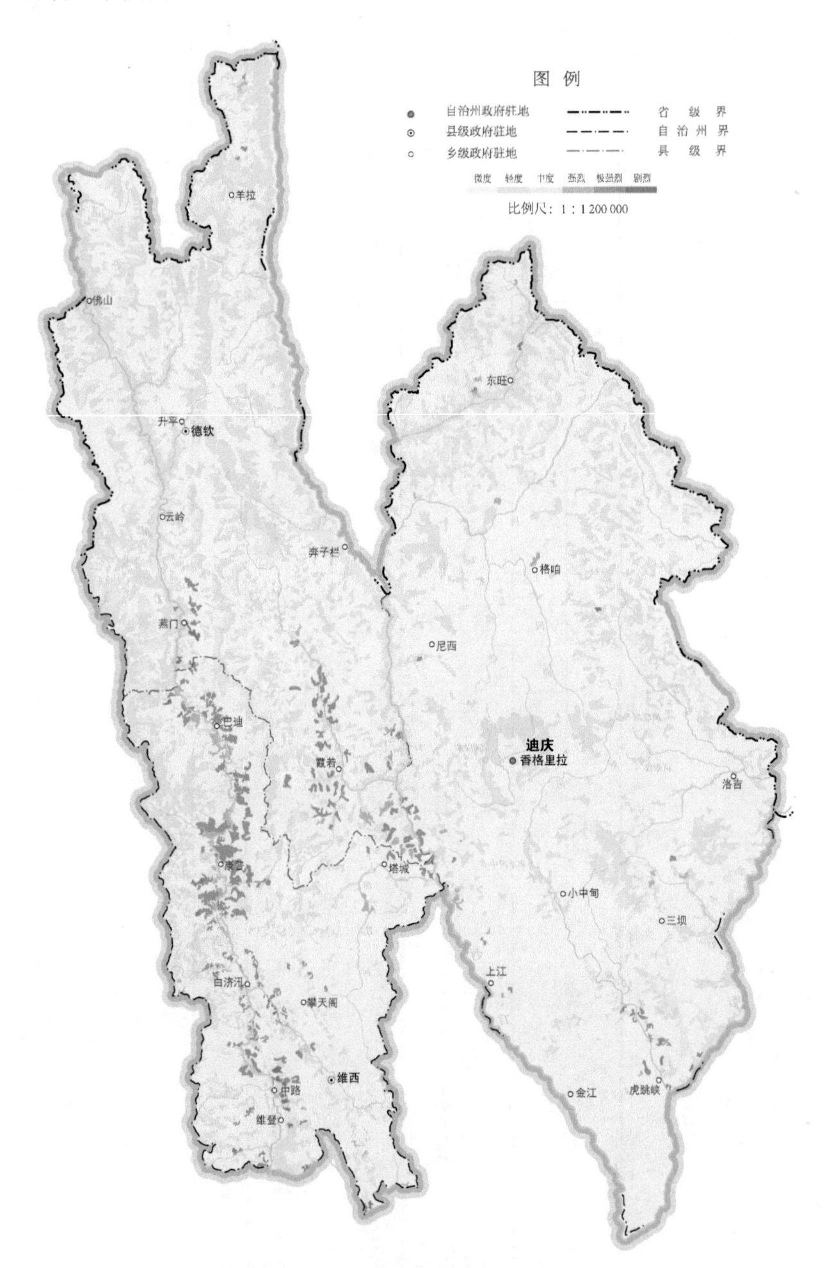

图 4-17　迪庆土壤侵蚀空间分布图

维西西部山脉山脊一带的高海拔山区，澜沧江沿岸的康普和维登一带，以及永春南部区域。

强烈侵蚀面积为 244.43km^2，占总面积 1.05%，占土壤侵蚀面积 6.30%，主要分布于金沙江中游和澜沧江中下游河谷区。集中分布区域为香格里拉南部金沙江沿岸的五境至上江区域，硕多岗河中下游河谷地区，以及东旺西部、三坝北部、洛吉和格咱周边等；德钦的羊拉北部，金沙江及其支流支巴洛河沿岸的沟谷地区，以及澜沧江沿岸的燕门一带；维西的永春南部，以及澜沧江及其支流沿岸河谷地区。

极强烈侵蚀面积为 191.70km^2，占总面积 0.83%，占土壤侵蚀面积 4.94%，主要分布于金沙江中游和澜沧江中下游河谷区。集中分布区域为香格里拉南部虎跳峡一带金沙江和硕多岗河沿岸，以及金沙江沿岸的五境至上江区域；德钦南部霞若、拖顶一带的山谷地区，以及澜沧江左岸燕门周边区域；维西澜沧江及其支流沿岸河谷等区域。

剧烈侵蚀面积为 27.69km^2，占总面积 0.12%，占土壤侵蚀面积 0.71%，主要分布于澜沧江下游沿岸。集中分布区域为香格里拉南部硕多岗河中下游及虎跳峡周边；德钦澜沧江沿岸的燕门一带；维西澜沧江左岸的中路至维登、康普至白济汛一带，以及永春河下游南部等区域。

第三节 六大流域土壤侵蚀强度分异

一、金沙江流域

金沙江流域在云南省涉及昆明、曲靖、玉溪、昭通、丽江、楚雄、大理、怒江、迪庆 9 个市（州）的 53 个县（区、市），流域总面积 109 704.87km^2。其中，耕地 22 572.42km^2，占总面积 20.58%；林地 65 825.79km^2，占总面积 60.00%；城镇村居民点及工矿用地 2616.60km^2，占总面积 2.39%。

（一）土壤侵蚀因子

1. 地形因子

金沙江流域地势西高东低，逐渐向东南倾斜。流域西部流经川滇平行谷岭区边缘，在丽江石鼓形成长江第一湾，向北至冲天河口急转南流，形成第二湾，至永胜涛源折转东流，至华坪进入四川，经攀枝花南流至永仁、元谋，在元谋江边再次折转东流，进入滇中高原和滇东北川西南山地，迤逦东流。流域内河谷深切，多为“V”形，金沙江劈开了哈巴雪山与玉龙雪山，下切达 3000 多米，形成气势磅礴的虎跳峡。流域内最高点玉龙雪山，海拔 5596m，最低点金沙江与横江交汇处，海拔 270m，海拔相差极为悬殊。

金沙江流域地形坡度以 25°～35°为主，在此范围内的土地面积占总面积 25.95%；15°～25°的占总面积 25.04%；大于 35°的占总面积 22.05%。流域坡度因子在 0～9.995，平均值 4.424，其中以 2.84～6.5 较为集中，在此范围内的土地面积占总面积的 66.75%。坡长因子在 0～3.180，平均值 1.746，其中以 1.88～2.14 较为集中，在此范围内的土地面积占总面积 32.32%。

2. 气象因子

金沙江流域气候类型复杂多样，包含从南亚热带至北温带的 6 种气候类型，气候垂直变化十分明显。年平均气温 6～18℃，迪庆、丽江和滇东北昭通等地，气候温和，降雨丰沛，局部高山有积雪；大理、楚雄、昆明和曲靖等地，有冬暖、春旱、夏热、秋雨的特点，气温较高，降雨较丰。流域内降雨多源于季风，年平均降雨量 300～1300mm，多集中在 5～10 月，占年降雨量的 90%左右，自东南向西北递减，西北部的金沙江河谷奔子栏年降雨量 300mm，是云南省降雨量最少的地区。流域主要河流有普渡河、牛栏江、横江、龙川江、小江、支巴洛河、硕多岗河、宁蒗河、五郎河、渔泡江、鸣矣河、掌鸠河、木板河、勐果河、洗马河、马过河、蜻蛉河、西泽河、野牛圈河、以礼河、硝厂河、洛泽河、洒渔河、白水江、紫甸河、牟定河、普登河、赤水河、铜车河等。

金沙江流域降雨侵蚀力因子在 1063.70～4511.57MJ·mm/(hm^2·h·年)，平均值 2595.25MJ·mm/(hm^2·h·年)，其中以 2000～3000MJ·mm/(hm^2·h·年)较为集中，在此范围内的土地面积占总面积 70.67%。

3. 土壤因子

金沙江流域土壤类型主要有红壤、紫色土、黄棕壤、棕壤、黄壤、水稻土、暗棕壤、棕色针叶林土、燥红土、石灰（岩）土等。土壤可蚀性因子在 0～0.016 91t·hm^2·h/(hm^2·MJ·mm)，平均值 0.006 47t·hm^2·h/(hm^2·MJ·mm)，其中以 0.005～0.006t·hm^2·h/(hm^2·MJ·mm)和 0.008～0.017t·hm^2·h/(hm^2·MJ·mm)较为集中，在此范围内的土地面积分别占总面积 26.94%和 21.49%。

4. 水土保持生物措施因子

金沙江流域植被以亚热带常绿阔叶林分布范围较广。亚高山针叶林主要分布在北部高纬度及高海拔地带。亚热带阔叶林、针叶林、针阔混交林主要分布在中部海拔 1500～2100m 的中亚热带、北亚热带地区，主要有栲类林、栎类林、云南松林等。暖温带针阔混交林、温带针阔混交林主要分布在中、北部海拔 2800～3800m 地区，主要有云杉林、冷杉林等。高山灌丛草甸分布在海拔 3900～4200m 地区，个别地区可下降至海拔 3500m，以杜鹃、箭竹、蒿草等为主。海拔 4000～4500m 地区为高山流石滩荒漠群落，到海拔 4500m 或更高地区，而达雪线以上，很少有植物生长，只有壳状地衣存在。生物措施因子平均值 0.2477，其中以 0.01～0.03 较为集中，在此范围内的土地面积占总面积 41.43%。

5. 水土保持工程措施因子

金沙江流域工程措施总面积 17 018.80km^2，其中水平梯田 4669.03km^2，占措施总面积 27.44%；水平阶 114.15km^2，占措施总面积 0.67%；坡式梯田 12 235.62km^2，占措施总面积 71.89%。工程措施因子平均值 0.874。

6. 水土保持耕作措施因子

金沙江流域耕作措施因子在 0.353～1.0，平均值 0.8664。在有耕作措施的区域中，在 0.355～0.41 较为集中，在此范围内的土地面积占耕作措施总面积 40.03%。

（二）土壤侵蚀强度

金沙江流域土壤侵蚀面积为 32 133.61km^2，占总面积 29.29%，平均土壤水力侵蚀模数为 1285t/(km^2·年)。土壤侵蚀面积分布见表 4-17，空间分布见图 4-18。

轻度侵蚀面积 19 972.52km^2，占总面积 18.21%，占土壤侵蚀面积 62.15%，主要分布于金沙江干流流经的昆明、楚雄、昭通。集中分布区域为金沙江上游的香格里拉东旺河一带，玉龙的黎明、石鼓；金沙江中游永胜、宁蒗的西布河、新营盘，鹤庆漾弓江下游两岸及宾川；金沙江下游的大姚、永仁、元谋，禄劝西部云龙水库和双化水库径流区，一级支流普渡河下游沿岸的禄劝，小江流域的寻甸、东川，一级支流牛栏江流域的马龙、会泽、巧家，洒渔河上游区域及渔洞水库径流区，一级支流横江支流洛泽河沿岸的昭阳、彝良，以及双河水库径流区、二级支流白水江上游右岸的镇雄。

中度侵蚀面积为 5380.36km^2，占总面积 4.90%，占土壤侵蚀面积 16.74%，主要分布于昆明、楚雄、昭通。集中分布区域为金沙江上游德钦的奔子栏；金沙江中游香格里拉的鲁子拉山、哈巴雪山和玉龙的玉龙雪山一带，金沙江干流河谷两岸的永胜的涛源、鲁地拉和大姚的湾碧等地，宾川的力角和海稍水库径流区；金沙江下游一级支流龙川江流经地牟定，二级支流蜻蛉河中下游的永仁，元谋金沙江干流沿岸、西北部及凉山一带，一级支流勐果河中下游的武定，一级支流普渡河和小江两岸，一级支流以礼河左岸和二级支流硝厂河沿岸的会泽，一级支流牛栏江两岸的宣威、会泽至巧家一带，巧家的金沙江干流沿岸，一级支流赤水河和二级支流白水江流经的威信、镇雄。

强烈侵蚀面积为 2936.18km^2，占总面积 2.68%，占土壤侵蚀面积 9.14%，主要分布于昆明和昭通。集中分布区域为金沙江上游一级支流支巴洛河汇入金沙江所在地德钦的拖顶；金沙江中游的香格里拉与丽江交界处高山峡谷地带，金沙江中游左岸的宁蒗、永胜、宾川的鸡足山、力角、平川、钟英一带；金沙江下游的

表 4-17　金沙江流域土壤侵蚀面积分布

地区	土地总面积/km²	微度侵蚀		土壤侵蚀		强度分级									
						轻度		中度		强烈		极强烈		剧烈	
		面积/km²	占总面积比例/%	面积/km²	占总面积比例/%	面积/km²	占侵蚀面积比例/%	面积/km²	占侵蚀面积比例/%	面积/km²	占侵蚀面积比例/%	面积/km²	占侵蚀面积比例/%	面积/km²	占侵蚀面积比例/%
昆明	16 929.84	11 534.40	68.13	5 395.44	31.87	3 104.03	57.53	902.96	16.73	730.55	13.54	523.73	9.71	134.17	2.49
曲靖	9 445.51	5 809.48	61.51	3 636.03	38.49	2 620.12	72.06	550.42	15.14	262.79	7.23	149.12	4.10	53.58	1.47
玉溪	30.71	24.06	78.35	6.65	21.65	4.99	75.04	1.01	15.19	0.38	5.71	0.21	3.16	0.06	0.90
昭通	22 430.17	13 672.29	60.95	8 757.88	39.05	4 481.32	51.17	1 496.02	17.08	951.03	10.86	1 261.42	14.40	568.09	6.49
丽江	20 181.78	15 914.41	78.86	4 267.37	21.14	2 913.07	68.26	621.83	14.57	303.70	7.12	295.18	6.92	133.59	3.13
楚雄	17 049.57	11 462.78	67.23	5 586.79	32.77	3 788.94	67.82	1 015.83	18.18	308.85	5.53	247.65	4.43	225.52	4.04
大理	6 988.27	4 956.33	70.92	2 031.94	29.08	1 388.80	68.35	260.01	12.79	232.07	11.42	104.37	5.14	46.69	2.30
怒江	17.97	15.17	84.42	2.80	15.58	1.24	44.29	0.87	31.07	0.35	12.50	0.32	11.43	0.02	0.71
迪庆	16 631.05	14 182.34	85.28	2 448.71	14.72	1 670.01	68.20	531.41	21.70	146.46	5.98	96.50	3.94	4.33	0.18
合计	109 704.87	77 571.26	70.71	32 133.61	29.29	19 972.52	62.15	5 380.36	16.74	2 936.18	9.14	2 678.50	8.34	1 166.05	3.63

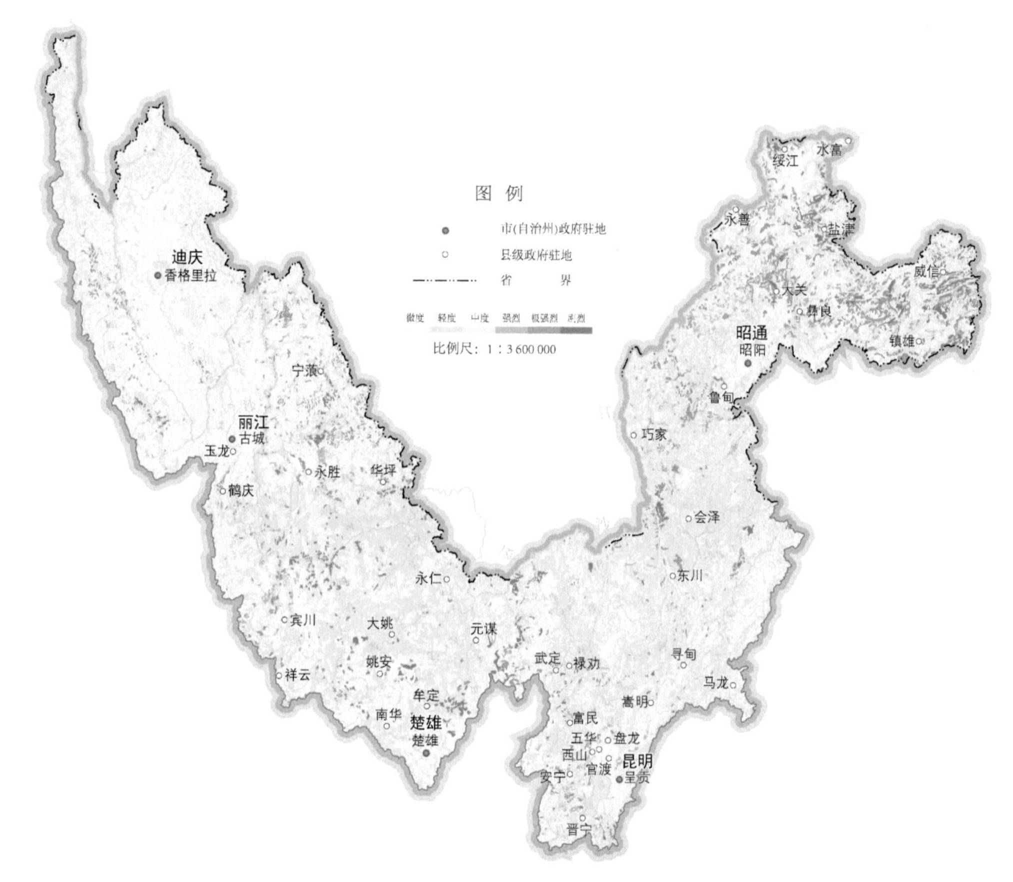

图 4-18　金沙江流域土壤侵蚀空间分布图

大姚、武定，一级支流普渡河螳螂川河段两岸的晋宁和西山，一级支流普渡河下游的禄劝，金沙江干流沿岸的东川和小江沿岸的汤丹、红土地、乌龙、铜都一带，金沙江干流左岸的会泽，一级支流牛栏江两岸的巧家和鲁甸，二级支流洒渔河两岸的大关、永善，一级支流横江流经的盐津，二级支流白水江两岸的彝良和镇雄。

极强烈侵蚀面积为 2678.50km^2，占总面积 2.44%，占土壤侵蚀面积 8.34%，主要分布于昭通。集中分布区域为金沙江上游一级支流支巴洛河汇入金沙江处德钦的霞若、拖顶；金沙江中游一级支流硕多岗河汇入金沙江的虎跳峡，金沙江中游左岸的宁蒗北部白岩子山至干海子山、南部西川至战河一带，永胜的三川和宾川的力角；金沙江下游的大姚、武定，禄丰的黑井、妥安，一级支流小江流域的东川，一级支流牛栏江沿岸的巧家的红山、小河、新店及小牛栏河沿岸的东坪、鲁甸一带，二级支流洒渔河两岸大关的悦乐、永善的墨翰，一级支流横江支流大关河两岸的大关和洛泽河沿岸的彝良，二级支流白水江两岸的彝良和镇雄。

剧烈侵蚀面积为 1166.05km^2，占总面积 1.06%，占土壤侵蚀面积 3.63%，主要分布于昭通。集中分布区域为金沙江中游宁蒗的宁蒗河上游新营盘和五郎河上游两岸，以及白岩子山和干海子山一线，永胜的羊坪和鲁地拉，华坪中部通达河中下游两岸，金沙江干流永胜和宾川交界处的两岸，以及右岸支流平川大河两岸，宾川和大姚的界河渔泡江两岸；金沙江下游姚安东部石者河上中游两岸，一级支流龙川江中游段牟定和禄丰西北部，一级支流勐果河中游武定的高姑拉至所所卡一带，武定的万德西北部，小江的汇入口东川和会泽的娜姑界河处两岸，一级支流牛栏江中游段会泽和宣威务德一带，一级支流牛栏江下游段鲁甸的乐红至梭山一带，绥江北部和水富，一级支流横江流域的彝良和双河水库径流区，大关的大关河沿岸的玉碗至寿山一带，二级支流白水江流域的镇雄，赤水河和铜车河沿岸，以及盐津和威信。

二、珠江流域

珠江流域在云南省涉及昆明、曲靖、玉溪、红河、文山 5 个市（州）的 31 个县（区、市），流域总面积 58 646.70km^2。其中，耕地 18 775.02km^2，占总面积 32.01%；林地 31 542.71km^2，占总面积 53.78%；居民点及工矿用地 1867.04km^2，占总面积 3.18%。

（一）土壤侵蚀因子

1. 地形因子

珠江流域地势呈西北高东南低，有滇东高原岩溶湖盆区和滇东南岩溶山原区两大地貌。岩溶湖盆区的核心部分为曲靖、陆良、石林、师宗、罗平、玉溪、通海、澄江、江川等地，为南北向的一条分水岭高地，往西为陷落湖盆区，内有抚仙湖、星云湖、阳宗海、杞麓湖、异龙湖等大小湖泊分布；往东石灰岩分布广泛，岩溶地貌发育，几乎包括所有的地貌形态，溶蚀洼地、断陷盆地、石芽、石林等较为普遍。岩溶山原区大体由开远、蒙自的东部起至砚山、丘北、广南、富宁一带，为近于南北向的条状山地，陡峭的石灰岩秃山与深切峡谷相间，有高而平的山原台地。

珠江流域地形坡度以 15°～25°为主，在此范围内的土地面积占总面积 24.91%；25°～35°的占总面积 19.21%；大于 35°的占总面积 9.99%。流域坡度因子在 0～9.995，平均值 3.477，其中以 2.84～6.5 较为集中，在此范围内的土地面积占总面积 51.36%。坡长因子在 0～3.180，平均值 1.607，其中以 1.88～2.14 较为集中，在此范围内的土地面积占总面积 27.38%。

2. 气象因子

珠江流域属亚热带季风气候，年平均气温在13～20℃。降雨多受季风影响，年平均降雨量1070mm，11月至次年4月为干季，占年降雨量的20%，5～10月为雨季，占年降雨量的80%。降雨量由北向东递增，向西递减，形成罗平一带的多雨区，尤其是罗平受东南回归气流影响，降雨量最大，山区年降雨量可达1800mm，但范围不大；蒙自一带为少雨区，蒙自坝仅730mm；其余地区年降雨量多在900～1200mm。流域主要河流有清水江、黄泥河、北盘江、右江、北门河、石葵河、者漠河、九龙河、甸溪河、多衣河、黄泥河、篆长河、色衣河、可渡河、龙洞河、西河、马场河、车河、亦那河、清水河、西洋江、谷拉河、那马河、剥隘河等。

珠江流域降雨侵蚀力因子在2148.12～7187.58MJ·mm/(hm^2·h·年)，平均值3404.68MJ·mm/(hm^2·h·年)，其中以2500～4000MJ·mm/(hm^2·h·年)较为集中，在此范围内的土地面积占总面积76.55%。

3. 土壤因子

珠江流域土壤类型主要有红壤、石灰（岩）土、水稻土、紫色土、赤红壤、黄壤、黄棕壤、新积土等。土壤可蚀性因子在0～0.01404t·hm^2·h/(hm^2·MJ·mm)，平均值0.00646t·hm^2·h/(hm^2·MJ·mm)，其中以0.005～0.006t·hm^2·h/(hm^2·MJ·mm)较为集中，在此范围内的土地面积占总面积39.43%。

4. 水土保持生物措施因子

珠江流域的热带、亚热带、温带等植物类型呈交错立体分布格局。海拔低于1000m的低热河谷区的热带植被系统，海拔在1000～1800m的暖热性植被系统和海拔1800m以上的温凉性植被系统，以及由经济林木组成的天然和人工植被，构成了珠江流域植被体系。林地以用材林和灌木林为主，其中用材林主要有云南松、华山松、思茅松、云杉等适应性和天然更新能力较强的优势树种，多分布在海拔1000～1800m的山区、半山区。林地中近1/3为灌木林，在各高程上均有分布，以栎类为主，间杂其他树种。生物措施因子平均值0.3543，其中以0.35～1和0.01～0.03较为集中，在此范围内的土地面积分别占总面积32.77%和31.47%。

5. 水土保持工程措施因子

珠江流域工程措施总面积13 773.09km^2，其中水平梯田4600.95km^2，占措施总面积33.40%；水平阶263.94km^2，占措施总面积1.92%；坡式梯田8908.20km^2，占措施总面积64.68%。工程措施因子平均值0.805。

6. 水土保持耕作措施因子

珠江流域耕作措施因子在 0.353～1.0，平均值 0.8066。在有耕作措施的区域中，以 0.41～0.42 较为集中，在此范围内的土地面积占耕作措施总面积 57.02%。

（二）土壤侵蚀强度

珠江流域土壤侵蚀面积为 18 160.03km^2，占总面积 30.97%，平均土壤水力侵蚀模数为 1265t/(km^2·年)。土壤侵蚀面积分布见表 4-18，空间分布见图 4-19。

轻度侵蚀面积为 11 768.79km^2，占总面积 20.07%，占土壤侵蚀面积 64.81%，主要分布于曲靖、红河和文山。集中分布区域为南盘江上游宣威北部一级支流北盘江的支流可渡河沿岸，东北部一级支流北盘江和亦那河流域，南盘江沿岸的陆良、宜良、石林；南盘江中游一级支流泸江两岸；南盘江下游一级支流清水江流域的丘北和广南，二级支流西洋江两岸的广南、富宁。

中度侵蚀面积为 2823.40km^2，占总面积 4.81%，占土壤侵蚀面积 15.55%，主要分布于曲靖、红河和文山。集中分布区域为南盘江上游一级支流北盘江的支流可渡河右岸和北盘江下游段右岸的宣威，南盘江上游一级支流黄泥河中下游两岸的罗平、富源，篆长河中游右岸的陆良，九龙河两岸的师宗和罗平；南盘江中游两岸的澄江、华宁及开远西北部、东南部；南盘江下游丘北秧补一带，南盘江二级支流北门河上游右岸的丘北双龙营，广南达良河上游及珠琳的周边地区，富宁谷拉河中游的左岸地带。

强烈侵蚀面积为 1921.52km^2，占总面积 3.28%，占土壤侵蚀面积 10.58%，主要分布于曲靖和文山。集中分布区域为南盘江上游陆良的三岔河、活水；南盘江下游左岸的弥勒市区周边及太平水库附近区域，抚仙湖左岸的华宁；南盘江下游左岸泸西，右岸丘北普者黑至曰者一带，双龙营北部区域。

极强烈侵蚀面积为 1020.63km^2，占总面积 1.74%，占土壤侵蚀面积 5.62%，主要分布于曲靖和文山。集中分布区域为南盘江上游一级支流黄泥河中下游富源，南盘江上游左岸师宗菌子山一带；南盘江中游开远、建水和蒙自；南盘江下游丘北和广南，二级支流西洋江中下游的富宁，那马河中游两岸和剥隘河一带。

剧烈侵蚀面积为 625.69km^2，占总面积 1.07%，占土壤侵蚀面积 3.44%，主要分布于红河和文山。集中分布区域为南盘江上游一级支流北盘江上游支流可渡河沿岸的宣威北部、东北部和东南部，一级支流黄泥河左岸富源的老厂、黄泥河；南盘江下游左岸弥勒的西二及甸溪河流域的竹园、江边，南盘江下游丘北北部，一级支流清水江两岸的砚山、丘北、广南，二级支流西洋江下游广南的板蚌，富宁的花甲、洞坡、新华、板仑。

表 4-18 珠江域土壤侵蚀面积分布

地区	土地总面积/km²	微度侵蚀		土壤侵蚀		强度分级									
						轻度		中度		强烈		极强烈		剧烈	
		面积/km²	占总面积比例/%	面积/km²	占总面积比例/%	面积/km²	占侵蚀面积比例/%	面积/km²	占侵蚀面积比例/%	面积/km²	占侵蚀面积比例/%	面积/km²	占侵蚀面积比例/%	面积/km²	占侵蚀面积比例/%
昆明	3 803.99	2 615.95	68.77	1 188.04	31.23	883.87	74.40	148.52	12.50	66.46	5.59	68.73	5.79	20.46	1.72
曲靖	19 458.60	13 434.10	69.04	6 024.50	30.96	3 737.32	62.04	1 091.47	18.12	657.57	10.91	392.98	6.52	145.16	2.41
玉溪	4 953.02	3 845.27	77.63	1 107.75	22.37	729.81	65.88	175.03	15.80	93.04	8.40	89.69	8.10	20.18	1.82
红河	13 056.15	8 980.48	68.78	4 075.67	31.22	2 689.72	65.99	648.86	15.92	298.72	7.33	219.88	5.40	218.49	5.36
文山	17 374.94	11 610.87	66.83	5 764.07	33.17	3 728.07	64.68	759.52	13.18	805.73	13.98	249.35	4.32	221.40	3.84
合计	58 646.70	40 486.67	69.03	18 160.03	30.97	11 768.79	64.81	2 823.40	15.55	1 921.52	10.58	1 020.63	5.62	625.69	3.44

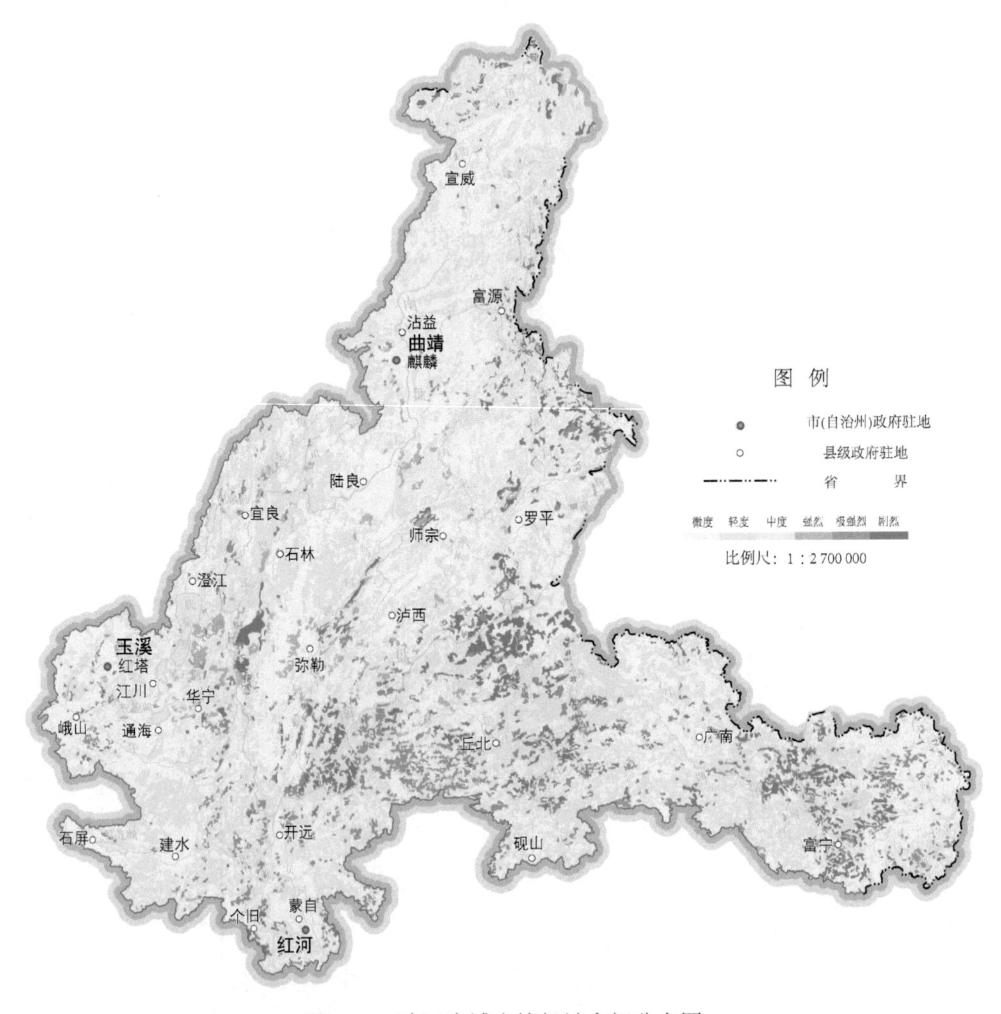

图 4-19 珠江流域土壤侵蚀空间分布图

三、元江流域

元江流域在云南省涉及昆明、玉溪、普洱、楚雄、红河、文山、大理 7 个市（州）的 42 个县（区、市），流域总面积 74 050.98km^2。其中，耕地 16 623.13km^2，占总面积 22.45%；林地 47 545.009km^2，占总面积 64.21%；居民点及工矿用地 1135.93km^2，占总面积 1.53%。

（一）土壤侵蚀因子

1. 地形因子

元江流域地势为自西北向东南倾斜，河谷深切，断面多为“U”和“V”形；

河道狭窄，险滩较多；河谷平坝呈串珠状分布，较大的有巍山坝、戛洒坝、漠沙坝及元江坝。流域地形以元江为界，东北部为滇东高原区，地形起伏和缓；西部李仙江流域地形北高南低，为云岭山脉南延余脉，分成无量山和哀牢山两支，走向为北西-南东，由于河流的侵蚀、切割，山地及高原边缘地带为山谷相间、地表破碎的中山地形；东南部盘龙河流域为滇东南岩溶高原的一部分，是云南省岩溶地貌最发育的地区之一，南部有小型的河谷坝分布，如勐拉坝、河口坝及金平坝等。流域最高点为景东中部无量山主峰猫头山，海拔 3306m；最低处在河口南溪河口，海拔 76m。

元江流域地形坡度以 25°～35°为主，在此范围内的土地面积占总面积 32.73%；15°～25°的占总面积 27.95%；大于 35°的占总面积 21.20%。流域坡度因子在 0～9.995，平均值 4.925，其中以 2.84～6.5 较为集中，在此范围内的土地面积占总面积 70.88%；坡长因子在 0～3.180，平均值 1.814，其中以 1.88～2.14 较为集中，在此范围内的土地面积占总面积 33.15%。

2. 气象因子

元江流域各地区由于海拔相差悬殊与所处纬度不同，以及受山脉走向的影响，年降雨量的分布差异较大。元江源头巍山、弥渡、南涧一带及元江河谷为少雨区，年平均降雨量仅 750～800mm；哀牢山脉以西的大部分地区，特别是普洱江城一带，降雨丰富，年平均降雨量 1000～2250mm。由于受东南暖湿气流及南海台风的共同影响，江城、绿春、金平、河口等地组成南部多雨区，且处在东南暖湿气流及南海台风入侵的迎风坡上，年平均降雨量 1800～2600mm，高值区位于红河金平铜厂一带，年平均降雨量达 2610mm。降雨多集中在每年的 5～10 月，占年降雨量的 85%左右，流域内年降雨量表现为从上游向下游递增的趋势。流域主要河流有李仙江、绿汁江、盘龙河、卡渡江、阿墨江、泗南江、小黑江、南溪河、马龙河、西河、川河、小河底河、那么果河、南利河、戛洒江、星宿江、勐拉河等。

元江流域降雨侵蚀力因子在 1907.72～10 263.89MJ·mm/(hm^2·h·年)，平均值 4314.29MJ·mm/(hm^2·h·年)，其中以 2500～3000MJ·mm/(hm^2·h·年)和 5000～8000MJ·mm/(hm^2·h·年)较为集中，在此范围内的土地面积分别占总面积 23.75%和 18.36%。

3. 土壤因子

元江流域土壤类型主要有红壤、紫色土、赤红壤、黄棕壤、黄壤、石灰（岩）土、水稻土、砖红壤、燥红土、棕壤等。土壤可蚀性因子在 0.002 60～0.016 91t·hm^2·h/(hm^2·MJ·mm)，平均值 0.006 94t·hm^2·h/(hm^2·MJ·mm)，其中以 0.005～0.006t·hm^2·h/(hm^2·MJ·mm)较为集中，在此范围内的土地面积占总面积 35.47%。

4. 水土保持生物措施因子

元江流域自然植被类型有暖凉性针阔混交林、暖温性针叶林及阔叶林、亚热带常绿阔叶林、亚热带季风常绿阔叶林，极少部地区分布有热带雨林。林种以云南松、华山松为主，并有常绿麻栎，其他栎类为伴生树种。散生稀树草丛以栎类、车桑子、滇橄榄为主；草本植物主要是菊科、禾本科、蕨类。常见树种有云南松、华山松、杉木、油松、思茅松、樟等，人工林以核桃、板栗等为主，有少量梨类、杨梅、石榴、番龙眼、龙眼、杧果等。生物措施因子平均值 0.2532，其中以 0.01～0.03 较为集中，在此范围内的土地面积占总面积 34.29%。

5. 水土保持工程措施因子

元江流域工程措施总面积 12 107.37km^2，其中水平梯田 4137.42km^2，占措施总面积 34.17%；水平阶 945.63km^2，占措施总面积 7.81%；坡式梯田 6654.81km^2，占措施总面积 54.97%；隔坡梯田 396.51km^2，占措施的总面积 3.05%。工程措施因子平均值 0.863。

6. 水土保持耕作措施因子

元江流域耕作措施因子在 0.353～1.0，平均值 0.8634。在有耕作措施的区域中，以 0.41～0.42 较为集中，在此范围内的土地面积占耕作措施总面积 71.14%。

（二）土壤侵蚀强度

元江流域土壤侵蚀面积为 22 761.33km^2，占总面积 30.74%，平均土壤水力侵蚀模数为 1485t/(km^2·年)。土壤侵蚀面积分布见表 4-19，空间分布见图 4-20。

轻度侵蚀面积为 13 058.71km^2，占总面积 17.63%，占土壤侵蚀面积 57.37%，主要分布于楚雄、红河和文山。集中分布区域为元江上游左岸的弥渡、双柏和楚雄；元江中下游李仙江中游右岸河谷区，泗南江上游和小黑江流域的绿春，以及金平西南部，元江中下游左岸的石屏、建水和个旧；元江下游支流南溪河下游的河口，以及东部盘龙河左岸的文山、砚山和西畴，盘龙河右岸的马关。

中度侵蚀面积为 3713.83km^2，占总面积 5.02%，占土壤侵蚀面积 16.32%，主要分布于楚雄、红河和文山。集中分布区域为元江上游支流西河的下游南涧与弥渡交界一带，川河上游无量山一带，礼社江两岸的楚雄，马龙河下游两岸双柏的独田、爱尼山，绿汁江从禄丰的恐龙山至易门与新平交界处的两岸；元江中下游元江、红河至元阳沿江一带，一级支流小河底河下游右岸石屏牛街一带，盘龙河支流那么果河上游区域，一级支流盘龙河下游流经地马关、西畴和麻栗坡交界一带，二级支流南利河左岸一带的砚山、西畴、广南和富宁。

表 4-19　元江流域土壤侵蚀面积分布

地区	土地总面积/km²	微度侵蚀		土壤侵蚀		强度分级									
						轻度		中度		强烈		极强烈		剧烈	
		面积/km²	占总面积比例/%	面积/km²	占总面积比例/%	面积/km²	占侵蚀面积比例/%	面积/km²	占侵蚀面积比例/%	面积/km²	占侵蚀面积比例/%	面积/km²	占侵蚀面积比例/%	面积/km²	占侵蚀面积比例/%
昆明	278.33	204.37	73.43	73.96	26.57	54.32	73.45	11.97	16.18	4.13	5.58	2.68	3.63	0.86	1.16
玉溪	9 961.63	7 538.41	75.67	2 423.22	24.33	1 267.93	52.32	506.58	20.91	272.81	11.26	262.86	10.85	113.04	4.66
普洱	15 068.08	11 987.07	79.55	3 081.01	20.45	1 675.70	54.39	432.12	14.02	401.29	13.02	344.63	11.19	227.27	7.38
楚雄	11 398.64	6 871.40	60.28	4 527.24	39.72	3 105.64	68.60	690.69	15.26	384.50	8.49	197.85	4.37	148.56	3.28
红河	19 124.97	13 256.16	69.31	5 868.81	30.69	3 251.40	55.40	866.51	14.77	780.75	13.30	474.60	8.09	495.55	8.44
文山	14 029.83	8 388.91	59.79	5 640.92	40.21	3 003.65	53.25	989.02	17.53	954.08	16.91	406.17	7.20	288.00	5.11
大理	4 189.50	3 043.33	72.64	1 146.17	27.36	700.07	61.08	216.94	18.93	107.80	9.40	70.91	6.19	50.45	4.40
合计	74 050.98	51 289.65	69.26	22 761.33	30.74	13 058.71	57.37	3 713.83	16.32	2 905.36	12.76	1 759.70	7.73	1 323.73	5.82

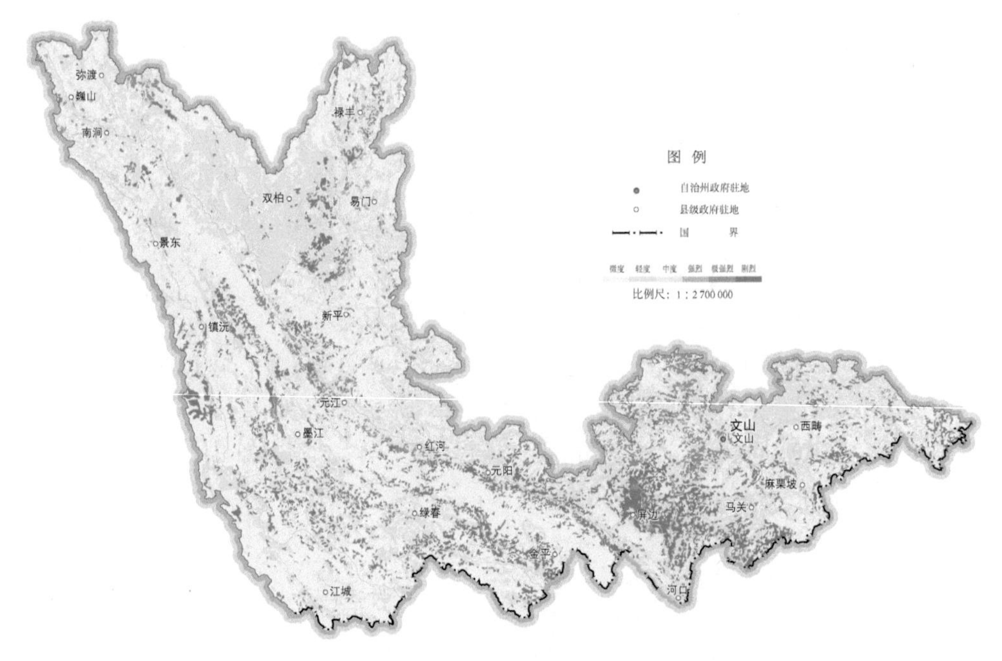

图 4-20 元江流域土壤侵蚀空间分布图

强烈侵蚀面积为 2905.36km^2，占总面积 3.92%，占土壤侵蚀面积 12.76%，主要分布于普洱、红河和文山。集中分布区域为元江上游一级支流绿汁江的支流星宿江左岸禄丰一带，绿汁江中下游流经地易门，元江中下游戛洒江流经的新平的水塘至元江曼来河谷两岸区域，二级支流阿墨江和哀牢山一带，元江中下游河谷两岸的元江、红河至元阳一带，一级支流盘龙河流域的砚山、文山、马关和麻栗坡。

极强烈侵蚀面积为 1759.70km^2，占总面积 2.38%，占土壤侵蚀面积 7.73%，主要分布于红河和文山。集中分布区域为元江上游祥云西南部的鹿鸣河径流区，二级支流阿墨江流经地镇沅的者东至和平一带，墨江的孟弄至新安一带，元江中下游戛洒江流经地新平的水塘至元江的曼来河谷两岸，元江中下游河谷两岸的元江、红河至元阳一带，一级支流盘龙河流域的砚山、文山、马关和麻栗坡。

剧烈侵蚀面积为 1323.73km^2，占总面积 1.79%，占土壤侵蚀面积 5.82%，主要分布于红河和文山。集中分布区域为元江上游一级支流绿汁江的支流沙甸河径流区双柏的大庄至法脿和绿汁江右岸的大麦地，二级支流阿墨江左岸的镇沅九甲至和平一带，一级支流李仙江流经地镇沅至宁洱的梅子周边，李仙江中下游宁洱、墨江、江城三地交界处，二级支流阿墨江和三级支流泗南江流经地墨江和绿春，泗南江上游绿春，勐拉河、小黑江两岸地带；元江中下游红河、元阳至金平马鞍底一带，一级支流南溪河和那么果河中下游的屏边和马关，一级支流盘龙河中游文山、马关、西畴交界一带，南利河中下游富宁的木央至田蓬一带。

四、澜沧江流域

澜沧江流域在云南省涉及保山、丽江、普洱、临沧、西双版纳、大理、怒江、迪庆8个市（州）的36个县（区、市），流域总面积88 431.25km^2。其中，耕地13 598.16km^2，占总面积15.38%；林地58 228.23km^2，占总面积65.85%；城镇村居民点及工矿用地1135.48km^2，占总面积1.28%。

（一）土壤侵蚀因子

1. 地形因子

澜沧江流域呈现由北向南走向，北部地势最高，渐向南部下降，北部是典型的高山峡谷区，地势险峻，山地多在海拔3500～5000m，河谷也在海拔2000m以上，中部为中山宽谷区，处于北部高山与南部低山之间，海拔1000～3500m，河流切割强烈，地貌类型复杂，山地陡度比南部大。

澜沧江流域地形坡度以25°～35°为主，在此范围内的土地面积占总面积32.84%；15°～25°的占总面积30.52%；大于35°的占总面积19.10%。流域坡度因子在0～9.995，平均值4.912，其中以2.84～6.5较为集中，在此范围内的土地面积占总面积71.50%；坡长因子在0～3.180，平均值1.812，其中以1.88～2.14较为集中，在此范围内的土地面积占总面积32.73%。

2. 气象因子

澜沧江流域属于西南季风气候，显著特点是干湿两季分明。一般5～10月为雨季，11月至次年4月为干季，85%以上的降雨量集中在雨季，6～8月最为集中，占年降雨量的80%以上。流域径流的形成以降雨为主，上段有少量融雪补给，下段则由降雨补给，流域中下段为云南省的多雨区之一。最多雨区在碧罗雪山北段，年降雨量达2000mm，次多雨区在大理苍山，年降雨量在1800mm以上；最少雨区在藏滇交界处的河谷内，年降雨量不到40mm，次少雨区在云龙表村、旱阳一带，年降雨量仅600mm。流域主要河流有黑惠江、小黑江、南班河、碧玉河、沘江、永平大河、西洱河、顺濞河、罗闸河、勐戛河、勐勐河、普洱大河、黑河、南果河、流沙河、普文河、南阿河、南腊河、南垒河、南览河等。

澜沧江流域降雨侵蚀力因子在1057.01～8356.95MJ·mm/(hm^2·h·年)，平均值3905.61MJ·mm/(hm^2·h·年)，其中以4500～8000MJ·mm/(hm^2·h·年)和2500～

3500MJ·mm/ (hm^2·h·年)较为集中，在此范围内的土地面积分别占总面积 37.34%和 29.64%。

3. 土壤因子

澜沧江流域土壤主要有赤红壤、红壤、紫色土、黄棕壤、棕壤、黄壤、砖红壤、水稻土、暗棕壤、亚高山草甸土、棕色针叶林土等。土壤可蚀性因子在 0～0.016 91t·hm^2·h/(hm^2·MJ·mm)，平均值 0.005 90t·hm^2·h/(hm^2·MJ·mm)，其中以 0.004～0.005t·hm^2·h/(hm^2·MJ·mm)较为集中，在此范围内的土地面积占总面积 32.58%。

4. 水土保持生物措施因子

澜沧江流域多样性的地貌特征和气候特征使其植被具有垂直分布和地域分布的特点，拥有多种层次结构的植物资源，分布着山地雨林、落叶季雨林、季风常绿阔叶林、半湿润常绿阔叶林、中山湿性常绿阔叶林、山顶苔藓矮林、寒温山地硬叶常绿栎类林、干热河谷硬叶常绿栎类林、落叶阔叶林、暖热性针叶林、寒温性针叶林、干热性稀树灌木草丛、寒温灌丛、寒温草甸、流石滩疏生草甸和高寒草甸。上游是古北极和古热带植物成分过渡交汇之地，植物种类丰富，有高等植物 2000 多种，其中有不少是我国亚热带特有树种；下游拥有丰富的自然资源，西双版纳热带雨林是世界上为数不多的热带雨林之一，也是云南省橡胶基地之一。生物措施因子平均值 0.1785，其中以 0～0.01 和 0.01～0.03 较为集中，在此范围内的土地面积分别占总面积 35.07%和 33.30%。

5. 水土保持工程措施因子

澜沧江流域工程措施总面积 14 770.86km^2，其中水平梯田 4018.57km^2，占措施总面积 27.21%；水平阶 1584.23km^2，占措施总面积 10.72%；坡式梯田 4478.02km^2，占措施总面积 30.32%；隔坡梯田 4690.04km^2，占措施总面积 31.75%。工程措施因子平均值 0.866。

6. 水土保持耕作措施因子

澜沧江流域耕作措施因子在 0.353～1.0，平均值 0.9058。在有耕作措施的区域中，以 0.41～0.42 和 0.42～0.46 较为集中，在此范围内的土地面积分别占耕作措施总面积 38.92%和 35.24%。

（二）土壤侵蚀强度

澜沧江流域土壤侵蚀面积为 19 308.58km^2，占总面积 21.83%，平均土壤水力侵蚀模数为 1080t/(km^2·年)。土壤侵蚀面积分布见表 4-20，空间分布见图 4-21。

表 4-20　澜沧江流域土壤侵蚀面积分布

地区	土地总面积/km^2	微度侵蚀		土壤侵蚀		强度分级									
						轻度		中度		强烈		极强烈		剧烈	
		面积/km^2	占总面积比例/%	面积/km^2	占总面积比例/%	面积/km^2	占侵蚀面积比例/%	面积/km^2	占侵蚀面积比例/%	面积/km^2	占侵蚀面积比例/%	面积/km^2	占侵蚀面积比例/%	面积/km^2	占侵蚀面积比例/%
保山	2 240.66	1 698.62	75.81	542.04	24.19	320.91	59.20	107.85	19.90	62.35	11.50	37.84	6.98	13.09	2.42
丽江	367.22	328.67	89.50	38.55	10.50	24.51	63.58	8.09	20.99	3.85	9.99	1.69	4.38	0.41	1.06
普洱	27 004.83	22 248.86	82.39	4 755.97	17.61	2 482.47	52.20	741.94	15.60	621.99	13.08	543.56	11.43	366.01	7.69
临沧	12 163.06	8 612.70	70.81	3 550.36	29.19	1 684.76	47.45	757.58	21.34	601.38	16.94	307.53	8.66	199.11	5.61
西双版纳	18 994.51	15 706.14	82.69	3 288.37	17.31	2 096.79	63.76	760.43	23.12	147.15	4.48	172.53	5.25	111.47	3.39
大理	16 695.57	12 347.31	73.96	4 348.26	26.04	3 094.11	71.16	489.83	11.26	382.20	8.79	218.75	5.03	163.37	3.76
怒江	4 368.49	3 017.30	69.07	1 351.19	30.93	625.04	46.26	335.29	24.81	201.34	14.90	158.65	11.74	30.87	2.29
迪庆	6 596.91	5 163.07	78.26	1 433.84	21.74	913.75	63.73	303.56	21.17	97.97	6.83	95.20	6.64	23.36	1.63
合计	88 431.25	69 122.67	78.17	19 308.58	21.83	11 242.34	58.23	3 504.57	18.15	2 118.23	10.97	1 535.75	7.95	907.69	4.70

图 4-21 澜沧江流域土壤侵蚀空间分布图

轻度侵蚀侵蚀面积为 11 242.34km^2，占总面积 12.71%，占土壤侵蚀面积 58.23%，主要分布在澜沧江上游的怒江、迪庆、大理，澜沧江下游的临沧、普洱。集中分布区域为澜沧江上游怒江界内两岸，碧罗雪山东侧，甲午雪山与白马雪山西侧，德钦与贡山交界山脉东侧，一级支流碧玉河中游右岸及下游两岸，一级支流沘江、永平大河、黑惠江大理界内两岸，二级支流顺濞河中上游两岸及下游右岸，永平北斗至龙街沿线一带，洱海东侧沿线，支流漕涧河隆阳界内两岸，上游支流公郎河两岸，澜沧江上游昌宁界内左岸；澜沧江下游一级支流罗闸河临沧界内两岸，罗闸河支流凤庆河两岸，支流大寨河两岸，小黑江（景谷段）支流南邦河两岸及支流普洱大河中下游右岸，二级支流勐勐河双江界内右岸，一级支流小黑江（双江段）中上游南碧河段两岸及下游左岸，澜沧江下游澜沧界内右岸，一级支流南班河的支流普文河景洪界内中上游两岸及支流磨者河中游两岸，勐腊倚邦至安乐一带，二级支流南览河（南垒河支流区）勐海界内中上游左岸，勐海勐邦水库周围，一级支流流沙河勐海界内两岸，流沙河支流南开河两岸。

中度侵蚀面积为 3504.57km^2，占总面积 3.96%，占土壤侵蚀面积 18.15%，主要分布在澜沧江上游的迪庆及大理，澜沧江下游的临沧。集中分布区域为澜沧江上游澜沧江入滇口至德钦的佛山、云岭、太子雪山至错角莫西山沿线东侧，碧罗雪山东侧，澜沧江上游兰坪的石凳至兔峨两岸，一级支流沘江白石至长新、诺邓至宝丰两岸，一级支流黑惠江支流弥沙河剑川的弥沙乡大邑至弥新，博南至水泄一带，永平的厂街、龙街周边，澜沧江上游昌宁界内右岸；澜沧江下游一级支流罗闸河中上游勐佑河段与南桥河段两岸及下游右岸，罗闸河支流秧琅河永德的乌木龙至凤庆的郭大寨两岸，一级支流小黑江（双江段）中上游南碧河段下游两岸，一级支流小黑江（景谷段）支流南邦河中下游右岸，小黑江景谷入口至小黑江（支）入口左岸，小黑江（支）下游两岸，澜沧江下游的勐海。

强烈侵蚀面积为 2118.23km^2，占总面积 2.39%，占土壤侵蚀面积 10.97%，主要分布在澜沧江上游的迪庆、怒江及大理。集中分布区域为澜沧江上游维西的巴迪至康普、兰坪界内两岸，一级支流碧玉河左岸，丰坪水库及其上游河流周边，云龙界内右岸，二级支流顺濞河中上游两岸和西山西北部，漾濞、洱源和云龙三地交界处周围，一级支流永平大河永平的厂街至水泄右岸，澜沧江支流大寨河上游左岸。

极强烈侵蚀面积为 1535.75km^2，占总面积 1.74%，占土壤侵蚀面积 7.95%，主要分布在澜沧江上游的迪庆、怒江及大理，澜沧江下游的临沧、普洱及西双版纳。集中分布区域为澜沧江上游德钦的燕门至中路、兰坪和云龙界内两岸，支流永春河中下游右岸，碧罗雪山兰坪界内高海拔区域，一级支流沘江流经的云龙的白石至长新两岸，二级支流顺濞河中上游两岸，一级支流永平大河流经的永平的博南至水泄两岸，洱源乔后的西部，一级支流黑惠江漾濞河段中下游两岸，巍山的紫金，漾濞的龙潭、平坡周围，洱海东侧；澜沧江下游一级支流罗闸河中上游南桥河段左岸，罗闸河支流秧琅河左岸、支流拿鱼河两岸，临翔的平村周边，二级支流勐勐河中上游左岸，一级支流小黑江（双江段）下游左岸，小黑江（双江段）支流拉勐河右岸，小黑江（景谷段）下游右岸，景谷的半坡至勐班一带，支流南垒河孟连界内两岸，支流南果河中下游两岸，景洪的勐宋、勐海的格朗和、勐混、西定等周边。

剧烈侵蚀面积为907.69km^2，占总面积1.03%，占土壤侵蚀面积4.70%，主要分布在澜沧江上游的大理，澜沧江下游的临沧、普洱。集中分布区域为澜沧江上游一级支流沘江的下游两岸，一级支流黑惠江支流白石江入口至洱源的乔后两岸及漾濞周边，一级支流永平大河中下游两岸；澜沧江下游支流大寨河下游两岸，二级支流勐勐河上游两岸，一级支流小黑河（双江段）下游两岸，小黑江（双江段）支流拉勐河左岸，一级支流小黑河（景谷段）勐统河段中下游和威远江中上游两岸，以及澜沧、勐海。

五、怒江流域

怒江流域在云南省涉及普洱、保山、临沧、大理、德宏、怒江6个市（州）的19个县（区、市），流域总面积33 385.01km^2。其中，耕地7220.45km^2，占总面积21.63%；林地20 517.04km^2，占总面积61.46%；城镇村居民点及工矿用地498.73km^2，占总面积1.49%。

（一）土壤侵蚀因子

1. 地形因子

怒江流域地处横断山纵谷区，流域北部属横断山纵谷区，自西向东，高黎贡山、怒江、怒山、澜沧江、云岭、金沙江大致成南北向相间排列，形成了高山峡谷相间的地貌形态，地面起伏急剧，最高点为怒山与西藏接壤处的包丁峰，海拔5157m，其次为怒山主峰，海拔4728m，最低点为怒江谷地，海拔760m。流域南部为深切割的高中山区及深切、中切割的中山区，即中山宽谷区，为高黎贡山、怒山南延，山川的延伸方向由南北向渐变为西北-东南向或东北-西南向，山地和河流间距相对逐渐加大，形成上紧下疏的帚状地形；河流沿断裂带强烈下切，大部分地区沟壑纵横，河谷逐渐开阔，沿江有狭窄的河谷台地和坝子分布；最高点为临沧大雪山主峰，海拔3504m，最低点为南汀河出境处，海拔460m。部分地区分布有发育较好的岩溶地貌，以峰丛、峰林、溶蚀洼地较为常见。

怒江流域地形坡度以25°～35°为主，在此范围内的土地面积占总面积29.86%；15°～25°的占总面积25.38%；大于35°的占总面积28.74%。流域坡度因子在0～9.995，平均值5.164，其中以2.84～6.5较为集中，在此范围内的土地面积占总面积 71.41%；坡长因子在 0～3.180，平均值 1.866，其中以 1.88～2.14 较为集中，在此范围内的土地面积占总面积 38.04%。

2. 气象因子

怒江流域北部为亚热带山地季风气候，年平均气温 14.8～20℃，2～10 月为雨季，贡山、福贡、泸水等地构成西北部多雨区，降雨量的年内分配较均匀，贡山年平均降雨量 1710.9mm，福贡 1435.1mm，泸水 1198.0m，老窝河 997.5mm，呈由北向南递减的趋势，雨季降雨量占全年降雨量的 86%～94%。流域中部为热带、亚热带高原季风气候，年平均气温 14.8～21.4℃。流域南部为亚热带季风气候，年平均气温 16.5～21.5℃，年平均降雨量 778.0～2632.8mm，降雨多集中在雨季，雨季降雨量占全年降雨量的 80%～90%。流域主要河流有勐波罗河、南汀河、大勐统河、永康河、南捧河、南卡江、南康河等。

怒江流域降雨侵蚀力因子在 2440.61～7157.57MJ·mm/(hm^2·h·年)，平均值 3801.35MJ·mm/(hm^2·h·年)，其中以 3000～3500MJ·mm/(hm^2·h·年)较为集中，在此范围内的土地面积占总面积 32.60%。

3. 土壤因子

怒江流域土壤类型主要有红壤、赤红壤、黄棕壤、黄壤、棕壤、暗棕壤、棕色针叶林土、水稻土、燥红土、砖红壤、亚高山草甸土等。土壤可蚀性因子在 0.002 60～0.013 05t·hm^2·h/(hm^2·MJ·mm)，平均值 0.005 53t·hm^2·h/(hm^2·MJ·mm)，其中以 0.004～0.005t·hm^2·h/(hm^2·MJ·mm)较为集中，在此范围内的土地面积占总面积 31.47%。

4. 水土保持生物措施因子

怒江流域植物种类非常丰富，植被分布垂直差异明显，属于滇西北高山草原保护建设亚区。流域中下游植被呈垂直带状分布，植物种类繁多，主要树种有云南松、华山松、思茅松、麻栎、木荷、桤木等，还生长有桫椤、铁杉、箭毒木、大树杜鹃等。流域下游森林资源丰富，植被复杂多样，主要有橡胶林、思茅松林、竹林等。生物措施因子平均值 0.2407，其中以 0.01～0.03 较为集中，在此范围内的土地面积占总面积 40.49%。

5. 水土保持工程措施因子

怒江流域工程措施总面积 5049.28km^2，其中水平梯田 1581.54km^2，占措施总面积 31.32%；水平阶 659.12km^2，占措施总面积 13.06%；坡式梯田 2472.67km^2，占措施总面积 48.97%；隔坡梯田 335.95km^2，占措施总面积 6.65%。工程措施因子平均值 0.874。

6. 水土保持耕作措施因子

怒江流域耕作措施因子在 0.353～1.0，平均值 0.8702。有耕作措施的区域中，以 0.41～0.42 较为集中，在此范围内的土地面积占耕作措施总面积 55.95%。

（二）土壤侵蚀强度

怒江流域土壤侵蚀面积为 8646.46km^2，占总面积 25.90%，平均土壤水力侵蚀模数为 1346t/(km^2·年)。土壤侵蚀面积分布见表 4-21，空间分布见图 4-22。

轻度侵蚀面积为 4456.19km^2，占总面积 13.35%，占土壤侵蚀面积 51.54%，主要分布在怒江中上游的怒江，怒江下游的保山，怒江一级支流南汀河两岸的临沧。集中分布区域为怒江上游各支流（包含双拉河、牙拢洛河、大坝洛河、当珠河）两岸，高黎贡山东侧山麓及碧罗雪山西侧山麓中低海拔区域，怒江中游泸水界内两岸，怒江中下游隆阳潞江镇的芒柳至白花的两岸，怒江下游一级支流勐波罗河中上游隆阳及施甸界内两岸，勐波罗河支流沙河两岸，怒江支流下游施甸河两岸，怒江下游左岸，一级支流南汀河上游临翔界内两岸，南汀河下游的镇康及耿马与沧源两岸，南汀河支流南捧河两岸，怒江一级支流南卡江支流南马河两岸。

中度侵蚀面积为 1608.75km^2，占总面积 4.82%，占土壤侵蚀面积 18.61%，主要分布在怒江中上游的怒江，怒江下游的保山，怒江一级支流南汀河两岸的临沧。集中分布区域为贡山及泸水的高黎贡山和碧罗雪山顶部高海拔地区，怒江中下游泸水至施甸的左岸，昌宁柯街东部，怒江下游三级支流永康河上游大地河左岸。

强烈侵蚀面积为 1310.17km^2，占总面积 3.92%，占土壤侵蚀面积 15.15%，主要分布于怒江中上游的怒江。集中分布区域为贡山至泸水沿线的城镇村庄周边地区，怒江下游支流水长河支流罗明坝河中上游两岸。

极强烈侵蚀面积为 859.03km^2，占总面积 2.57%，占土壤侵蚀面积 9.93%，主要分布在怒江下游的保山，怒江一级支流南汀河两岸的临沧。集中分布区域为怒江中下游及各支流（金美河下游、老窝河、勐赖河、罗明坝河、麻河、水长河）两岸，隆阳板桥东部，怒江下游一级支流勐波罗河中上游昌宁的卡斯河及湾甸河两岸，勐波罗河下游左岸，三级支流永康河中下游两岸，二级支流大勐统河两岸，大勐统河支流勐底河两岸，镇康县城周围，一级支流南汀河中游的云县及永德界内两岸，南汀河下游耿马勐永至勐撒。

剧烈侵蚀面积为 412.32km^2，占总面积 1.24%，占土壤侵蚀面积 4.77%，主要分布在怒江下游的保山，怒江一级支流南汀河两岸的临沧。集中分布区域为怒江中下游隆阳的西亚至丛岗右岸，怒江下游施甸及龙陵与永德界内两岸，怒江下游一级支流勐波罗河下游两岸，二级支流南捧河的上游支流小勐统河上游两岸及中游右岸，怒江一级支流南汀河中下游镇康界内右岸，以及西盟。

表 4-21　怒江流域土壤侵蚀面积分布

地区	土地总面积/km²	微度侵蚀		土壤侵蚀		强度分级									
						轻度		中度		强烈		极强烈		剧烈	
		面积/km²	占总面积比例/%	面积/km²	占总面积比例/%	面积/km²	占侵蚀面积比例/%	面积/km²	占侵蚀面积比例/%	面积/km²	占侵蚀面积比例/%	面积/km²	占侵蚀面积比例/%	面积/km²	占侵蚀面积比例/%
保山	10 517.74	7 247.22	68.90	3 270.52	31.10	1 836.19	56.14	676.21	20.68	375.22	11.47	297.02	9.08	85.88	2.63
普洱	2 274.09	1 782.38	78.38	491.71	21.62	186.29	37.89	92.35	18.78	103.15	20.98	65.88	13.40	44.04	8.95
临沧	11 462.25	8 232.01	71.82	3 230.24	28.18	1 357.66	42.03	562.87	17.43	640.73	19.83	413.23	12.79	255.75	7.92
大理	428.82	299.25	69.78	129.57	30.22	85.89	66.29	20.25	15.63	12.58	9.71	6.92	5.34	3.93	3.03
德宏	589.45	472.80	80.21	116.65	19.79	86.26	73.95	15.03	12.88	6.50	5.57	3.89	3.34	4.97	4.26
怒江	8 112.66	6 704.89	82.65	1 407.77	17.35	903.90	64.21	242.04	17.19	171.99	12.22	72.09	5.12	17.75	1.26
合计	33 385.01	24 738.55	74.10	8 646.46	25.90	4 456.19	51.54	1 608.75	18.61	1 310.17	15.15	859.03	9.93	412.32	4.77

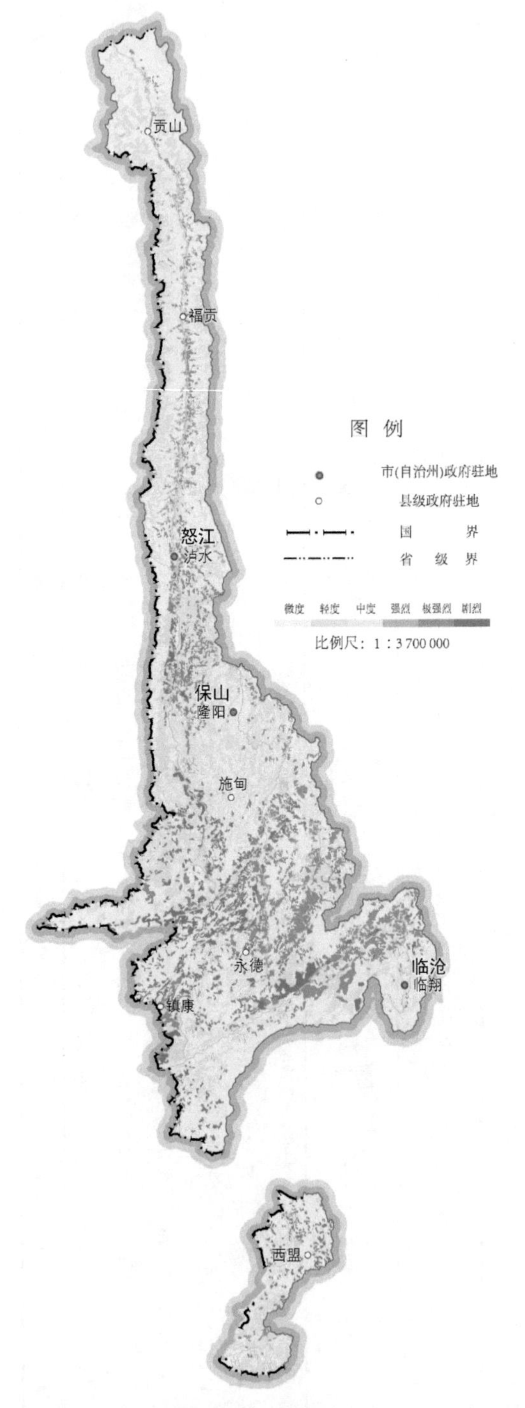

图 4-22 怒江流域土壤侵蚀空间分布图

六、独龙江流域

独龙江流域在云南省涉及保山、德宏、怒江3个市（州）的9个县（区、市），流域总面积18 991.21km^2。其中，耕地3223.75km^2，占总面积16.97%；林地13 413.35km^2，占总面积70.63%；居民点及工矿用地447.32km^2，占总面积2.36%。

（一）土壤侵蚀因子

1. 地形因子

独龙江流域位于高黎贡山西侧，地势北高南低，北部海拔2000～3000m，逐渐向南倾斜至国境处仅海拔740m。流域内最高点为流域西北角与西藏的界山，海拔4969m，最低点位于盈江昔马的穆雷江与界河拉沙河交汇处，海拔仅210m。流域山高谷深主要坝子有盈江、芒市、陇川、瑞丽、腾冲、梁河及芒市遮放、腾冲界头、固东等。

独龙江流域地形坡度以15°～25°为主，在此范围内的土地面积占总面积28.89%；25°～35°的占总面积24.04%；大于35°的占总面积16.87%。流域坡度因子在0～9.995，平均值4.042，其中以2.84～6.5较为集中，在此范围内的土地面积占总面积66.18%。坡长因子在0～3.180，平均值1.734，其中以1.88～2.14较为集中，在此范围内的土地面积占总面积31.76%。

2. 气象因子

独龙江流域大部分地区属南亚热带季风气候，受来自孟加拉湾的西南暖湿气流和高黎贡山地形抬升作用的影响，形成丰富的降雨，年平均降雨量2102mm，盈江西部、独龙江一带为多雨区，年降雨量达4000mm以上。径流主要由降雨补给，少量由冰川、融雪补给。流域主要河流有大盈江、瑞丽江、古永河、支那河、盏达河、南底河、西沙河、龙川江、芒市大河、南畹河等。

独龙江流域降雨侵蚀力因子在2479.10～8212.14MJ·mm/(hm^2·h·年)，平均值4727.08MJ·mm/(hm^2·h·年)，其中以5000～8000MJ·mm/(hm^2·h·年)较为集中，在此范围内的土地面积占总面积48.46%。

3. 土壤因子

独龙江流域土壤类型主要有赤红壤、红壤、黄壤、水稻土、黄棕壤、棕壤、棕色针叶林土、暗棕壤、石灰（岩）土等。土壤可蚀性因子在0.000 34～0.013 05t·hm^2·h/(hm^2·MJ·mm)，平均值0.005 17t·hm^2·h/(hm^2·MJ·mm)，其中以0.004～0.005t·hm^2·h/(hm^2·MJ·mm)较为集中，在此范围内的土地面积占总面积35.72%。

4. 水土保持生物措施因子

独龙江流域西北部海拔相差悬殊，造成温度、降雨量、湿度、气候、土壤类型等存在垂直变化，自然植被亦相应呈明显较有规律的垂直带状分布。海拔3300m左右分布有大量的铁杉，以云南铁杉最多，箭竹灌丛分布于海拔3300m以上；海拔2900～2600m为硬叶常绿阔叶林带，以滇青冈、元江栲为主，另有银木荷、木兰、楠木等，密度大，苔藓较厚；海拔2600～1740m为常绿阔叶林带，砍伐较多，主要树种有云南松、油桐、柏木、黑荆、麻栎、杜鹃等，以及一些蕨类植物。生物措施因子平均值0.1918，其中以0.01～0.03较为集中，在此范围内的土地面积占总面积66.63%。

5. 水土保持工程措施因子

独龙江流域工程措施总面积2690.08km^2，其中水平梯田2000.79km^2，占措施总面积74.38%；水平阶92.43km^2，占措施总面积3.43%；坡式梯田462.97km^2，占措施总面积17.21%；隔坡梯田133.89km^2，占措施总面积4.98%。工程措施因子平均值0.869。

6. 水土保持耕作措施因子

独龙江流域耕作措施因子在0.353～1.0，平均值0.9042。有耕作措施的区域中，以0.42～0.46较为集中，在此范围内的土地面积占耕作措施总面积57.92%。

（二）土壤侵蚀强度

独龙江流域土壤侵蚀面积为3717.73km^2，占总面积19.58%，平均土壤水力侵蚀模数为837t/(km^2·年)。土壤侵蚀面积分布见表4-22，空间分布见图4-23。

轻度侵蚀面积为2579.84km^2，占总面积13.58%，占土壤侵蚀面积69.39%，主要分布在独龙江干流上游的怒江，下游一级支流大盈江及瑞丽江流经的保山和德宏。集中分布区域为独龙江干流上游支流莫切洛河上游两岸，贡山与缅甸交界的担当力卡山中低海拔区域，泸水片马东部高黎贡山中低海拔地区；瑞丽江上游支流界头小江中上游右岸及瑞丽江中游龙川江中下游两岸，大盈江上游支流古永河两岸，大盈江中下游支流南底河上游左岸腾冲滇滩与明光交界线两侧，大盈江中下游的盈江勐典河右岸及勐戛河右岸盈江的茅草寨至劈石和勐乃河两岸，大盈江中下游右岸盈江的新龙至勐盏，下游二级支流南畹河陇川界内两岸，瑞丽G56国道左侧。

表 4-22　独龙江流域土壤侵蚀面积分布

地区	土地总面积/km^2	微度侵蚀		土壤侵蚀		强度分级									
						轻度		中度		强烈		极强烈		剧烈	
		面积/km^2	占总面积比例/%	面积/km^2	占总面积比例/%	面积/km^2	占侵蚀面积比例/%	面积/km^2	占侵蚀面积比例/%	面积/km^2	占侵蚀面积比例/%	面积/km^2	占侵蚀面积比例/%	面积/km^2	占侵蚀面积比例/%
保山	6 308.10	4 805.79	76.18	1 502.31	23.82	1 118.81	74.47	210.66	14.02	80.31	5.35	75.55	5.03	16.98	1.13
德宏	10 584.30	8 545.23	80.73	2 039.07	19.27	1 330.10	65.23	338.56	16.60	144.42	7.08	125.53	6.16	100.46	4.93
怒江	2 098.81	1 922.46	91.60	176.35	8.40	130.93	74.25	37.00	20.98	6.49	3.68	1.87	1.06	0.06	0.03
合计	18 991.21	15 273.48	80.42	3 717.73	19.58	2 579.84	69.39	586.22	15.77	231.22	6.22	202.95	5.46	117.50	3.16

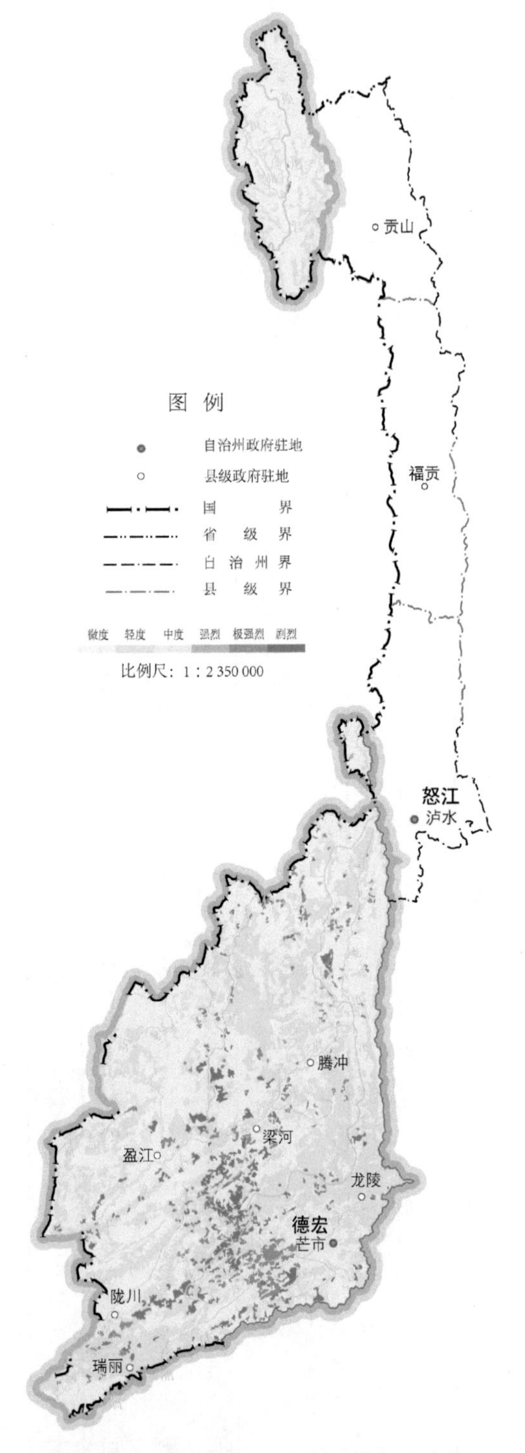

图 4-23 独龙江流域土壤侵蚀空间分布图

中度侵蚀面积为 586.22km^2，占总面积 3.09%，占土壤侵蚀面积 15.77%，主要分布在独龙江干流上游的怒江，下游一级支流大盈江及瑞丽江流经的保山和德宏。集中分布区域为独龙江上游贡山与缅甸交界的担当力卡山高海拔区域，独龙江下游二级支流南底河上游腾冲的西侧及南底河中游梁河的东北部，大盈江中下游盈江的西北部及东南部，梁河的芒东，陇川的景罕周边。

强烈侵蚀面积为 231.22km^2，占总面积 1.22%，占土壤侵蚀面积 6.22%，主要分布在独龙江下游一级支流瑞丽江上游及二级支流南底河上游的腾冲。集中分布区域为瑞丽江上游支流姊妹山河的上游两岸，瑞丽江上游支流明光河的中下游右岸，腾冲大岔河中上游。

极强烈侵蚀面积为 202.95km^2，占总面积 1.07%，占土壤侵蚀面积 5.46%，主要分布在独龙江下游一级支流瑞丽江上游及二级支流南底河上游的腾冲，下游二级支流南底河中下游的梁河，下游二级支流芒市大河中下游的芒市。集中分布区域为瑞丽江上游支流姊妹山河上游两岸，瑞丽江上游支流明光河的上游右岸及中下游左岸腾冲的松园至东山、河头至江东、新岐至谢家河，南底河中下游梁河界内两岸，瑞丽江中下游支流萝卜坝河两岸，梁河卡子至新寨，芒市大河中下游两岸，芒市大河支流红丘河两岸，芒市三台山周边。

剧烈侵蚀面积为 117.50km^2，占总面积 0.62%，占土壤侵蚀面积 3.16%，主要分布在独龙江下游一级支流瑞丽江的上游及二级支流南底河上游的腾冲，下游二级支流南底河中下游的梁河，下游二级支流芒市大河中下游的芒市。集中分布区域为腾冲与缅甸交界的大坡脚周边，瑞丽江上游支流姊妹山河的上游左岸，瑞丽江上游支流明光河中下游左岸腾冲的河头至爱国，勐新周边，南底河中下游左岸梁河的阳塘至勐来，瑞丽江中下游支流萝卜坝河上游两岸及中下游左岸，瑞丽江一级支流龙江芒市界内右岸，芒市大河中下游两岸，芒市三台山周边，芒市大河支流果朗河中下游的右岸。

第四节　九湖流域土壤侵蚀强度分异

一、滇池流域

滇池位于昆明南部，地理坐标北纬 24°40′～25°02′，东经 102°37′～102°48′，是云贵高原水面最大的淡水湖泊，湖面面积 309km^2，蓄水量 15.6 亿 m^3。

滇池流域涉及昆明的五华、盘龙、官渡、西山、呈贡、晋宁 6 个区，流域总面积 2920.00km^2。其中，耕地 590.18km^2，占总面积 20.21%；林地 1042.49km^2，占总面积 35.70%；城镇村居民用地 409.64km^2，占总面积 14.03%；工矿用地 75.41km^2，占总面积 2.58%。

（一）土壤侵蚀因子

1. 地形因子

滇池流域北起嵩明梁王山，南至晋宁六街照壁山，东起呈贡梁王山，西至西山的大青山和西山。地貌单元大体可分为盆地边缘的准平原化地貌、盆地斜坡地貌和盆地堆积地貌三个层次。

滇池流域地形坡度以小于5°为主，在此范围内的土地面积占总面积42.33%；其次为15°～25°，占总面积18.58%；占比最小的为大于35°，仅占总面积3.21%。流域坡度因子在0～9.99，平均值2.40，主要集中在4.7～6.5，在此范围内的土地面积占总面积78.59%。坡长因子在0～3.18，平均值1.36，主要集中在0.00～0.67和0.67～1.23，在此范围内的土地面积分别占总面积26.50%和23.25%。

2. 气象因子

滇池流域地处低纬度、高海拔地区，属中亚热带高原季风气候，日温差较大。流域内年平均气温14.7℃，年平均降雨量931.8mm，最大年降雨量1405.7mm，5～10月为雨季，占年降雨量的70%～75%。滇池流域属长江流域金沙江水系，入湖河流主要有盘龙江、柴河、金汁河、马料河、昆阳河、海源河、宝象河、东大河、梁王河、呈贡大河、西白沙河等。最长的为盘龙江，盘龙江的主要支流有牧羊河、冷水河、清水河、羊清河等；出湖河流为流域西部的螳螂川。

滇池流域降雨侵蚀力因子在2000～4000MJ·mm/(hm^2·h·年)，最小值2391.21MJ·mm/(hm^2·h·年)，最大值3842.85MJ·mm/(hm^2·h·年)，平均值2896.13MJ·mm/(hm^2·h·年)。降雨侵蚀力因子主要集中在2500～3000MJ·mm/(hm^2·h·年)，在此范围内的土地面积占总面积58.76%。

3. 土壤因子

滇池流域土壤类型主要有黄棕壤、红壤、棕壤、水稻土、新积土、紫色土及燥红土等。其中红壤的面积最大、分布最广，占总面积56.01%；其次为水稻土，占21.62%；占比最小的是新积土，仅占总面积0.32%。

滇池流域土壤可蚀性因子在0～0.0140t·hm^2·h/(hm^2·MJ·mm)，平均值0.0059t·hm^2·h/(hm^2·MJ·mm)。土壤可蚀性因子主要集中在0.005～0.006t·hm^2·h/(hm^2·MJ·mm)，在此范围内的土地面积占总面积46.71%。

4. 水土保持生物措施因子

滇池流域属亚热带高原季风气候类型，为典型的亚热带西部半湿润常绿阔叶林类型，林草覆盖率46.54%。常见的树种有云南松、华山松、干香柏、云南油杉、滇青冈、麻栎、桤木等；林下灌木主要有山茶、杜鹃、干香柏、黄莲等；草本植物有茜草、禾叶山麦冬、龙胆草、天门冬等；水生植被包括挺水性群落和浮叶植物群落。生物措施因子平均值 0.293，其中小于 0.06 的土地面积占总面积 69.73%，大于 0.6 的占总面积 23.99%。

5. 水土保持工程措施因子

滇池流域工程措施总面积 528.45km^2。其中水平梯田 235.71km^2，占措施总面积 44.60%；坡式梯田 0.36km^2，占措施总面积 0.07%；隔坡梯田 292.38km^2，占措施总面积 55.33%。工程措施因子平均值 0.82。

6. 水土保持耕作措施因子

滇池流域耕地轮作制度属云南高原水田旱地二熟一熟区。其中五华轮作措施为冬闲-春玉米||豆，盘龙轮作措施为冬闲-夏玉米||豆，其余地区轮作措施为小麦-玉米。耕作措施因子最小值 0.35，最大值 1.00，平均值 0.85。

（二）土壤侵蚀强度

滇池流域土壤侵蚀面积为 597.51km^2，占总面积 20.46%，平均土壤水力侵蚀模数为 712t/(km^2·年)。土壤侵蚀面积分布见表 4-23，空间分布见图 4-24。

轻度侵蚀面积为 458.43km^2，占总面积 15.70%，占土壤侵蚀面积 76.72%，流域的南北两端分布面积较大，集中分布在流域北部的羊街河、牧羊河、冷水河等河流沿线及松华坝水库周边；流域南部晋宁的六街镇、上蒜镇及晋城镇；流域西部西山的海口镇及东部官渡的大板桥街道、呈贡的七甸街道等地。

中度侵蚀面积为 68.99km^2，占总面积 2.36%，占土壤侵蚀面积 11.55%，集中分布在牧羊河上游嵩明的竹园、岩峰哨、阿达龙及三转弯一带，晋宁大河中上游、梁王河上游河谷地区、呈贡七甸中河上游大哨社区东北部、盘龙松华街道东南侧、官渡大板桥街道新发社区西南及东北两侧等地。

强烈侵蚀面积为 27.81km^2，占总面积 0.95%，占土壤侵蚀面积 4.65%，主要集中分布在盘龙松华街道团结社区西部、昆明长水国际机场西北部、晋宁昆阳街道汉营村北部以及上蒜镇段七村至六街镇青菜村一线。

极强烈侵蚀面积为 27.15km^2，占总面积 0.93%，占土壤侵蚀面积 4.55%，主要分布在流域西部，主要为矿区开采区域。在西山的碧鸡街道西华社区西部呈南北向带状分布，在海口街道螳螂川中下游南岸桃树社区至海丰社区呈东西向带状分布，晋宁昆阳街道汉营村北部、晋城镇雨孜雾村东部及晋宁大河中游十里村至八家村两岸等地集中分布。

表 4-23　滇池流域土壤侵蚀面积分布

地区	土地总面积/km²	微度侵蚀		土壤侵蚀		强度分级									
						轻度		中度		强烈		极强烈		剧烈	
		面积/km²	占总面积比例/%	面积/km²	占总面积比例/%	面积/km²	占侵蚀面积比例/%	面积/km²	占侵蚀面积比例/%	面积/km²	占侵蚀面积比例/%	面积/km²	占侵蚀面积比例/%	面积/km²	占侵蚀面积比例/%
五华	113.01	92.82	82.13	20.19	17.87	13.18	65.28	2.41	11.94	1.25	6.19	2.01	9.95	1.34	6.64
盘龙	792.97	602.45	75.97	190.52	24.03	155.31	81.52	17.93	9.41	7.75	4.07	7.29	3.83	2.24	1.17
官渡	448.55	363.96	81.14	84.59	18.86	66.99	79.19	8.93	10.56	4.08	4.82	3.29	3.89	1.30	1.54
西山	299.73	274.75	91.67	24.98	8.33	15.91	63.69	3.28	13.13	1.86	7.45	2.70	10.81	1.23	4.92
呈贡	420.79	365.73	86.92	55.06	13.08	42.92	77.95	6.94	12.60	1.89	3.43	1.98	3.60	1.33	2.42
晋宁	844.95	622.78	73.71	222.17	26.29	164.12	73.87	29.50	13.28	10.98	4.94	9.88	4.45	7.69	3.46
合计	2 920.00	2 322.49	79.54	597.51	20.46	458.43	76.72	68.99	11.55	27.81	4.65	27.15	4.55	15.13	2.53

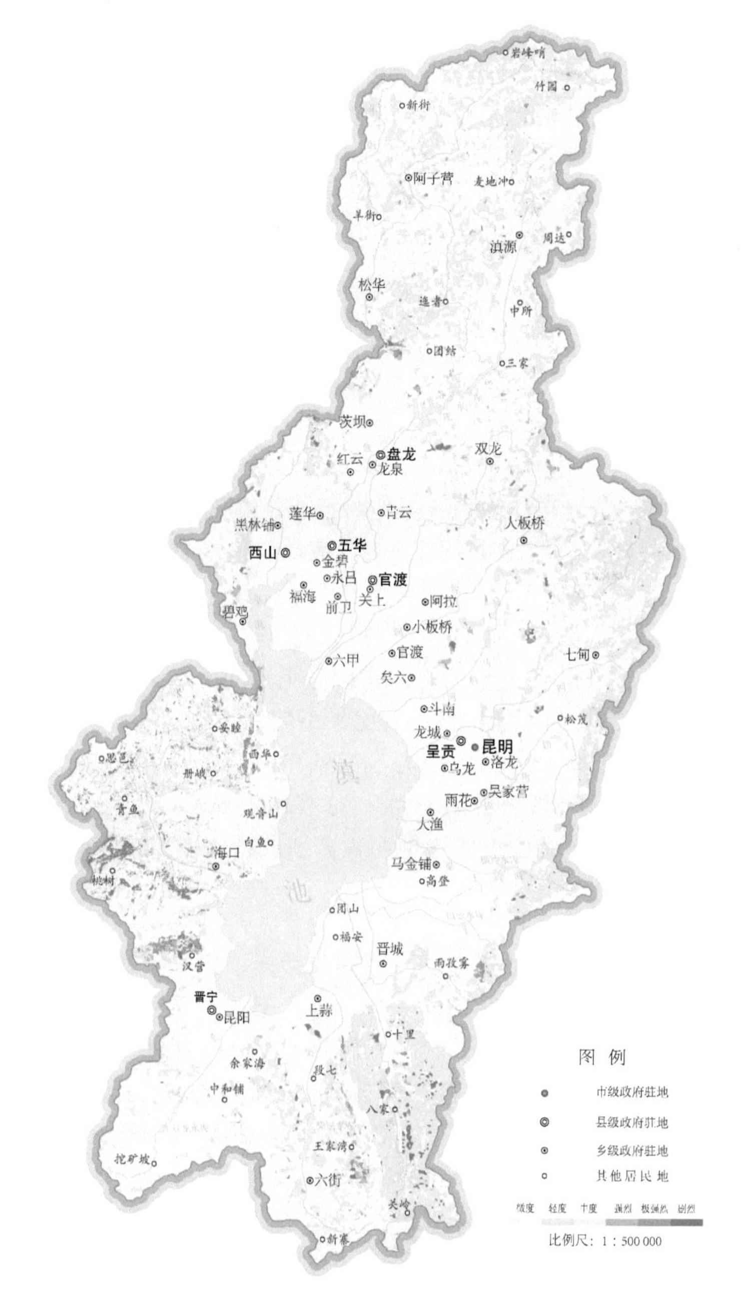

图 4-24　滇池流域土壤侵蚀空间分布图

剧烈侵蚀面积为 15.13km^2，占总面积 0.52%，占土壤侵蚀面积 2.53%，主要分布在西山区海口街道桃树社区北部、海丰社区西南部，松华坝水库南部 G56 高速公路北侧，以及晋宁大河上游晋宁大河水库至八家村一线，其他区域呈零星分布。

二、洱海流域

洱海位于大理中部，地理坐标北纬25°25′～26°10′，东经99°32′～100°27′，是云南省第二大高原淡水湖泊，湖面面积249.3km^2，蓄水量28.80亿m^3。

洱海流域涉及大理的大理、洱源2个县（市），流域总面积2565.00km^2。其中，耕地526.71km^2，占总面积20.53%；林地1245.24km^2，占总面积48.55%；城镇村居民用地117.79km^2，占总面积4.59%；工矿用地14.21km^2，占总面积0.55%。

（一）土壤侵蚀因子

1. 地形因子

洱海流域位于横断山脉云岭之南，具有高原断陷湖滨盆地及河谷、低山山地、中山峡谷、高山峡谷、岩溶洼地等各类地貌特点，山脉南北走向，并有河流相间。地势西北高、东南低，自西北向东南倾斜。流域内最高点为点苍山马龙峰，海拔4122m，最低点为洱海湖底。流域内河流、湖泊交错，地层多经湖积、冲积、洪积形成，土壤深厚，地势较平坦，山麓遍布洪积扇。

洱海流域地形坡度以小于5°为主，在此范围内的土地面积占总面积29.23%；其次为15°～25°，占总面积21.67%；占比最小的为5°～8°，仅占总面积5.15%。流域坡度因子为0～9.99，平均值3.34，主要集中在4.7～6.5，在此范围内的土地面积占总面积78.54%。流域坡长因子为0～3.18，平均值1.57，主要集中在0.00～0.67和1.88～2.14，在此范围内的土地面积分别占总面积22.85%和26.01%。

2. 气象因子

洱海流域属受印度洋气候影响的中亚热带西南季风气候带，流域气候具有常年如初春、寒止于凉、暑止于温的特点，全年有干湿季之别而无明显四季之分。洱海流域年平均气温15.1℃，年平均降雨量1102.9mm。流域属澜沧江流域黑惠江支流天然水域，入湖大小河流共117条。北承弥苴河注入，西纳苍山十八溪，东收波罗江、凤尾箐等，西出西洱河，汇入黑惠江，最后汇入澜沧江。

洱海流域降雨侵蚀力因子在0～4000MJ·mm/(hm^2·h·年)，最小值1796.43MJ·mm/(hm^2·h·年)，最大值3677.09MJ·mm/(hm^2·h·年)，平均值2486.87MJ·mm/(hm^2·h·年)。降雨侵蚀力因子主要集中在2500～3000MJ·mm/(hm^2·h·年)和2000～2500MJ·mm/(hm^2·h·年)，在此范围内的土地面积分别占总面积30.69%和28.59%。

3. 土壤因子

洱海流域土壤类型主要有棕壤、黄棕壤、棕色针叶林土、暗棕壤、红壤、紫色土、石灰（岩）土、新积土及水稻土等。其中红壤是流域内面积最大、分布最广的土类，占总面积 26.70%；其次为水稻土，占 16.05%；占比最小的是新积土，仅占总面积 0.89%。

洱海流域土壤可蚀性因子在 0～0.0131t·hm^2·h/(hm^2·MJ·mm)，平均值 0.0058t·hm^2·h/(hm^2·MJ·mm)。土壤可蚀性因子主要集中在 0～0.004t·hm^2·h/(hm^2·MJ·mm)和 0.005～0.006t·hm^2·h/(hm^2·MJ·mm)，在此范围内的土地面积分别占总面积 27.00%和 23.79%。

4. 水土保持生物措施因子

洱海流域地处低纬度高原，跨越北亚热带、暖温带、温带、寒温带 4 个气候带，气候温和，雨量充沛，自然条件优越，在云南植物区系中，又处于云南高山植物区，金沙江植物区，滇西峡谷区和澜沧江、元江中上游植物区的接合部，由于各区系植物的相互渗透和繁衍，植物种类繁多，林草覆盖率 61.63%。目前主要林种有苍山冷杉、华山松、云南松、川滇高山栎、黄背栎、滇青冈、高山栲、核桃、板栗和灌木林、竹林等。生物措施因子平均值 0.27，主要集中在 0.01～0.03 和 0.03～0.06，在此范围内的土地面积分别占总面积 29.22%和 23.70%。

5. 水土保持工程措施因子

洱海流域工程措施总面积 462.33km^2。其中水平梯田 324.82km^2，占措施总面积 70.26%；坡式梯田 2.98km^2，占措施总面积 0.64%，隔坡梯田 134.53km^2，占措施总面积 29.10%。工程措施因子平均值 0.82。

6. 水土保持耕作措施因子

洱海流域耕地轮作制度属云南高原水田旱地二熟一熟区。其中大理轮作措施为小麦-玉米，洱源轮作措施为冬闲-夏玉米||豆。耕作措施因子最小值 0.35，最大值 1.00，平均值 0.86。

（二）土壤侵蚀强度

洱海流域土壤侵蚀面积为 542.86km^2，占总面积 21.16%，平均土壤水力侵蚀模数为 688t/(km^2·年)。土壤侵蚀面积分布见表 4-24，空间分布见图 4-25。

轻度侵蚀面积为 423.74km^2，占总面积 16.52%，占土壤侵蚀面积 78.06%，在流域西北部弥苴河及其支流沿线、茈碧湖入湖河流及青麻涧至兰林河上游一带主要呈南北向线状分布，流域西部的棕树河至灵泉溪中上游一线、隐仙溪至阳南溪中上游一线，流域南部波罗江右岸大理凤仪镇的芝华村、江西村及三哨村一带，流域东部的大理挖色镇海印村、海东镇文笔村等地集中分布。

中度侵蚀面积为 52.46km^2，占总面积 2.05%，占土壤侵蚀面积 9.66%，主要集中分布在洱源茈碧湖镇永兴村至鹅墩村一带、牛街福田村南侧，以及海西接水库西侧、三营镇三营村东北侧、右所镇起胜村西北侧至腊坪村西南侧一线、

表 4-24 洱海流域土壤侵蚀面积分布

地区	土地总面积/km²	微度侵蚀		土壤侵蚀		强度分级									
						轻度		中度		强烈		极强烈		剧烈	
		面积/km²	占总面积比例/%	面积/km²	占总面积比例/%	面积/km²	占侵蚀面积比例/%	面积/km²	占侵蚀面积比例/%	面积/km²	占侵蚀面积比例/%	面积/km²	占侵蚀面积比例/%	面积/km²	占侵蚀面积比例/%
大理	1 353.93	1 079.35	79.72	274.58	20.28	199.17	72.54	29.45	10.72	15.76	5.74	21.35	7.78	8.85	3.22
洱源	1 211.07	942.79	77.85	268.28	22.15	224.57	83.71	23.01	8.58	10.30	3.84	8.67	3.23	1.73	0.64
合计	2 565.00	2 022.14	78.84	542.86	21.16	423.74	78.06	52.46	9.66	26.06	4.80	30.02	5.53	10.58	1.95

图 4-25　洱海流域土壤侵蚀空间分布图

万花溪至茫涌溪上游一线、大理下关镇红山村东侧、海东镇南村村南北两侧、双廊镇长育村东北侧等。

强烈侵蚀面积为 26.06km^2，占总面积 1.02%，占土壤侵蚀面积 4.80%，主要集中分布在洱源牛街乡福田村至太平村一带，茈碧湖镇永兴村至果胜村区域，右所镇松曲村北侧，茫涌溪上游，凤尾箐、白柳箐、白冲箐、富成箐、锦场箐等溪流两岸，下关镇红山村北侧和海东镇名庄村东侧等区域。

极强烈侵蚀面积为 30.02km^2，占总面积 1.17%，占土壤侵蚀面积 5.53%，主要集中分布在洱源牛街乡北侧弥苴河右岸、福和村西侧及东南侧，三营镇石岩村东侧，青麻涧中上游右岸，右所镇起胜村北侧，茫涌溪上游、锦溪至白石溪上游一线（呈点线状分布），凤尾箐、麻甸箐、白柳箐、白冲箐、上乐和箐、富成箐、锦场箐等溪流两岸，海东镇上登村东侧、南村村北侧及名庄村东侧等地。

剧烈侵蚀总面积为 10.58km^2，占总面积 0.41%，占土壤侵蚀面积 1.95%，集中分布在流域西部的灵泉溪和白石溪上游，白冲箐中游两岸，洱源右所镇腊坪村北侧，下关镇红山村北侧及满江村南侧，凤仪镇芝华村南侧及江西村西南侧等区域，其他地区呈零星分布。

三、抚仙湖流域

抚仙湖位于玉溪澄江以南 5km 处，地理坐标北纬 24°21′～24°23′，东经 102°49′～102°58′，为云南省第一深水湖泊，湖面面积 212.5km^2，蓄水量 191.4 亿 m^3。

抚仙湖流域涉及玉溪澄江、江川、华宁 3 个县（区），流域总面积 674.96km^2。其中，耕地 152.26km^2，占总面积 22.56%；林地 204.37km^2，占总面积 30.28%；城镇村居民用地 19.52km^2，占总面积 2.89%；工矿用地 3.59km^2，占总面积 0.53%。

（一）土壤侵蚀因子

1. 地形因子

抚仙湖流域属滇中高原湖盆区，地势四周高、中间低，海拔相差较大，山脉走向以南北向为主，间有北西、北东和近东西向。湖区盆地四周群山环抱，山体呈阶梯状，南北延伸，西部高于东部，北部高于南部。河流自东向西流入抚仙湖。流域内最高点为北部江川翠峰村的谷堆山，海拔 2648m，最低点位于华宁，海拔为 1720m，海拔相差 928m。

抚仙湖流域地形坡度以小于 5°为主，在此范围内的土地面积占总面积 45.48%；其次为 15°～25°，占总面积 18.39%；占比最小的为 5°～8°，仅占总面积 3.66%。流域坡度因子在 0～9.99，平均值 3.69，主要集中在 4.7～6.5，在此范围内的土地面积占总面积 77.11%。流域坡长因子在 0～3.18，平均值 1.62，主要集中在 0.00～0.67，在此范围内的土地面积占总面积 36.98%。

2. 气象因子

抚仙湖流域位于亚热带季风气候区，属中亚热带半湿润季风气候，冬春干旱，夏秋多雨湿热，干湿季分明。流域内常年平均气温 15.8℃，平均相对湿度 75%～80%，全年无霜期 330 天，年平均降雨量 942.6mm，最大年降雨量 1289.2mm，发生于 1994 年的澄江，最小降雨量 592.8mm，发生于 1969 年的江川。抚仙湖流域属南盘江水系，入湖河流主要有梁王河、东大河、西大河、尖山大河、山冲河、马料河、牛摩大河、路居东大河、路居西大河等，其中最长的梁王河长 21km；湖水由澄江的海口河汇入南盘江。

抚仙湖流域降雨侵蚀力因子在 2500～3500MJ·mm/(hm^2·h·年)，最小值 2516.04MJ·mm/(hm^2·h·年)，最大值 3008.04MJ·mm/(hm^2·h·年)，平均值 2814.41MJ·mm/(hm^2·h·年)。降雨侵蚀力因子主要集中在 2500～3000MJ·mm/(hm^2·h·年)，在此范围内的土地面积占总面积 99.85%。

3. 土壤因子

抚仙湖流域土壤类型主要有黄棕壤、红壤、棕壤、水稻土及紫色土等。其中红壤是流域内面积最大、分布最广的土类，占总面积 40.55%；其次为水稻土，占总面积 9.87%；占比最小的是棕壤，仅占总面积 1.82%。

抚仙湖流域土壤可蚀性因子在 0～0.0131t·hm^2·h/(hm^2·MJ·mm)，平均值 0.0065t·hm^2·h/(hm^2·MJ·mm)。土壤可蚀性因子主要集中在 0.005～0.006t·hm^2·h/(hm^2·MJ·mm)，在此范围内的土地面积占总面积 40.90%。

4. 水土保持生物措施因子

抚仙湖流域内现有植被系统多为次生植被和人工造林植被系统，林相结构单一，林草覆盖率 38.54%。林地以桉、云南松、华山松等的人工林为主。林地多分布在远山区，近湖区基本是荒山荒坡及稀疏灌丛。生物措施因子平均值 0.37，其中小于 0.03 的土地面积占总面积 65.55%，大于 0.6 的占总面积 23.43%。

5. 水土保持工程措施因子

抚仙湖流域工程措施总面积 132.52km^2。其中水平梯田 64.36km^2，占措施总面积 48.57%；坡式梯田 0.21km^2，占措施总面积 0.16%，隔坡梯田 67.95km^2，占措施总面积 51.27%。工程措施因子平均值 0.75。

6. 水土保持耕作措施因子

抚仙湖流域耕地轮作制度属云南高原水田旱地二熟一熟区，轮作措施为小麦-

玉米。耕作措施因子最小值 0.35，最大值 1.00，平均值 0.78。

（二）土壤侵蚀强度

抚仙湖流域土壤侵蚀面积为 128.22km^2，占总面积 19.00%，平均土壤水力侵蚀模数为 1015t/(km^2·年)。土壤侵蚀面积分布见表 4-25，空间分布见图 4-26。

轻度侵蚀面积为 90.16km^2，占总面积 13.36%，占土壤侵蚀面积 70.32%，主要在流域的梁王河、西大河、东大河、黑龙庙箐、烂马子沟、牛摩大河等河流上游一带分布，在澄江九村镇九村村、海口镇新村村，江川路居镇、江城镇孤山村及牛摩村等村庄及坝子边缘也有分布。

中度侵蚀面积 20.75km^2，占总面积 3.07%，占土壤侵蚀面积 16.18%，主要集中分布在海口河及其支流两岸、仙水箐两岸、山冲河水库南部、梁王河水库北部及东大河水库东北部等区域。

强烈侵蚀面积为 6.48km^2，占总面积 0.96%，占土壤侵蚀面积 5.05%，主要在流域内的海口河、烂马子沟、陡沟等河流上游及仙水箐中下游南侧、江城镇牛摩村西北侧、路居镇红石岩村西南侧等地分布。

极强烈侵蚀面积为 7.36km^2，占总面积 1.09%，占土壤侵蚀面积 5.74%，主要以流域的东南部为主，在江川路居镇红石岩村北部、海口河上游南部呈片状分布，从华宁青龙镇海关社区至江川路居镇小凹村一线呈南北向点带状分布，其他区域呈零星分布。

剧烈侵蚀面积为 3.47km^2，占总面积 0.51%，占土壤侵蚀面积 2.71%，在流域内的西大河、白沙沟、大箐河、仙水箐、干冲河、大河等河流两岸，以及华宁龙镇海关社区东南侧分布，其他地区呈零星分布。

四、程海流域

程海位于丽江永胜西南部，地理坐标北纬 26°17′～26°28′，东经 100°38′～100°41′，湖面面积 75.97km^2，蓄水量 16.8 亿 m^3。

程海流域涉及丽江永胜，流域总面积 318.30km^2。其中，耕地 47.27km^2，占总面积 14.85%；林地 123.06km^2，占总面积 38.66%；城镇村居民用地 5.83km^2，占总面积 1.83%；工矿用地 0.17km^2，占总面积 0.05%。

（一）土壤侵蚀因子

1. 地形因子

程海流域总体上分为中高山侵蚀、溶蚀及盆地堆积地貌。沿湖周围分布有大小不等的数个洪积扇并呈串珠状排列。西侧的自然地形坡度较陡，特别是在海拔

表 4-25　抚仙湖流域土壤侵蚀面积分布

地区	土地总面积/km^2	微度侵蚀		土壤侵蚀		强度分级									
						轻度		中度		强烈		极强烈		剧烈	
		面积/km^2	占总面积比例/%	面积/km^2	占总面积比例/%	面积/km^2	占侵蚀面积比例/%	面积/km^2	占侵蚀面积比例/%	面积/km^2	占侵蚀面积比例/%	面积/km^2	占侵蚀面积比例/%	面积/km^2	占侵蚀面积比例/%
江川	174.80	143.02	81.82	31.78	18.18	24.24	76.27	3.72	11.71	1.95	6.14	1.80	5.66	0.07	0.22
澄江	438.93	359.14	81.82	79.79	18.18	56.29	70.55	14.04	17.59	2.96	3.71	3.46	4.34	3.04	3.81
华宁	61.23	44.58	72.81	16.65	27.19	9.63	57.84	2.99	17.96	1.57	9.43	2.10	12.61	0.36	2.16
合计	674.96	546.74	81.00	128.22	19.00	90.16	70.32	20.75	16.18	6.48	5.05	7.36	5.74	3.47	2.71

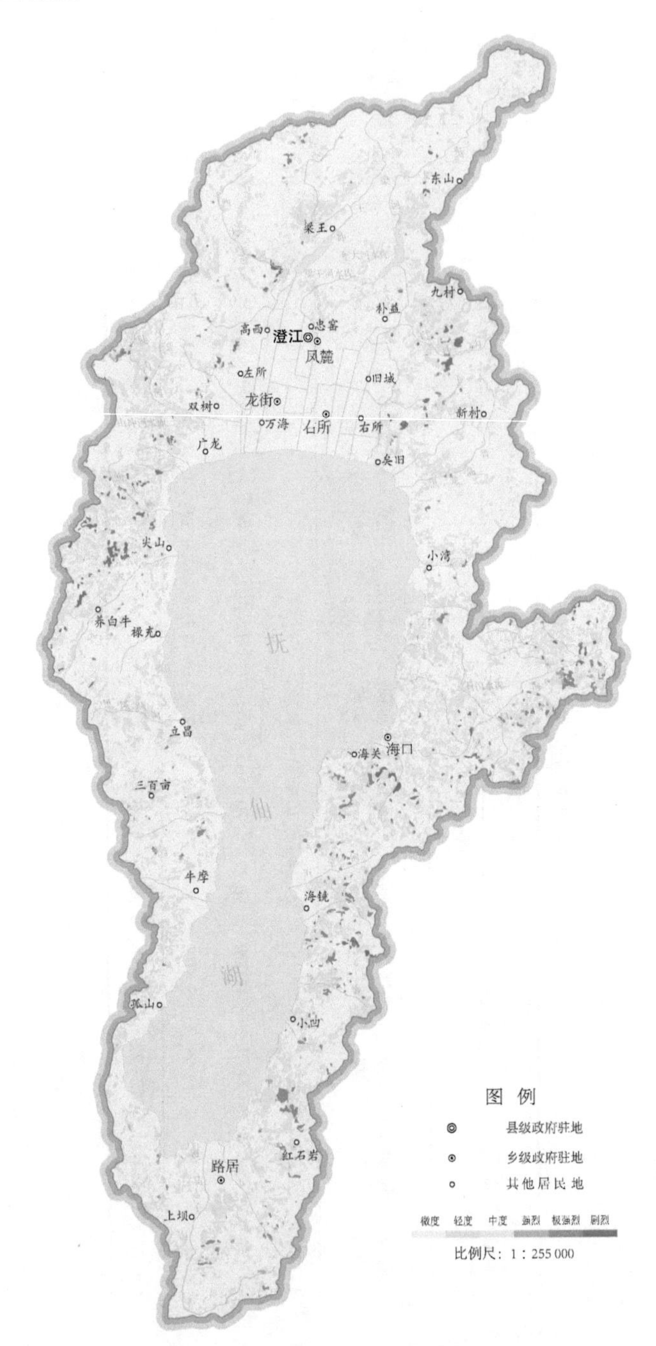

图 4-26 抚仙湖流域土壤侵蚀空间分布图

1800～2600m，地面坡度多大于 30°。东侧除北端灰岩地区外，地面坡度相对较缓，地层受程海断裂影响较大，风化程度高，土壤厚度大。

程海流域地形坡度以小于5°为主，在此范围内的土地面积占总面积36.39%；其次为15°～25°，占总面积19.25%；占比最小的为5°～8°，仅占总面积2.99%。流域坡度因子在0～9.99，平均值3.82，主要集中在4.7～6.5，在此范围内的土地面积占总面积81.29%。坡长因子在0～3.18，平均值1.65，主要集中在0.00～0.67和1.88～2.14，在此范围内的土地面积分别占总面积33.87%和23.08%。

2. 气象因子

程海流域属中亚热带高原季风气候，主要盛行南风，冬春干旱、夏秋多雨，年平均气温17.8℃，年平均日照时数2403.6h。流域年平均降雨量725.5mm，蒸发量2269.4mm；湖面年平均降雨量733.6mm，蒸发量2169mm。程海流域属金沙江水系，流域内无常年性地表河流，湖水补给主要靠地下雨、湖面降雨、雨季汇集周围山区降雨及仙人河引水。

程海流域降雨侵蚀力因子最小值2795.06MJ·mm/(hm^2·h·年)，最大值2999.38MJ·mm/(hm^2·h·年)，平均值2903.88MJ·mm/(hm^2·h·年)。

3. 土壤因子

程海流域土壤类型主要有棕壤、黄棕壤、红壤、紫色土、石灰（岩）土及燥红土等。其中红壤是流域内面积最大、分布最广的土类，占总面积35.76%；其次为燥红土，占总面积16.39%；占比最小的是棕壤，仅占总面积0.99%。

程海流域土壤可蚀性因子在0～0.0131t·hm^2·h/(hm^2·MJ·mm)，平均值0.0063t·hm^2·h/(hm^2·MJ·mm)。流域土壤可蚀性因子主要集中在0～0.004t·hm^2·h/(hm^2·MJ·mm)和0.007～0.008t·hm^2·h/(hm^2·MJ·mm)，在此范围内的土地面积分别占总面积25.10%和31.23%。

4. 水土保持生物措施因子

程海流域海拔相差较大，植被具有明显的垂直分带现象。在流域的上部高海拔地区，植被以冷凉山地针叶林自然植被为主；在流域的中部地区，植被以温暖中山针阔混交林植被为主；在沿湖周围的低海拔地带稀疏生长有车桑子等低热河谷自然植被。植被生长以西侧高海拔处较好，东侧较差。林草覆盖率53.78%。生物措施因子平均值0.28，主要集中在0～0.01和0.01～0.03，在此范围内的土地面积分别占总面积27.56%和30.34%。

5. 水土保持工程措施因子

程海流域工程措施总面积42.22km^2。其中水平梯田28.65km^2，占措施总面积67.86%；坡式梯田0.12km^2，占措施总面积0.28%，隔坡梯田13.45km^2，占措施总面积31.86%。工程措施因子平均值0.84。

6. 水土保持耕作措施因子

程海流域耕地轮作制度属滇黔边境高原山地河谷旱地一熟二熟水田二熟区，轮作措施为小麦/玉米。耕作措施因子最小值 0.36，最大值 1.00，平均值 0.84。

（二）土壤侵蚀强度

程海流域土壤侵蚀面积为 82.49km^2，占总面积 25.92%，平均土壤水力侵蚀模数为 1068t/(km^2·年)。土壤侵蚀面积分布见表 4-26，空间分布见图 4-27。

轻度侵蚀面积为 61.20km^2，占总面积 19.23%，占土壤侵蚀面积 74.19%，主要分布在流域西北部和东南部。集中分布区域为程海镇兴义村西部、北边箐及干箐河上游；团山河、王官河、季官大河及双干河中上游；程海镇凤羽村西北部，瓦窑河至乱石岗河上游一线。

中度侵蚀面积为 9.52km^2，占总面积 2.99%，占土壤侵蚀面积 11.54%，主要分布在流域南部。集中分布区域为黄泥田水库西北侧，黄龙箐中游至龙官箐中游一线，程海镇马军村、期纳镇清水村至街西村一线，海河上游左岸、中下游右岸，安坪河右岸，刘家大河至王官河中下游一线，程海西面一带河谷两侧等地。

强烈侵蚀面积为 4.48km^2，占总面积 1.41%，占土壤侵蚀面积 5.43%，主要分布在流域东部。集中分布区域为红箐南北两侧，瓦窑河及其支流上游北侧，瓦窑河中下游至刘家大河中下游一带，季官大河与双干河汇流区域两岸，龙官箐中游北侧及海河中游东侧等地。

极强烈侵蚀面积为 6.25km^2，占总面积 1.96%，占土壤侵蚀面积 7.58%，主要分布在流域东北部。集中分布区域为红箐北侧及东南侧，程海镇星湖村至期纳镇满官村一带。

剧烈侵蚀总面积为 1.04km^2，占总面积 0.33%，占土壤侵蚀面积 1.26%，主要分布在程海镇马军村东侧、龙官箐北侧、海河中游东侧，以及程海西部河流沿线，其他区域也有零星分布。

五、泸沽湖流域

泸沽湖位于云南省宁蒗和四川省盐源的交界处，地理坐标北纬 27°39′～27°45′，东经 100°44′～100°51′，属高原断层溶蚀陷落湖泊，湖面面积 57km^2，蓄水量 21.17 亿 m^3。

泸沽湖流域涉及丽江宁蒗，流域总面积 94.50km^2。其中，耕地 5.79km^2，占总面积 6.13%；林地 53.89km^2，占总面积 57.03%；城镇村居民用地 0.85km^2，占总面积 0.90%；工矿用地 0.02km^2，占总面积 0.02%。

表 4-26　程海流域土壤侵蚀面积分布

地区	土地总面积/km²	微度侵蚀		土壤侵蚀		强度分级									
						轻度		中度		强烈		极强烈		剧烈	
		面积/km²	占总面积比例/%	面积/km²	占总面积比例/%	面积/km²	占侵蚀面积比例/%	面积/km²	占侵蚀面积比例/%	面积/km²	占侵蚀面积比例/%	面积/km²	占侵蚀面积比例/%	面积/km²	占侵蚀面积比例/%
永胜	318.30	235.81	74.08	82.49	25.92	61.20	74.19	9.52	11.54	4.48	5.43	6.25	7.58	1.04	1.26

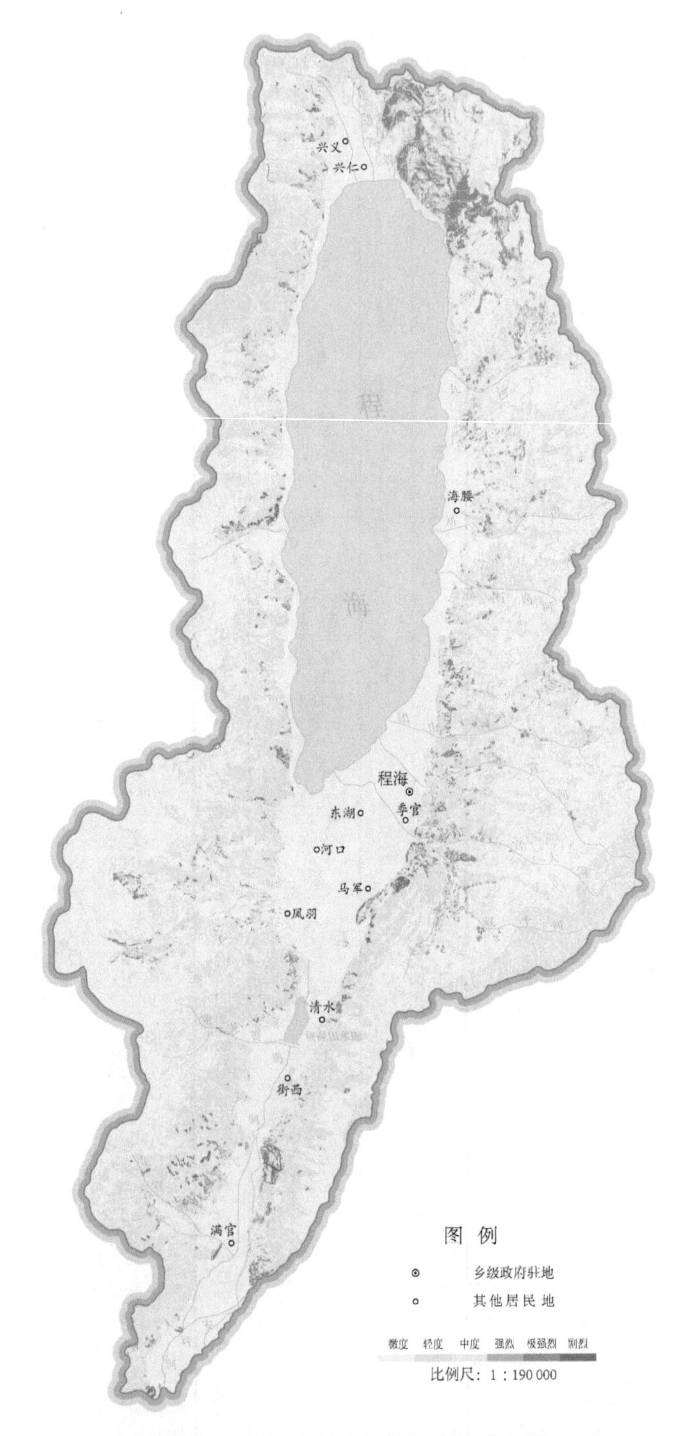

图 4-27　程海流域土壤侵蚀空间分布图

（一）土壤侵蚀因子

1. 地形因子

泸沽湖流域处在横断山脉地区，属于相对低洼的盆地，在地质构造上属断层结构，是经地壳运动而形成的高原溶蚀断陷湖盆。流域地貌特征总体上可分为高山峡谷、盆地，海拔相差悬殊，总体地势西高东低，逐渐向泸沽湖倾斜，湖滨地区坡降较缓，海拔越高地面越陡。沿湖周围分布有大小不等的数个洪积扇并呈串珠状排列。

泸沽湖流域地形坡度以小于 5°为主，在此范围内的土地面积占总面积 35.08%；其次为 25°～35°，占总面积 21.02%；占比最小的为 5°～8°，仅占总面积 2.32%。流域坡度因子在 0～9.99，平均值 4.04，主要集中在 4.7～6.5，在此范围内的土地面积占总面积 93.62%。坡长因子在 0～3.18，平均值 1.73，主要集中在 0.00～0.67 和 1.88～2.14，在此范围内的土地面积分别占总面积 32.81%和 21.87%。

2. 气象因子

泸沽湖流域地处低纬度高原区，属低纬度中亚热带季风气候，具有干湿季分明、四季不分明、日照充足的立体气候和明显的山地季风气候特点。年平均气温 12.6℃，年平均降雨量 920.3mm，5～10 月为雨季，占年降雨量的 80%。泸沽湖流域属雅砻江水系，为外流淡水湖，年平均入湖径流量 0.79 亿 m^3，年平均湖面降雨量 0.5 亿 m^3，出湖河流为四川省的打冲河。

泸沽湖流域降雨侵蚀力因子在 2000～3000MJ·mm/(hm^2·h·年)，最小值 2423.36MJ·mm/(hm^2·h·年)，最大值 2606.10MJ·mm/(hm^2·h·年)，平均值 2472.54MJ·mm/(hm^2·h·年)。降雨侵蚀力因子主要集中在 2000～2500MJ·mm/(hm^2·h·年)，在此范围内的土地面积占总面积 86.14%。

3. 土壤因子

泸沽湖流域土壤类型主要有黄棕壤、棕壤及水稻土等。其中黄棕壤是流域内面积最大、分布最广的土类，占总面积 43.21%；其次为棕壤，占总面积 25.61%；占比最小的是水稻土，仅占总面积 0.04%。

泸沽湖流域土壤可蚀性因子为 0～0.0062t·hm^2·h/(hm^2·MJ·mm)，平均值 0.0047t·hm^2·h/(hm^2·MJ·mm)。土壤可蚀性因子主要集中在 0～0.004t·hm^2·h/(hm^2·MJ·mm)和 0.005～0.006t·hm^2·h/(hm^2·MJ·mm)，在此范围内的土地面积分别占总面积 38.92%和 30.29%。

4. 水土保持生物措施因子

泸沽湖流域由于海拔相差较大，植被具有明显的垂直分带现象。在流域的下部靠近泸沽湖区域的植被稀少，在中上部地区，植被较好。主要的树种为云南松、高山栎、云杉等，国家级珍稀树种红豆杉在该区也有成片分布。林草覆盖率62.22%。生物措施因子平均值0.11，主要集中在0～0.01和0.01～0.03，在此范围内的土地面积分别占总面积31.22%和55.15%。

5. 水土保持工程措施因子

泸沽湖流域工程措施总面积3.82km^2。其中水平梯田2.36km^2，占措施总面积61.78%；隔坡梯田1.46km^2，占措施总面积38.22%。工程措施因子在0.01～1.0，平均值0.95。

6. 水土保持耕作措施因子

泸沽湖流域耕地轮作制度属滇黔边境高原山地河谷旱地一熟二熟水田二熟区，轮作措施为马铃薯/玉米两熟。耕作措施因子最小值0.42，最大值1.00，平均值0.95。

（二）土壤侵蚀强度

泸沽湖流域土壤侵蚀面积为5.42km^2，占总面积5.74%，平均土壤水力侵蚀模数为328t/(km^2·年)。土壤侵蚀面积分布见表4-27，空间分布见图4-28。

轻度侵蚀面积为4.08km^2，占总面积4.32%，占土壤侵蚀面积75.28%，主要分布在流域北部河流两岸及上游地区，流域西部河流左所河、乌浸河两岸及进入泸沽湖流域道路的两侧等地。

中度侵蚀面积为0.69km^2，占总面积0.73%，占土壤侵蚀面积12.73%，主要分布在永宁乡落水村和西部左所河上游，泸沽湖北侧、西侧、南侧的道路沿线，以及流域南部河流的两岸等地。

强烈侵蚀面积为0.33km^2，占总面积0.35%，占土壤侵蚀面积6.09%，主要分布在永宁乡落水村周围、舍夸河上游两岸及泸沽湖北部。

极强烈侵蚀面积为0.28km^2，占总面积0.30%，占土壤侵蚀面积5.16%，主要分布在流域的北部，以及西部左所河上游区域。

剧烈侵蚀面积为0.04km^2，占总面积0.04%，占土壤侵蚀面积0.74%，主要分布于流域北部，在西部左所河上游区域也有小范围分布，其他地区呈零星分布。

六、杞麓湖流域

杞麓湖位于玉溪通海，距县城1.5km，地理坐标北纬24°08′～24°12′，东经102°43′～102°49′，湖面面积37.3km^2，蓄水量1.676亿m^3。

表 4-27　泸沽湖流域土壤侵蚀面积分布

地区	土地总面积/km^2	微度侵蚀		土壤侵蚀		强度分级									
						轻度		中度		强烈		极强烈		剧烈	
		面积/km^2	占总面积比例/%	面积/km^2	占总面积比例/%	面积/km^2	占侵蚀面积比例/%	面积/km^2	占侵蚀面积比例/%	面积/km^2	占侵蚀面积比例/%	面积/km^2	占侵蚀面积比例/%	面积/km^2	占侵蚀面积比例/%
宁蒗	94.50	89.08	94.26	5.42	5.74	4.08	75.28	0.69	12.73	0.33	6.09	0.28	5.16	0.04	0.74

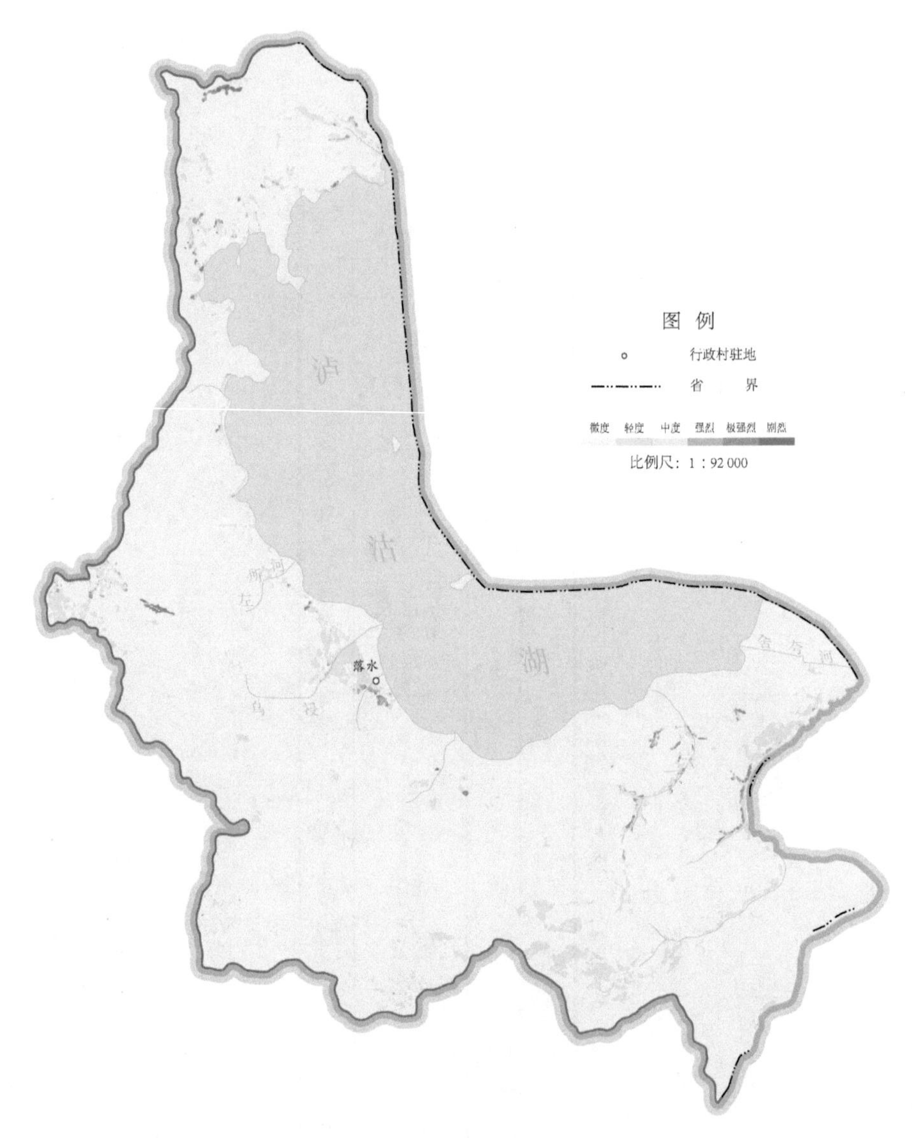

图 4-28　泸沽湖流域土壤侵蚀空间分布图

杞麓湖流域涉及玉溪通海，流域总面积 354.00km^2。其中，耕地 151.02km^2，占总面积 42.66%；林地 112.69km^2，占总面积 31.83%；城镇村居民用地 24.32km^2，占总面积 6.87%；工矿用地 4.84km^2，占总面积 1.37%。

（一）土壤侵蚀因子

1. 地形因子

杞麓湖流域四周由高山环绕，分为盆湖坝子、中山台地和高山地区三个部分。

湖周由五垴山、秀山等群山环抱，环湖为通海坝子，坝区与周围诸山分山岭的海拔相差 300～500m，流域最高点为螺峰山，海拔 2441.1m，最低点为东部湖底，海拔约 1790m。

杞麓湖流域地形坡度以小于 5°为主，在此范围内的土地面积占总面积 54.26%；其次为 15°～25°，占总面积 18.39%；占比最小的为大于 35°，仅占总面积 1.94%。流域坡度因子在 0～9.99，平均值 2.06，主要集中在 4.7～6.5，在此范围内的土地面积占总面积 57.15%。坡长因子在 0～3.18，平均值 0.95，主要集中在 0.00～0.67，在此范围内的土地面积占总面积 52.66%。

2. 气象因子

杞麓湖流域属中亚热带湿润高原凉冬季风气候，年平均气温 15.6℃，年平均降雨量 863mm，7 月平均降雨量 167.9mm，5～10 月为雨季，占年降雨量的 76.8%。

杞麓湖流域降雨侵蚀力因子在 2000～3000MJ·mm/(hm^2·h·年)，最小值 2455.97MJ·mm/(hm^2·h·年)，最大值 2579.16MJ·mm/(hm^2·h·年)，平均值 2500.36MJ·mm/(hm^2·h·年)。降雨侵蚀力因子主要集中在 2000～2500MJ·mm/(hm^2·h·年)，在此范围内的土地面积占总面积 64.74%。

3. 土壤因子

杞麓湖流域土壤类型主要有红壤、水稻土及紫色土等。其中红壤面积最大、分布最广，占总面积 53.43%；其次为水稻土，占总面积 30.83%；占比最小的是紫色土，占总面积 3.63%。

杞麓湖流域土壤可蚀性因子在 0～0.0131t·hm^2·h/(hm^2·MJ·mm)，平均值 0.0057t·hm^2·h/(hm^2·MJ·mm)。土壤可蚀性因子主要集中在 0.005～0.006t·hm^2·h/(hm^2·MJ·mm)，在此范围内的土地面积占总面积 62.94%。

4. 水土保持生物措施因子

杞麓湖流域内植被在山区、半山区主要有针叶林及阔叶林、灌木林等；在环湖面山区域主要为次生云南松、云南油杉和栎类等；坝区“四旁”人工绿化多为桉类、柳类、银桦、圆柏、白杨类等；山上自然植被主要为灌木、草本植物等。林草覆盖率 36.11%。生物措施因子平均值 0.50，主要集中在 0.01～0.03 和 0.6～1，在此范围内的土地面积分别占总面积 31.60%和 44.22%。

5. 水土保持工程措施因子

杞麓湖流域工程措施总面积 139.84km^2。其中水平梯田 96.78km^2，占措施总面积 69.21%；坡式梯田 0.02km^2，占措施总面积 0.01%，隔坡梯田 43.04km^2，占措施总面积 30.78%。工程措施因子平均值 0.60。

6. 水土保持耕作措施因子

杞麓湖流域耕地轮作制度属云南高原水田旱地二熟一熟区，轮作措施为小麦-玉米。耕作措施因子最小值 0.35，最大值 1.00，平均值 0.69。

（二）土壤侵蚀强度

杞麓湖流域土壤侵蚀面积为 45.79km^2，占总面积 12.94%，平均土壤水力侵蚀模数为 483t/(km^2·年)。土壤侵蚀面积分布见表 4-28，空间分布见图 4-29。

轻度侵蚀面积为 33.04km^2，占总面积 9.33%，占土壤侵蚀面积 72.16%，主要分布在李家沟、者弯河及木瓜沟等河流上游，河西镇戴文村至九龙街道元山社区一带，杨广镇落凤村南部等区域集中分布。

中度侵蚀面积为 6.58km^2，占总面积 1.86%，占土壤侵蚀面积 14.37%，主要分布在流域的西北部和东部。集中分布在河西镇曲陀关村西侧，红旗河、李家沟、窑冲河、三岔沟等河流两岸，大新河及其支流的上游等地。

强烈侵蚀面积为 3.20km^2，占总面积 0.90%，占土壤侵蚀面积 6.99%，主要分布在杨广镇兴义村东北部、大新河支流上游、姜家冲水库北部、白塔沟东西两岸、大板桥河源头、九龙街道三义社区南部小香箐支流中上游左岸、米冲水库周边及米冲坝塘北侧等地。

极强烈侵蚀面积为 2.07km^2，占总面积 0.58%，占土壤侵蚀面积 4.52%，主要分布在杨广镇兴义村东北部、姜家冲水库北部、三岔沟支流上游、大新河支流上游、秀山沟中游北侧、四街镇二街村北部河流两侧及杨广镇落凤村北侧等地。

剧烈侵蚀面积为 0.90km^2，占总面积 0.25%，占土壤侵蚀面积 1.96%，主要分布在大新河中上游、杨广镇五垴山村东南侧、小香箐上游等地，其他区域有零星分布。

七、星云湖流域

星云湖位于玉溪江川城北 2km 处，地理坐标北纬 24°17′～24°23′，东经 102°45′～102°46′，属高原断层湖泊，湖面面积 34.2km^2，蓄水量 2.02 亿 m^3。

星云湖流域涉及玉溪江川，流域总面积 378.00km^2。其中，耕地 142.35km^2，占总面积 37.66%；林地 137.91km^2，占总面积 36.49%；城镇村居民用地 19.95km^2，占总面积 5.28%；工矿用地 5.69km^2，占总面积 1.51%。

（一）土壤侵蚀因子

1. 地形因子

星云湖流域属滇中高原湖盆区，以高原地貌为主，受构造盆地影响，区内地

表 4-28　杞麓湖流域土壤侵蚀面积分布

地区	土地总面积/km^2	微度侵蚀		土壤侵蚀		强度分级									
						轻度		中度		强烈		极强烈		剧烈	
		面积/km^2	占总面积比例/%	面积/km^2	占总面积比例/%	面积/km^2	占侵蚀面积比例/%	面积/km^2	占侵蚀面积比例/%	面积/km^2	占侵蚀面积比例/%	面积/km^2	占侵蚀面积比例/%	面积/km^2	占侵蚀面积比例/%
通海	354.00	308.21	87.06	45.79	12.94	33.04	72.16	6.58	14.37	3.20	6.99	2.07	4.52	0.90	1.96

图 4-29 杞麓湖流域土壤侵蚀空间分布图

势周围高、中间低，海拔相差较大。第四纪晚期，云南高原不断运动，因其底断裂及断裂运动强烈，局部扩张了断陷盆地而出现沼泽、湖泊环境。星云湖主要是经燕山运动、喜马拉雅山运动和新构造运动形成的断层湖泊。

星云湖流域地形坡度以小于 5°为主，在此范围内的土地面积占总面积 38.88%；其次为 15°～25°，占总面积 20.00%；占比最小的为大于 35°，仅占总面积 3.74%。流域坡度因子在 0～9.99，平均值 2.63，主要集中在 4.7～6.5，在此范围内的土地面积占总面积 61.70%。流域坡长因子在 0～3.18，平均值 1.39，主要集中在 0.00～0.67 和 0.67～1.23，在此范围内的土地面积分别占总面积 25.45%和 23.21%。

2. 气象因子

星云湖流域位于亚热带季风气候区，属中亚热带半湿润高原季风气候，年平均气温 15.6℃，年平均降雨量 863.1mm，5～10 月为雨季，占年降雨量的 80%以上。星云湖流域属南盘江水系，主要入湖河流有渔村河、后卫河、周官河、小街河、大街河、大庄河、旧州河、大寨河、螺蛳铺河、东西大河及侯家沟河等。

星云湖流域降雨侵蚀力因子在 2000～3000MJ·mm/(hm^2·h·年)，最小值 2405.86MJ·mm/(hm^2·h·年)，最大值 2723.16MJ·mm/(hm^2·h·年)，平均值 2540.62MJ·mm/(hm^2·h·年)。降雨侵蚀力因子主要集中在 2500～3000MJ·mm/(hm^2·h·年)，在此范围内的土地面积占总面积 61.74%。

3. 土壤因子

星云湖流域土壤类型主要有红壤、棕壤、水稻土、紫色土等。其中红壤是流域内面积最大、分布最广的土类，占总面积 43.72%；其次为水稻土，占总面积 29.82%；占比最小的是棕壤，仅占总面积 0.45%。

星云湖流域土壤可蚀性因子在 0～0.0131t·hm^2·h/(hm^2·MJ·mm)，平均值 0.0071t·hm^2·h/(hm^2·MJ·mm)。土壤可蚀性因子主要集中在 0.005～0.006t·hm^2·h/(hm^2·MJ·mm)，在此范围内的土地面积占总面积 47.70%。

4. 水土保持生物措施因子

星云湖流域多为次生植被和人工造林植被，林相结构单一，林草覆盖率 43.14%。远山区林地以桉、云南松、华山松等的人工林为主；近湖面山区域基本以荒山荒坡、稀疏灌丛为主。生物措施因子平均值 0.46，主要集中在 0.01～0.03 和 0.6～1，在此范围内的土地面积分别占总面积 32.31%和 39.80%。

5. 水土保持工程措施因子

星云湖流域工程措施总面积 135.60km^2。其中水平梯田 75.63km^2，占措施总面积 55.77%；坡式梯田 0.30km^2，占措施总面积 0.22%，隔坡梯田 59.67km^2，占措施总面积 44.00%。工程措施因子平均值 0.65。

6. 水土保持耕作措施因子

星云湖流域耕地轮作方式属云南高原水田旱地二熟一熟区，轮作措施为小麦-玉米。耕作措施因子最小值 0.35，最大值 1.00，平均值 0.73。

（二）土壤侵蚀强度

星云湖流域土壤侵蚀面积为 94.39km^2，占总面积 24.97%，平均土壤水力侵蚀模数为 809t/(km^2·年)。土壤侵蚀面积分布见表 4-29，空间分布见图 4-30。

轻度侵蚀面积为 70.87km^2，占总面积 18.75%，占土壤侵蚀面积 75.08%，主要分布在流域西部和西北部。集中分布区域为西河右岸及西河二库水库西侧，大龙潭水库、人民坝水库、麦冲水库及紫红坝水库等上游，冲底河、白沙沟河上游，大街街道土官田村南侧，江城镇翠峰村北侧及尹旗村东侧等村庄、坝子边缘区域。

中度侵蚀面积为 13.32km^2，占总面积 3.52%，占土壤侵蚀面积 14.11%，主要分布在流域北部的学河上游两岸、江城镇白家营村南北两侧及桐关村北侧，西部前卫镇杨家咀村西北侧、庄子村西侧，东南部的江城镇海门村至路居镇石岩哨村一带，清水河水库、麦冲水库周围。

表 4-29　星云湖流域土壤侵蚀面积分布

地区	土地总面积/km^2	微度侵蚀		土壤侵蚀		强度分级									
						轻度		中度		强烈		极强烈		剧烈	
		面积/km^2	占总面积比例/%	面积/km^2	占总面积比例/%	面积/km^2	占侵蚀面积比例/%	面积/km^2	占侵蚀面积比例/%	面积/km^2	占侵蚀面积比例/%	面积/km^2	占侵蚀面积比例/%	面积/km^2	占侵蚀面积比例/%
江川	378.00	283.61	75.03	94.39	24.97	70.87	75.08	13.32	14.11	4.03	4.27	3.92	4.15	2.25	2.39

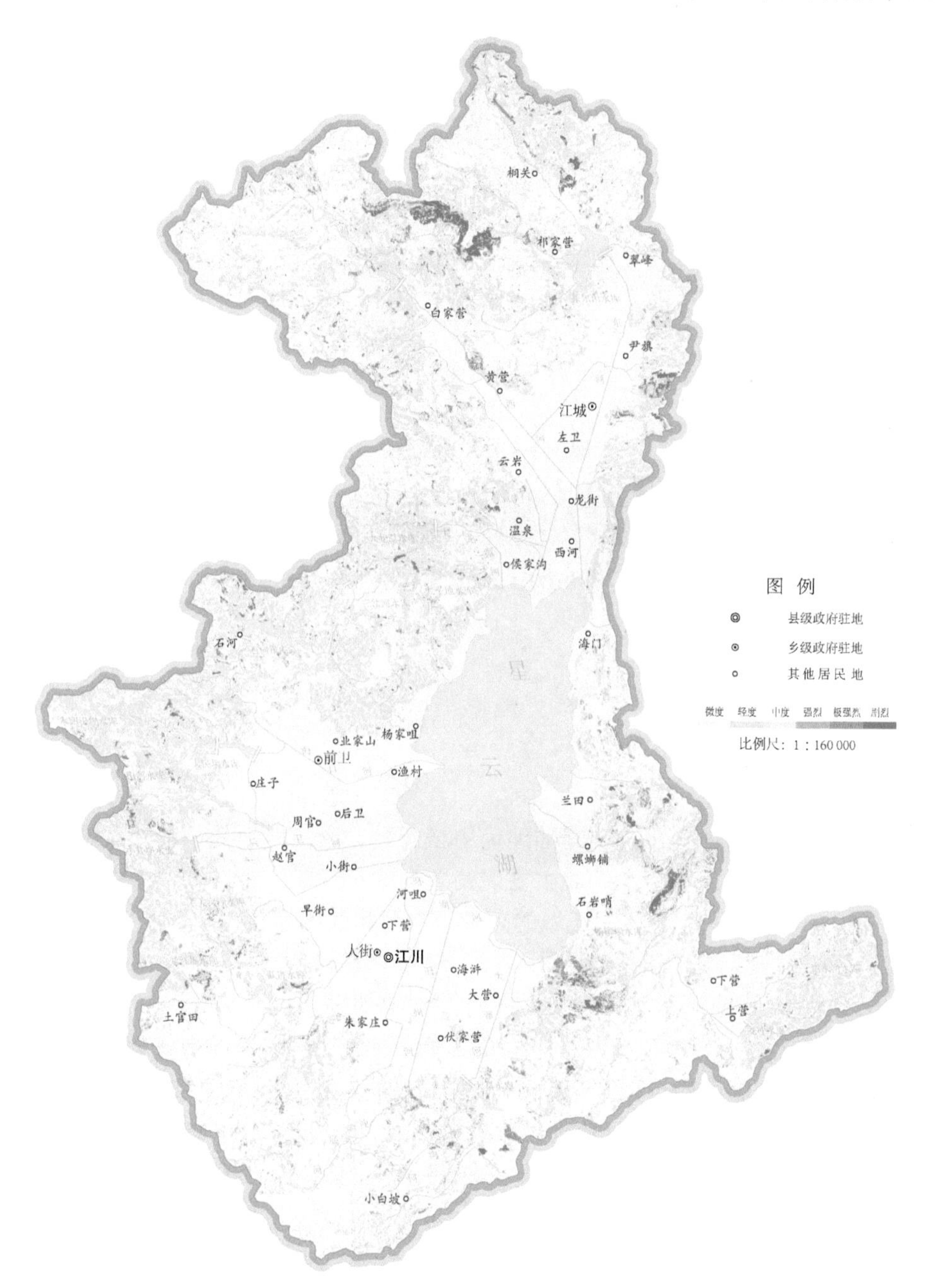

图 4-30 星云湖流域土壤侵蚀空间分布图

强烈侵蚀面积为 4.03km^2，占总面积 1.07%，占土壤侵蚀面积 4.27%，主要分布在路居镇石岩哨村西南侧及兰田村东侧，江城镇桐关村东侧、黄营村西北侧、白家营南侧及海门村南侧，西河二库水库及紫红坝水库北侧，石河水库及旧州河上游，新民坝水库及小井坝水库西北侧等地。

极强烈侵蚀面积为3.92km^2，占总面积1.04%，占土壤侵蚀面积4.15%，主要分布在江城镇桐关村河流中上游、江城镇黄营村西北侧及祁家营村西侧、星云湖东南侧路居镇石岩哨村至大街街道大营村一带，以及白沙沟河东西两侧等地。

剧烈侵蚀面积为2.25km^2，占总面积0.60%，占土壤侵蚀面积2.39%，主要分布于西河二库水库北部、杨柳坝水库北部、江城镇尹旗村东南部及桐关村东部等地，其他区域有零星分布。

八、阳宗海流域

阳宗海位于昆明宜良，地理坐标北纬24°51′～24°58′，东经102°59′～103°02′，湖面面积30.0km^2，蓄水量6.04亿m^3。

阳宗海流域涉及昆明的呈贡、宜良和玉溪的澄江3个县（区），流域总面积192.00km^2。其中，耕地48.20km^2，占总面积25.11%；林地68.19km^2，占总面积35.52%；城镇村居民用地9.31km^2，占总面积4.85%；工矿用地3.89km^2，占总面积2.03%。

（一）土壤侵蚀因子

1. 地形因子

阳宗海流域四面环山，临湖陆地为中低丘陵。径流区地处小江断裂带，具有典型的高原湖盆地貌特征，地貌主要受南北向的小江断裂带及派生的“人”字形构造所控制，属不稳定地带。流域的东部、南部和西部均为高山，地势南高北低，西高东低，中部为坝子和湖泊。

阳宗海流域地形坡度以小于5°为主，在此范围内的土地面积占总面积27.95%；其次为15°～25°，占总面积23.35%；占比最小的为大于35°，仅占总面积6.84%。流域坡度因子在0～9.99，平均值3.47，主要集中在4.7～6.5，在此范围内的土地面积占总面积74.89%。流域坡长因子在0～3.18，平均值1.58，主要集中在0.00～0.67和0.67～1.23，在此范围内的土地面积分别占总面积21.52%和22.16%。

2. 气象因子

阳宗海流域地处云南中部，属北亚热带气候，冬无严寒，夏无酷暑，日温差比较大，干湿季分明。径流区年平均气温16.2℃，年平均降雨量963.5mm，最高年降雨量1289.2mm，最低年降雨量634.7mm，雨季最大月降雨量402mm。阳宗海流域属珠江流域南盘江水系，主要入湖河流为南部的阳宗大河、石寨河、七星河等，以及北部的摆夷河引水渠；宜良的汤池河是阳宗海的唯一出水口，最终汇入南盘江。

阳宗海流域降雨侵蚀力因子最小值 2638.44MJ·mm/(hm^2·h·年)，最大值 2818.67MJ·mm/(hm^2·h·年)，平均值 2726.81MJ·mm/(hm^2·h·年)。

3. 土壤因子

阳宗海流域土壤类型主要有黄棕壤、红壤、水稻土及紫色土等。其中红壤是流域内面积最大、分布最广的土类，占总面积 62.19%；其次为黄棕壤，占总面积 10.32%；占比最小的是紫色土，占总面积 5.78%。

阳宗海流域土壤可蚀性因子为 0～0.0140t·hm^2·h/(hm^2·MJ·mm)，平均值 0.0058t·hm^2·h/(hm^2·MJ·mm)。土壤可蚀性因子主要集中在 0.005～0.006t·hm^2·h/(hm^2·MJ·mm)，在此范围内的土地面积占总面积 62.39%。

4. 水土保持生物措施因子

阳宗海流域属云南高原北亚热带植被区，森林类型为半湿性常绿阔叶林、针叶林和针阔混交林，林草覆盖率 48.94%。主要为由云南松、华山松、尼泊尔桤木、桉、柏木、杨类和栎类阔叶树组成的混交林；灌木林主要有苦刺、棠梨树、火棘、黄泡、小禾草、蕨类等。人工经济林主要有核桃、桃、梨类、板栗等。生物措施因子平均值 0.344，其中小于 0.06 的土地面积占总面积 62.36%，大于 0.6 的占总面积 27.13%。

5. 水土保持工程措施因子

阳宗海流域工程措施总面积 41.17km^2。其中水平梯田 11.21km^2，占措施总面积 27.23%；坡式梯田 0.02km^2，占措施总面积 0.05%；隔坡梯田 29.94km^2，占措施总面积 72.72%。工程措施因子平均值 0.80。

6. 水土保持耕作措施因子

阳宗海流域耕地轮作方式属云南高原水田旱地二熟一熟区，轮作措施为小麦-玉米。耕作措施因子最小值 0.35，最大值 1.00，平均值 0.81。

（二）土壤侵蚀强度

阳宗海流域土壤侵蚀面积为 57.40km^2，占总面积 29.90%，平均土壤水力侵蚀模数为 900t/(km^2·年)。土壤侵蚀面积分布见表 4-30，空间分布见图 4-31。

表 4-30　阳宗海流域土壤侵蚀面积分布

地区	土地总面积/km^2	微度侵蚀		土壤侵蚀		强度分级									
						轻度		中度		强烈		极强烈		剧烈	
		面积/km^2	占总面积比例/%	面积/km^2	占总面积比例/%	面积/km^2	占侵蚀面积比例/%	面积/km^2	占侵蚀面积比例/%	面积/km^2	占侵蚀面积比例/%	面积/km^2	占侵蚀面积比例/%	面积/km^2	占侵蚀面积比例/%
呈贡	31.41	19.55	62.24	11.86	37.76	9.05	76.31	1.52	12.82	0.50	4.21	0.49	4.13	0.30	2.53
宜良	40.60	31.88	78.52	8.72	21.48	6.13	70.30	1.37	15.71	0.56	6.42	0.43	4.93	0.23	2.64
澄江	119.99	83.17	69.31	36.82	30.69	28.10	76.32	5.22	14.18	1.64	4.45	1.60	4.34	0.26	0.71
合计	192.00	134.60	70.10	57.40	29.90	43.28	75.40	8.11	14.13	2.70	4.70	2.52	4.39	0.79	1.38

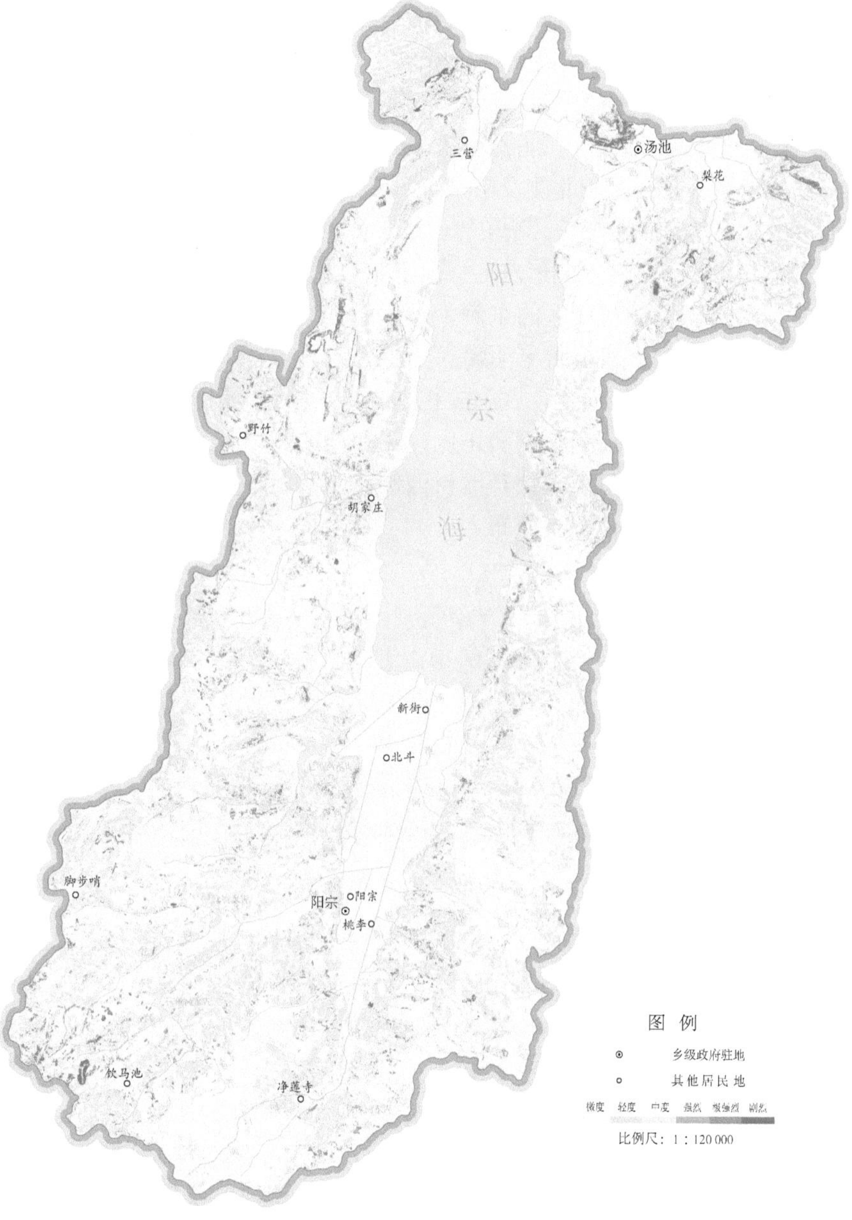

图 4-31　阳宗海流域土壤侵蚀空间分布图

轻度侵蚀面积为 43.28km^2，占总面积 22.54%，占土壤侵蚀面积 75.40%，主要分布于流域南北两端。集中分布区域为宜良汤池街道三营社区西北部、梨花社区南部秧田箐上游，澄江阳宗镇饮马池村及坝子边缘，滴白河两岸，枧槽箐上游，流域西侧大凹水库上游、东侧各河流的中上游等地。

中度侵蚀面积为 8.11km^2，占总面积 4.22%，占土壤侵蚀面积 14.13%，主要发生在流域内宜良汤地街道三营社区西南部，秧田箐、煤炭箐、野竹箐、姜茶冲、老洞箐、龙潭凹箐、枧槽箐等河流两岸及河谷一带。

强烈侵蚀面积为 2.70km^2，占总面积 1.41%，占土壤侵蚀面积 4.70%，主要分布在宜良汤池街道三营社区东北侧及阳宗海东南部面山一带，野竹箐、姜茶冲、老洞箐、西大沟、三岔河、枧槽箐、秧田箐、煤炭箐、龙潭凹箐等河流两岸及河谷一带。

极强烈侵蚀面积为 2.52km^2，占总面积 1.31%，占土壤侵蚀面积 4.39%，主要分布在宜良汤池街道三营社区的东侧，汤池河北侧，梨花社区的南侧煤炭箐左岸，三中箐上游，石寨河水库上游老明窝河上游等地。

剧烈侵蚀面积为 0.79km^2，占总面积 0.41%，占土壤侵蚀面积 1.38%，主要分布在宜良汤池街道三营社区北侧和东侧，汤池河北侧一带，梨花社区东侧河流两岸，秧田箐中游右岸，阳宗镇饮马池村西侧老明窝和三岔河上游区域，阳宗海东部面山一带，其他地区有零星分布。

九、异龙湖流域

异龙湖位于红河石屏县城东南部，地理坐标北纬 23°28′～23°42′，东经 102°28′～102°38′，湖面面积 34.0km^2，蓄水量 1.13 亿 m^3。

异龙湖流域涉及红河石屏，流域总面积 360.40km^2。其中，耕地 87.65km^2，占总面积 24.32%；林地 150.03km^2，占总面积 41.63%；城镇村居民用地 20.99km^2，占总面积 5.82%；工矿用地 1.98km^2，占总面积 0.55%。

（一）土壤侵蚀因子

1. 地形因子

异龙湖流域形成于喜马拉雅山造山运动时期，在内外营力作用下，周围山体抬升，湖盆中心下沉，积水溶蚀石灰岩形成湖泊。湖面呈东西向条带状，东部与泸江相接，西岸为石屏坝，北倚乾阳山，湖岸线平直，南岸五爪山沟谷发育，形如五爪伸入湖中，山水相含形成数个大小湖湾。

异龙湖流域地形坡度以小于 5°为主，在此范围内的土地面积占总面积 36.89%；其次为 15°～25°，占总面积 22.16%；占比最小的为 5°～8°，仅占总面积 5.00%。流域坡度因子在 0～9.99，平均值 3.09，主要集中在 4.7～6.5，在此范围内的土地面积占总面积 73.53%。坡长因子在 0～3.18，平均值 1.42，主要集中在 0.00～0.67 和 1.88～2.14，在此范围内的土地面积分别占总面积 29.28%和 19.99%。

2. 气象因子

异龙湖流域属北亚热带干燥季风与中热带半湿润季风气候区，位于珠江与元江的分水岭上，具有干湿季分明、夏季多雨、雨热同季、日温差大、年温差小的气候特点。汛期受孟加拉湾和北部湾暖湿气流的影响，降雨丰沛，枯季受西方高原干暖气流的控制，干旱少雨。年平均气温 18℃，年平均降雨量 894.0mm。异龙湖流域紧靠珠江支流南盘江与元江两大流域分水岭，系南盘江一级支流泸江的源头，属珠江水系。大小入湖河流有 20 条，但仅城河有常年流水，流域出水汇入南盘江。

异龙湖流域降雨侵蚀力因子在 2000～3000MJ·mm/(hm^2·h·年)，最小值 2421.73MJ·mm/(hm^2·h·年)，最大值 2664.90MJ·mm/(hm^2·h·年)，平均值 2588.84MJ·mm/(hm^2·h·年)。降雨侵蚀力因子主要集中在 2500～3000MJ·mm/(hm^2·h·年)，在此范围内的土地面积占总面积 90.59%。

3. 土壤因子

异龙湖流域土壤类型主要有红壤、水稻土和紫色土等。其中红壤面积最大、分布最广，占总面积 70.09%；其次为水稻土，占总面积 15.46%；占比最小的为紫色土，占总面积 3.94%。

异龙湖流域土壤可蚀性因子为 0～0.0131t·hm^2·h/(hm^2·MJ·mm)，平均值 0.0065t·hm^2·h/(hm^2·MJ·mm)。土壤可蚀性因子主要集中在 0.006～0.007t·hm^2·h/(hm^2·MJ·mm)，在此范围内的土地面积占总面积 67.68%。

4. 水土保持生物措施因子

异龙湖流域植被以温暖中山针阔混交林为主，其次为低矮灌丛等，林草覆盖率 54.25%。生物措施因子平均值 0.32，主要集中在 0.01～0.03 和 0.6～1，在此范围内的土地面积分别占总面积 34.38%和 27.02%。

5. 水土保持工程措施因子

异龙湖流域工程措施总面积 132.04km^2。其中水平梯田 71.76km^2，占措施总面积 54.35%；坡式梯田 30.70km^2，占措施总面积 23.25%，隔坡梯田 29.58km^2，占措施总面积 22.40%。工程措施因子平均值 0.64。

6. 水土保持耕作措施因子

异龙湖流域耕地轮作制度属滇南山地旱地水田二熟兼三熟区，轮作措施为低山玉米||豆一年一熟。耕作措施因子最小值 0.42，最大值 1.00，平均值 0.83。

（二）土壤侵蚀强度

异龙湖流域土壤侵蚀面积为 63.94km^2，占总面积 17.74%，平均土壤水力侵蚀模数为 769t/(km^2·年)。土壤侵蚀面积分布见表 4-31，空间分布见图 4-32。

表 4-31 异龙湖流域土壤侵蚀面积分布

地区	土地总面积/km²	微度侵蚀		土壤侵蚀		强度分级									
						轻度		中度		强烈		极强烈		剧烈	
		面积/km²	占总面积比例/%	面积/km²	占总面积比例/%	面积/km²	占侵蚀面积比例/%	面积/km²	占侵蚀面积比例/%	面积/km²	占侵蚀面积比例/%	面积/km²	占侵蚀面积比例/%	面积/km²	占侵蚀面积比例/%
石屏	360.40	296.46	82.26	63.94	17.74	42.28	66.12	10.37	16.22	3.30	5.16	6.25	9.78	1.74	2.72

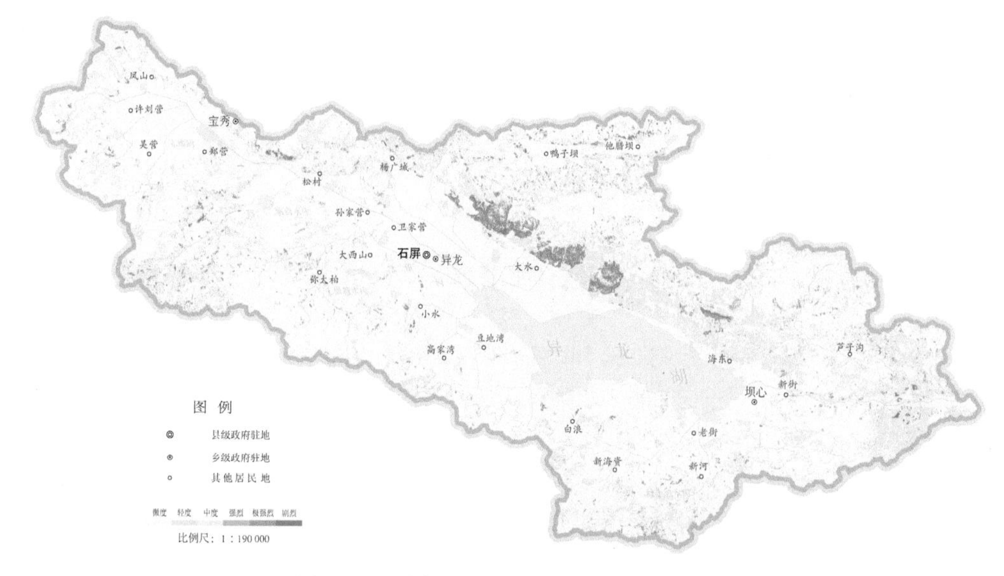

图 4-32　异龙湖流域土壤侵蚀空间分布图

轻度侵蚀面积为 42.28km^2，占总面积 11.73%，占土壤侵蚀面积 66.12%，主要分布在长冲河、泸江南侧支流上游两岸，杉木冲水库上游河流两岸，蔡营水库四周，坝心镇白浪村南部，异龙镇弥太柏村、小水村、高家湾村及豆地湾村一带，宝秀镇凤山村西北部至宝秀村一带。

中度侵蚀面积为 10.37km^2，占总面积 2.88%，占土壤侵蚀面积 16.22%，主要分布在流域西部和东北部。集中分布区域为蔡营河上游、芦子沟河东侧、异龙湖北侧沿湖自西向东一带。

强烈侵蚀面积为 3.30km^2，占总面积 0.92%，占土壤侵蚀面积 5.16%，主要分布在流域的北部。集中分布区域为坝心镇海东村北部、异龙镇大水村北部和东部、蔡营河中游左岸及南天沟中下游两岸等地。

极强烈侵蚀面积为 6.25km^2，占总面积 1.73%，占土壤侵蚀面积 9.78%，主要分布在坝心镇海东村北部、异龙镇大水村北部和东部、小黑箐上游等地。

剧烈侵蚀面积为 1.74km^2，占总面积 0.48%，占土壤侵蚀面积 2.72%，主要分布在异龙镇鸭子坝村与他腊坝村北部区域，以及坝心镇海东村北部、异龙镇大水村北部和东部、高冲水库下游李家寨北侧等地，其余区域呈零星分布。

第五章 土壤侵蚀强度及动态变化

第一节 历年调查结果对比分析

1987 年云南省土壤侵蚀面积 146 430.09km^2，占总面积 38.21%。其中轻度侵蚀面积 86 150.98km^2，占总面积 22.48%，占土壤侵蚀面积 58.83%；中度侵蚀面积 51 612.27km^2，占总面积 13.47%，占土壤侵蚀面积 35.25%；强烈侵蚀面积 7 845.64km^2，占总面积 2.05%，占土壤侵蚀面积 5.36%；极强烈侵蚀面积 552.30km^2，占总面积 0.14%，占土壤侵蚀面积 0.38%；剧烈侵蚀面积 268.90km^2，占总面积 0.07%，占土壤侵蚀面积 0.18%。

1999 年云南省土壤侵蚀面积 141 333.70km^2，占总面积 36.88%。其中轻度侵蚀面积 79 982.43km^2，占总面积 20.87%，占土壤侵蚀面积 56.59%；中度侵蚀面积 52 658.58km^2，占总面积 13.74%，占土壤侵蚀面积 37.26%；强烈侵蚀面积 8111.21km^2，占总面积 2.12%，占土壤侵蚀面积 5.74%；极强烈侵蚀面积 407.62km^2，占总面积 0.11%，占土壤侵蚀面积 0.29%；剧烈侵蚀面积 173.86km^2，占总面积 0.04%，占土壤侵蚀面积 0.12%。

2004 年云南省土壤侵蚀面积 134 261.77km^2，占总面积 35.04%。其中轻度侵蚀面积 76 049.47km^2，占总面积 19.85%，占土壤侵蚀面积 56.64%；中度侵蚀面积 46 642.20km^2，占总面积 12.17%，占土壤侵蚀面积 34.74%；强烈侵蚀面积 9986.30km^2，占总面积 2.61%，占土壤侵蚀面积 7.44%；极强烈侵蚀面积 1429.51km^2，占总面积 0.37%，占土壤侵蚀面积 1.07%；剧烈侵蚀面积 154.29km^2，占总面积 0.04%，占土壤侵蚀面积 0.11%。

2010 年云南省土壤侵蚀面积 109 588.26km^2，占总面积 28.60%。其中轻度侵蚀面积 44 875.95km^2，占总面积 11.71%，占土壤侵蚀面积 40.95%；中度侵蚀面积 34 763.98km^2，占总面积 9.07%，占土壤侵蚀面积 31.72%；强烈侵蚀面积 15 859.90km^2，占总面积 4.14%，占土壤侵蚀面积 14.47%；极强烈侵蚀面积 8963.43km^2，占总面积 2.34%，占土壤侵蚀面积 8.18%；剧烈侵蚀面积 5125.00km^2，占总面积 1.34%，占土壤侵蚀面积 4.68%。

2015 年云南省土壤侵蚀面积 104 727.74km^2，占总面积 27.33%。其中轻度侵蚀面积 63 078.39km^2，占总面积 16.46%，占土壤侵蚀面积 60.23%；中度侵蚀面积 17 617.13km^2，占总面积 4.60%，占土壤侵蚀面积 16.82%；强烈侵蚀面积 11 422.68km^2，

占总面积 2.98%，占土壤侵蚀面积 10.91%；极强烈侵蚀面积 8056.56km^2，占总面积 2.10%，占土壤侵蚀面积 7.69%；剧烈侵蚀面积 4552.98km^2，占总面积 1.19%，占土壤侵蚀面积 4.35%。

云南省历次土壤侵蚀调查结果见图 5-1，分市（州）、分流域强度分级见表 5-1～表 5-10。

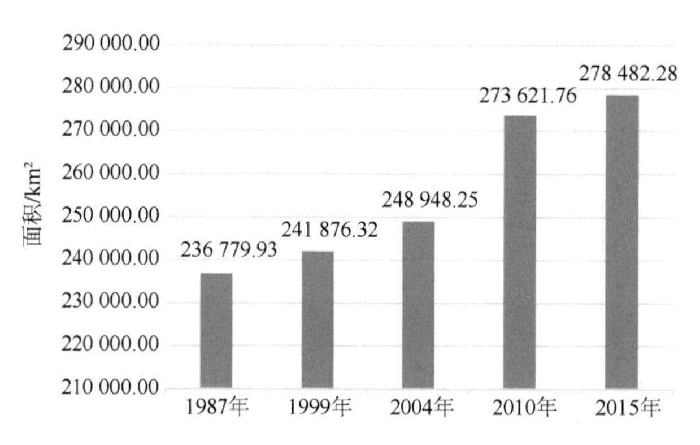

图 5-1a　云南省微度侵蚀面积对比

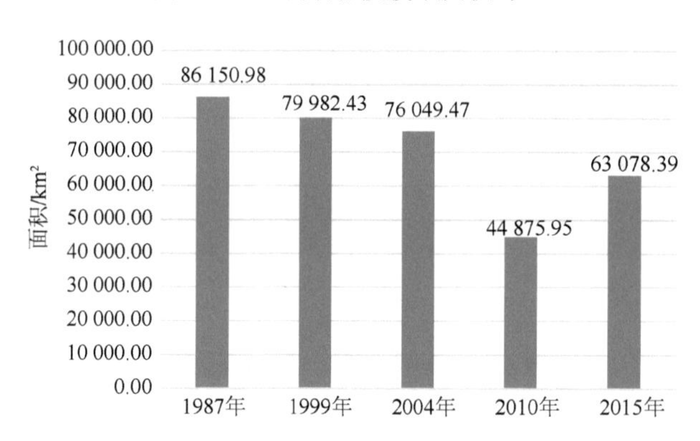

图 5-1b　云南省轻度侵蚀面积对比

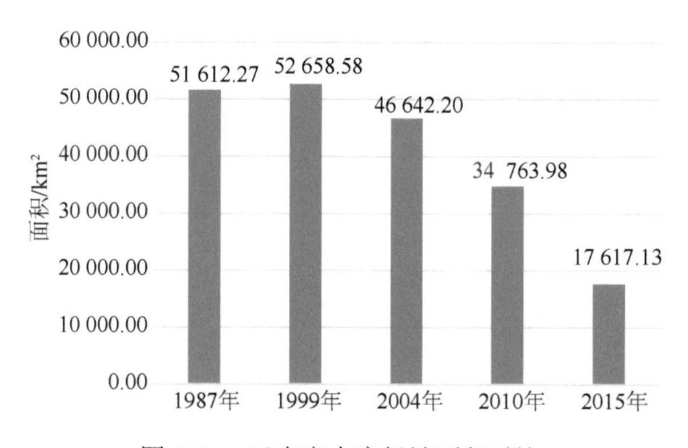

图 5-1c　云南省中度侵蚀面积对比

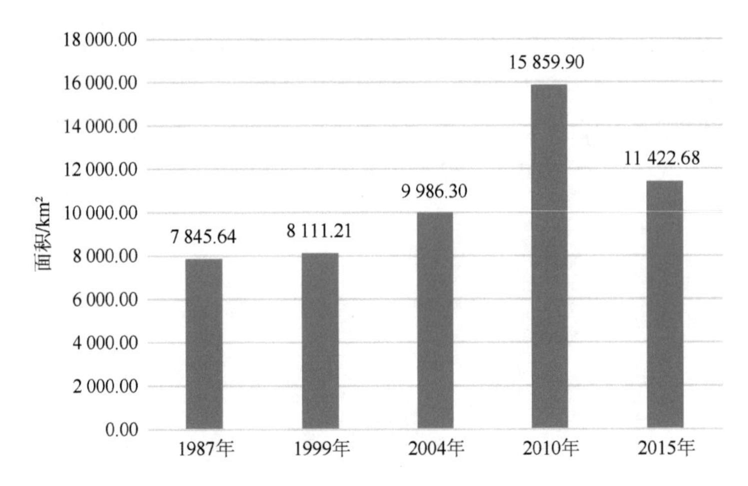

图 5-1d　云南省强烈侵蚀面积对比

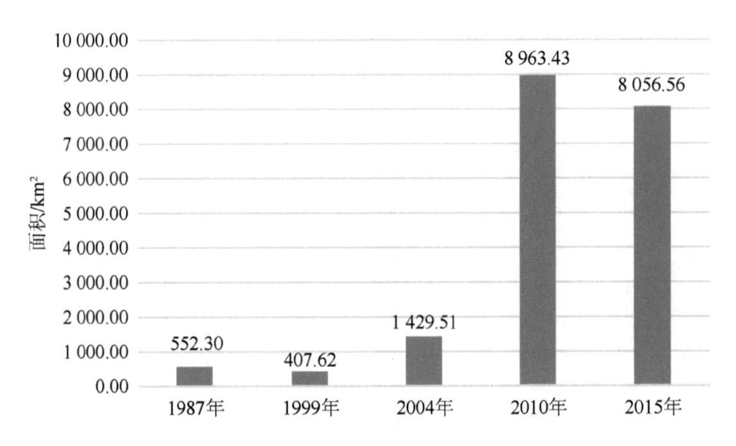

图 5-1e　云南省极强烈侵蚀面积对比

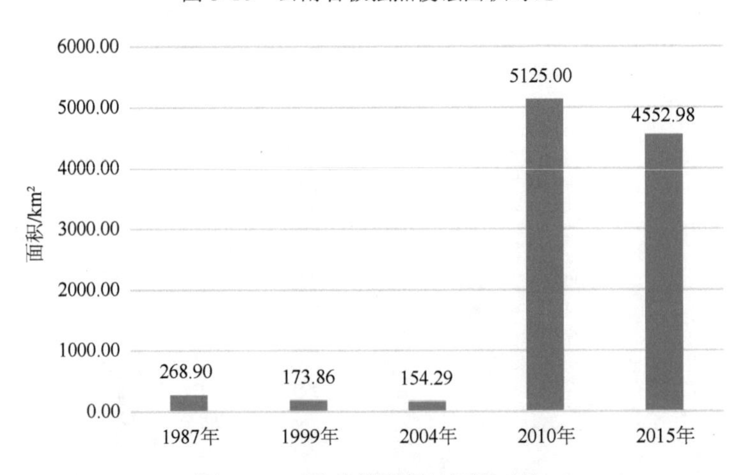

图 5-1f　云南省剧烈侵蚀面积对比

表 5-1　云南省 1987 年土壤侵蚀面积分布

地区	土地总面积/km^2	微度侵蚀		土壤侵蚀		强度分级									
						轻度		中度		强烈		极强烈		剧烈	
		面积/km^2	占总面积比例/%	面积/km^2	占总面积比例/%	面积/km^2	占侵蚀面积比例/%	面积/km^2	占侵蚀面积比例/%	面积/km^2	占侵蚀面积比例/%	面积/km^2	占侵蚀面积比例/%	面积/km^2	占侵蚀面积比例/%
昆明	21 012.16	11 413.77	54.32	9 598.39	45.68	6 575.75	68.50	2 641.29	27.52	236.70	2.47	68.73	0.72	75.92	0.79
曲靖	28 904.11	14 752.50	51.04	14 151.61	48.96	6 640.65	46.93	7 042.38	49.76	403.43	2.85	15.54	0.11	49.61	0.35
玉溪	14 945.36	9 736.93	65.15	5 208.43	34.85	4 494.14	86.29	678.27	13.02	36.02	0.69		0.00		0.00
保山	19 066.50	12 274.39	64.38	6 792.11	35.62	3 243.54	47.76	3 277.82	48.26	247.30	3.64	2.22	0.03	21.23	0.31
昭通	22 430.17	9 067.68	40.43	13 362.49	59.57	5 761.91	43.12	5 217.29	39.04	1 935.72	14.49	329.18	2.46	118.39	0.89
丽江	20 549.00	15 697.17	76.39	4 851.83	23.61	3 671.82	75.68	1 072.78	22.11	103.30	2.13	3.93	0.08		0.00
普洱	44 347.00	34 195.70	77.11	10 151.30	22.89	9 134.79	89.99	1 015.27	10.00	1.24	0.01		0.00		0.00
临沧	23 625.31	14 615.04	61.86	9 010.27	38.14	4 982.76	55.30	3 877.82	43.04	149.69	1.66		0.00		0.00
楚雄	28 448.21	12 420.60	43.66	16 027.61	56.34	7 352.13	45.87	6 643.58	41.45	2 011.83	12.55	20.07	0.13		0.00
红河	32 181.12	17 555.14	54.55	14 625.98	45.45	11 306.82	77.30	3 227.31	22.07	80.74	0.55	11.11	0.08		0.00
文山	31 404.77	16 975.19	54.05	14 429.58	45.95	6 780.42	46.99	6 750.63	46.78	841.56	5.83	56.97	0.40		0.00
西双版纳	18 994.51	13 425.75	70.68	5 568.76	29.32	3 450.68	61.96	2 118.08	38.04		0.00		0.00		0.00
大理	28 302.16	17 597.48	62.18	10 704.68	37.82	5 681.68	53.08	4 084.81	38.16	901.77	8.42	36.42	0.34		0.00
德宏	11 173.75	7 851.42	70.27	3 322.33	29.73	1 497.73	45.08	1 356.34	40.83	464.51	13.98		0.00	3.75	0.11
怒江	14 597.93	10 863.27	74.42	3 734.66	25.58	2 135.61	57.18	1 229.60	32.92	361.32	9.68	8.13	0.22		0.00
迪庆	23 227.96	18 337.90	78.95	4 890.06	21.05	3 440.55	70.36	1 379.00	28.20	70.51	1.44		0.00		0.00
合计	383 210.02	236 779.93	61.79	146 430.09	38.21	86 150.98	58.83	51 612.27	35.25	7 845.64	5.36	552.30	0.38	268.90	0.18

表 5-2 云南省 1999 年土壤侵蚀面积分布

地区	土地总面积/km^2	微度侵蚀		土壤侵蚀		强度分级									
						轻度		中度		强烈		极强烈		剧烈	
		面积/km^2	占总面积比例/%	面积/km^2	占总面积比例/%	面积/km^2	占侵蚀面积比例/%	面积/km^2	占侵蚀面积比例/%	面积/km^2	占侵蚀面积比例/%	面积/km^2	占侵蚀面积比例/%	面积/km^2	占侵蚀面积比例/%
昆明	21 012.16	11 874.32	56.51	9 137.84	43.49	5 448.26	59.62	3 128.75	34.24	344.92	3.78	149.15	1.63	66.76	0.73
曲靖	28 904.11	15 777.35	54.59	13 126.76	45.41	6 617.04	50.41	6 067.58	46.22	369.46	2.82	21.42	0.16	51.26	0.39
玉溪	14 945.36	9 565.91	64.01	5 379.45	35.99	4 170.38	77.52	1 166.82	21.69	42.25	0.79		0.00		0.00
保山	19 066.50	12 171.97	63.84	6 894.53	36.16	3 041.68	44.12	3 514.82	50.98	305.52	4.43	9.63	0.14	22.88	0.33
昭通	22 430.17	11 122.24	49.59	11 307.93	50.41	4 852.18	42.91	4 459.67	39.44	1 850.32	16.36	123.26	1.09	22.50	0.20
丽江	20 549.00	15 070.47	73.34	5 478.53	26.66	3 530.24	64.44	1 742.03	31.80	203.12	3.70	3.14	0.06		0.00
普洱	44 347.00	33 860.21	76.35	10 486.79	23.65	8 536.96	81.40	1 869.56	17.83	80.27	0.77		0.00		0.00
临沧	23 625.31	14 482.07	61.30	9 143.24	38.70	4 410.83	48.24	4 310.27	47.14	422.14	4.62		0.00		0.00
楚雄	28 448.21	14 859.78	52.23	13 588.43	47.77	6 912.29	50.87	5 393.68	39.69	1 282.46	9.44		0.00		0.00
红河	32 181.12	18 207.96	56.58	13 973.16	43.42	10 236.26	73.26	3 521.43	25.20	215.47	1.54		0.00		0.00
文山	31 404.77	16 300.20	51.90	15 104.57	48.10	7 032.90	46.56	7 195.90	47.64	826.37	5.47	49.40	0.33		0.00
西双版纳	18 994.51	13 966.22	73.53	5 028.29	26.47	3 729.82	74.18	1 298.47	25.82		0.00		0.00		0.00
大理	28 302.16	17 058.00	60.27	11 244.16	39.73	5 745.46	51.10	4 410.75	39.22	1 045.60	9.30	42.35	0.38		0.00
德宏	11 173.75	8 203.30	73.42	2 970.45	26.58	775.67	26.11	1 823.64	61.39	356.54	12.01	4.14	0.14	10.46	0.35
怒江	14 597.93	10 665.05	73.06	3 932.88	26.94	2 431.28	61.82	971.42	24.70	525.05	13.35	5.13	0.13		0.00
迪庆	23 227.96	18 691.27	80.47	4 536.69	19.53	2 511.18	55.35	1 783.79	39.32	241.72	5.33		0.00		0.00
合计	383 210.02	241 876.32	63.12	141 333.70	36.88	79 982.43	56.59	52 658.58	37.26	8 111.21	5.74	407.62	0.29	173.86	0.12

表 5-3 云南省 2004 年土壤侵蚀面积分布

地区	土地总面积/km^2	微度侵蚀		土壤侵蚀		强度分级									
						轻度		中度		强烈		极强烈		剧烈	
		面积/km^2	占总面积比例/%	面积/km^2	占总面积比例/%	面积/km^2	占侵蚀面积比例/%	面积/km^2	占侵蚀面积比例/%	面积/km^2	占侵蚀面积比例/%	面积/km^2	占侵蚀面积比例/%	面积/km^2	占侵蚀面积比例/%
昆明	21 012.16	12 485.78	59.42	8 526.38	40.58	4 899.28	57.46	2 202.33	25.83	894.52	10.49	447.20	5.25	83.05	0.97
曲靖	28 904.11	16 080.36	55.63	12 823.75	44.37	7 417.29	57.84	4 303.38	33.56	889.02	6.93	192.76	1.50	21.30	0.17
玉溪	14 945.36	10 163.58	68.00	4 781.78	32.00	3 460.88	72.38	1 239.62	25.92	77.66	1.62	3.62	0.08	0.00	0.00
保山	19 066.50	12 105.62	63.49	6 960.88	36.51	3 057.28	43.92	3 471.57	49.87	344.09	4.94	86.83	1.25	1.11	0.02
昭通	22 430.17	11 862.67	52.89	10 567.50	47.11	4 444.19	42.06	3 948.89	37.37	1 852.10	17.52	289.30	2.74	33.02	0.31
丽江	20 549.00	15 107.11	73.52	5 441.89	26.48	2 855.90	52.48	1 996.00	36.68	544.58	10.01	44.36	0.81	1.05	0.02
普洱	44 347.00	34 021.22	76.72	10 325.78	23.28	7 065.04	68.42	2 871.72	27.81	388.76	3.77	0.21	0.00	0.05	0.00
临沧	23 625.31	15 038.99	63.66	8 586.32	36.34	4 212.75	49.06	3 910.89	45.55	462.22	5.38	0.46	0.01	0.00	0.00
楚雄	28 448.21	15 835.25	55.66	12 612.96	44.34	6 985.73	55.39	4 389.51	34.80	1 182.37	9.37	54.52	0.43	0.83	0.01
红河	32 181.12	18 836.81	58.53	13 344.31	41.47	8 748.41	65.56	3 838.52	28.77	705.78	5.29	45.92	0.34	5.68	0.04
文山	31 404.77	17 044.84	54.27	14 359.93	45.73	8 610.95	59.97	5 087.02	35.42	610.33	4.25	51.63	0.36	0.00	0.00
西双版纳	18 994.51	14 494.64	76.31	4 499.87	23.69	3 550.33	78.90	901.20	20.03	48.06	1.07	0.28	0.00	0.00	0.00
大理	28 302.16	17 682.23	62.48	10 619.93	37.52	5 629.12	53.00	3 816.55	35.94	1 111.48	10.47	62.75	0.59	0.03	0.00
德宏	11 173.75	8 357.98	74.80	2 815.77	25.20	1 029.95	36.58	1 701.84	60.44	82.33	2.92	1.65	0.06	0.00	0.00
怒江	14 597.93	11 256.03	77.11	3 341.90	22.89	1 429.79	42.78	1 437.63	43.02	466.35	13.96	8.13	0.24	0.00	0.00
迪庆	23 227.96	18 575.14	79.97	4 652.82	20.03	2 652.58	57.01	1 525.53	32.79	326.65	7.02	139.89	3.00	8.17	0.18
合计	383 210.02	248 948.25	64.96	134 261.77	35.04	76 049.47	56.64	46 642.20	34.74	9 986.30	7.44	1 429.51	1.07	154.29	0.11

表 5-4 云南省 2010 年土壤侵蚀面积分布

地区	土地总面积/km^2	微度侵蚀		土壤侵蚀		强度分级									
						轻度		中度		强烈		极强烈		剧烈	
		面积/km^2	占总面积比例/%	面积/km^2	占总面积比例/%	面积/km^2	占侵蚀面积比例/%	面积/km^2	占侵蚀面积比例/%	面积/km^2	占侵蚀面积比例/%	面积/km	占侵蚀面积比例/%	面积/km^2	占侵蚀面积比例/%
昆明	21 012.16	15 024.96	71.51	5 987.20	28.49	2 569.18	42.91	1 922.76	32.11	1 041.82	17.40	396.82	6.63	56.62	0.95
曲靖	28 904.11	20 676.02	71.53	8 228.09	28.47	3 371.36	40.98	2 681.61	32.59	1 325.68	16.11	664.94	8.08	184.50	2.24
玉溪	14 945.36	11 571.64	77.43	3 373.72	22.57	1 735.03	51.43	959.69	28.44	410.83	12.18	197.41	5.85	70.76	2.10
保山	19 066.50	13 935.91	73.09	5 130.59	26.91	1 833.98	35.74	1 522.28	29.67	890.57	17.36	674.07	13.14	209.69	4.09
昭通	22 430.17	12 214.02	54.45	10 216.15	45.55	3 109.43	30.44	3 192.34	31.25	1 924.38	18.84	1 399.12	13.69	590.88	5.78
丽江	20 549.00	14 025.04	68.25	6 523.96	31.75	2 550.26	39.09	2 173.45	33.31	1 181.39	18.11	475.60	7.29	143.26	2.20
普洱	44 347.00	34 236.40	77.20	10 110.60	22.80	4 407.60	43.59	2 772.60	27.42	1 134.93	11.23	861.91	8.53	933.56	9.23
临沧	23 625.31	16 115.56	68.21	7 509.75	31.79	2 795.28	37.22	2 508.95	33.41	1 059.51	14.11	659.07	8.78	486.94	6.48
楚雄	28 448.21	21 652.12	76.11	6 796.09	23.89	3 367.57	49.55	2 140.49	31.50	1 013.47	14.91	201.30	2.96	73.26	1.08
红河	32 181.12	22 327.72	69.38	9 853.40	30.62	3 986.81	40.46	3 105.14	31.51	1 458.52	14.80	914.78	9.29	388.15	3.94
文山	31 404.77	17 452.79	55.57	13 951.98	44.43	5 222.47	37.43	4 850.38	34.77	1 946.58	13.95	1 080.37	7.74	852.18	6.11
西双版纳	18 994.51	15 015.12	79.05	3 979.39	20.95	2 248.27	56.50	989.68	24.87	218.86	5.50	210.45	5.29	312.13	7.84
大理	28 302.16	20 489.28	72.39	7 812.88	27.61	3 679.55	47.10	2 505.86	32.07	957.98	12.26	493.87	6.32	175.62	2.25
德宏	11 173.75	8 823.41	78.97	2 350.34	21.03	1 169.85	49.77	654.77	27.86	209.67	8.92	152.10	6.47	163.95	6.98
怒江	14 597.93	10 218.98	70.00	4 378.95	30.00	1 511.89	34.53	1 665.44	38.03	607.50	13.87	263.12	6.01	331.00	7.56
迪庆	23 227.96	19 842.79	85.43	3 385.17	14.57	1 317.42	38.92	1 118.54	33.04	478.21	14.13	318.50	9.41	152.50	4.50
合计	383 210.02	273 621.76	71.40	109 588.26	28.60	44 875.95	40.95	34 763.98	31.72	15 859.90	14.47	8 963.43	8.18	5 125.00	4.68

表 5-5　云南省 2015 年土壤侵蚀面积分布

地区	土地总面积/km²	微度侵蚀		土壤侵蚀		强度分级									
						轻度		中度		强烈		极强烈		剧烈	
		面积/km²	占总面积比例/%	面积/km²	占总面积比例/%	面积/km²	占侵蚀面积比例/%	面积/km²	占侵蚀面积比例/%	面积/km²	占侵蚀面积比例/%	面积/km²	占侵蚀面积比例/%	面积/km²	占侵蚀面积比例/%
昆明	21 012.16	14 354.72	68.32	6 657.44	31.68	4 042.22	60.72	1 063.45	15.97	801.14	12.03	595.14	8.94	155.49	2.34
曲靖	28 904.11	19 243.58	66.58	9 660.53	33.42	6 357.44	65.81	1 641.89	16.99	920.36	9.53	542.10	5.61	198.74	2.06
玉溪	14 945.36	11 407.74	76.33	3 537.62	23.67	2 002.73	56.61	682.62	19.30	366.23	10.35	352.76	9.97	133.28	3.77
保山	19 066.50	13 751.63	72.12	5 314.87	27.88	3 275.91	61.64	994.72	18.72	517.88	9.74	410.41	7.72	115.95	2.18
昭通	22 430.17	13 672.29	60.95	8 757.88	39.05	4 481.32	51.17	1 496.02	17.08	951.03	10.86	1 261.42	14.40	568.09	6.49
丽江	20 549.00	16 243.08	79.05	4 305.92	20.95	2 937.58	68.22	629.92	14.63	307.55	7.14	296.87	6.90	134.00	3.11
普洱	44 347.00	36 018.31	81.22	8 328.69	18.78	4 344.46	52.16	1 266.41	15.21	1 126.43	13.52	954.07	11.46	637.32	7.65
临沧	23 625.31	16 844.71	71.30	6 780.60	28.70	3 042.42	44.87	1 320.45	19.47	1 242.11	18.32	720.76	10.63	454.86	6.71
楚雄	28 448.21	18 334.18	64.45	10 114.03	35.55	6 894.58	68.17	1 706.52	16.87	693.35	6.86	445.50	4.40	374.08	3.70
红河	32 181.12	22 236.64	69.10	9 944.48	30.90	5 941.12	59.74	1 515.37	15.24	1 079.47	10.86	694.48	6.98	714.04	7.18
文山	31 404.77	19 999.78	63.68	11 404.99	36.32	6 731.72	59.02	1 748.54	15.33	1 759.81	15.43	655.52	5.75	509.40	4.47
西双版纳	18 994.51	15 706.14	82.69	3 288.37	17.31	2 096.79	63.76	760.43	23.13	147.15	4.47	172.53	5.25	111.47	3.39
大理	28 302.16	20 646.22	72.95	7 655.94	27.05	5 268.87	68.82	987.03	12.89	734.65	9.60	400.95	5.24	264.44	3.45
德宏	11 173.75	9 018.03	80.71	2 155.72	19.29	1 416.36	65.70	353.59	16.40	150.92	7.00	129.42	6.00	105.43	4.90
怒江	14 597.93	11 659.82	79.87	2 938.11	20.13	1 661.11	56.53	615.20	20.94	380.17	12.94	232.93	7.93	48.70	1.66
迪庆	23 227.96	19 345.41	83.29	3 882.55	16.71	2 583.76	66.55	834.97	21.50	244.43	6.30	191.70	4.94	27.69	0.71
合计	383 210.02	278 482.28	72.67	104 727.74	27.33	63 078.39	60.23	17 617.13	16.82	11 422.68	10.91	8 056.56	7.69	4 552.98	4.35

表 5-6　云南省 1987 年六大流域土壤侵蚀面积分布

流域	土地总面积/km²	微度侵蚀		土壤侵蚀		强度分级									
						轻度		中度		强烈		极强烈		剧烈	
		面积/km²	占总面积比例/%	面积/km²	占总面积比例/%	面积/km²	占侵蚀面积比例/%	面积/km²	占侵蚀面积比例/%	面积/km²	占侵蚀面积比例/%	面积/km²	占侵蚀面积比例/%	面积/km²	占侵蚀面积比例/%
金沙江	109 679.40	62 700.08	57.17	46 979.32	42.83	25 439.14	54.15	17 161.07	36.53	3 696.08	7.87	439.11	0.93	243.92	0.52
珠江	57 719.08	34 012.53	58.93	23 706.55	41.07	14 412.03	60.79	8 885.99	37.48	340.45	1.44	68.08	0.29		0.00
元江	74 828.53	41 331.05	55.23	33 497.48	44.77	20 856.86	62.26	10 477.69	31.28	2 128.17	6.35	34.76	0.11		0.00
澜沧江	88 536.39	62 514.48	70.61	26 021.91	29.39	17 096.77	65.70	8 318.72	31.97	606.42	2.33		0.00		0.00
怒江	33 423.28	22 533.03	67.42	10 890.25	32.58	5 433.55	49.89	4 836.87	44.42	588.51	5.40	10.35	0.10	20.97	0.19
独龙江	19 023.34	13 688.76	71.96	5 334.58	28.04	2 912.63	54.60	1 931.93	36.22	486.01	9.11		0.00	4.01	0.07
合计	383 210.02	236 779.93	61.79	146 430.09	38.21	86 150.98	58.83	51 612.27	35.25	7 845.64	5.36	552.30	0.38	268.90	0.18

表 5-7 云南省 1999 年六大流域土壤侵蚀面积分布

流域	土地总面积/km^2	微度侵蚀		土壤侵蚀		强度分级									
						轻度		中度		强烈		极强烈		剧烈	
		面积/km^2	占总面积比例/%	面积/km^2	占总面积比例/%	面积/km^2	占侵蚀面积比例/%	面积/km^2	占侵蚀面积比例/%	面积/km^2	占侵蚀面积比例/%	面积/km^2	占侵蚀面积比例/%	面积/km^2	占侵蚀面积比例/%
金沙江	109 679.40	66 749.01	60.86	42 930.39	39.14	22 525.51	52.47	16 240.10	37.83	3 705.05	8.63	319.21	0.74	140.52	0.33
珠江	57 719.08	34 358.62	59.53	23 360.46	40.47	13 823.28	59.17	9 175.03	39.28	312.75	1.34	49.40	0.21		0.00
元江	74 828.53	41 668.87	55.69	33 159.66	44.31	20 118.67	60.67	11 141.66	33.60	1 880.47	5.67	18.86	0.06		0.00
澜沧江	88 536.39	62 732.41	70.85	25 803.98	29.15	15 978.17	61.92	8 730.35	33.83	1 094.21	4.24	1.25	0.01		0.00
怒江	33 423.28	22 482.43	67.27	10 940.85	32.73	5 313.24	48.56	4 865.32	44.47	730.88	6.68	8.72	0.08	22.69	0.21
独龙江	19 023.34	13 884.98	72.99	5 138.36	27.01	2 223.56	43.27	2 506.12	48.77	387.85	7.55	10.18	0.20	10.65	0.21
合计	383 210.02	241 876.32	63.12	141 333.70	36.88	79 982.43	56.59	52 658.58	37.26	8 111.21	5.74	407.62	0.29	173.86	0.12

表 5-8　云南省 2004 年六大流域土壤侵蚀面积分布

流域	土地总面积/km²	微度侵蚀		土壤侵蚀		强度分级									
						轻度		中度		强烈		极强烈		剧烈	
		面积/km²	占总面积比例/%	面积/km²	占总面积比例/%	面积/km²	占侵蚀面积比例/%	面积/km²	占侵蚀面积比例/%	面积/km²	占侵蚀面积比例/%	面积/km²	占侵蚀面积比例/%	面积/km²	占侵蚀面积比例/%
金沙江	109 679.40	68 847.51	62.77	40 831.89	37.23	21 139.76	51.77	13 311.85	32.61	5 076.51	12.43	1 159.58	2.84	144.19	0.35
珠江	57 719.08	35 124.72	60.85	22 594.36	39.15	15 767.21	69.78	6 157.50	27.25	592.16	2.62	69.18	0.31	8.31	0.04
元江	74 828.53	44 114.73	58.95	30 713.80	41.05	17 961.33	58.48	10 610.83	34.55	2 076.72	6.76	64.92	0.21	0.00	0.00
澜沧江	88 536.39	63 551.77	71.78	24 984.62	28.22	14 025.56	56.14	9 451.51	37.83	1 465.55	5.87	41.32	0.16	0.68	0.00
怒江	33 423.28	23 027.65	68.90	10 395.63	31.10	4 769.20	45.88	4 848.36	46.64	684.22	6.58	92.74	0.89	1.11	0.01
独龙江	19 023.34	14 281.87	75.08	4 741.47	24.92	2 386.41	50.33	2 262.15	47.71	91.14	1.92	1.77	0.04	0.00	0.00
合计	383 210.02	248 948.25	64.96	134 261.77	35.04	76 049.47	56.64	46 642.20	34.74	9 986.30	7.44	1 429.51	1.07	154.29	0.11

表 5-9 云南省 2010 年六大流域土壤侵蚀面积分布

流域	土地总面积/km^2	微度侵蚀		土壤侵蚀		强度分级									
						轻度		中度		强烈		极强烈		剧烈	
		面积/km^2	占总面积比例/%	面积/km^2	占总面积比例/%	面积/km^2	占侵蚀面积比例/%	面积/km^2	占侵蚀面积比例/%	面积/km^2	占侵蚀面积比例/%	面积/km^2	占侵蚀面积比例/%	面积/km^2	占侵蚀面积比例/%
金沙江	109 704.87	77 378.93	70.53	32 325.94	29.47	12 520.59	38.73	10 346.52	32.01	5 696.85	17.62	2 777.57	8.59	984.41	3.05
珠江	58 646.70	38 182.82	65.11	20 463.88	34.89	7 979.02	38.99	6 736.22	32.92	3 132.42	15.31	1 813.91	8.86	802.31	3.92
元江	74 050.98	53 725.54	72.55	20 325.44	27.45	9 160.22	45.07	6 373.33	31.36	2 503.09	12.31	1 391.77	6.85	897.03	4.41
澜沧江	88 431.25	65 909.02	74.53	22 522.23	25.47	9 869.13	43.82	6 896.29	30.62	2 617.99	11.62	1 655.15	7.35	1 483.67	6.59
怒江	33 385.01	23 467.24	70.29	9 917.77	29.71	3 395.44	34.24	3 310.99	33.38	1 453.42	14.66	992.78	10.01	765.14	7.71
独龙江	18 991.21	14 958.21	78.76	4 033.00	21.24	1 951.55	48.39	1 100.63	27.29	456.13	11.31	332.25	8.24	192.44	4.77
合计	383 210.02	273 621.76	71.40	109 588.26	28.60	44 875.95	40.95	34 763.98	31.72	15 859.90	14.47	8 963.43	8.18	5 125.00	4.68

注：2010 年对六大流域的边界经过复核后进行了调整

表 5-10 云南省 2015 年六大流域土壤侵蚀面积分布

流域	土地总面积/km²	微度侵蚀		土壤侵蚀		强度分级									
						轻度		中度		强烈		极强烈		剧烈	
		面积/km²	占总面积比例/%	面积/km²	占总面积比例/%	面积/km²	占侵蚀面积比例/%	面积/km²	占侵蚀面积比例/%	面积/km²	占侵蚀面积比例/%	面积/km²	占侵蚀面积比例/%	面积/km²	占侵蚀面积比例/%
金沙江	109 704.87	77 571.26	70.71	32 133.61	29.29	19 972.52	62.15	5 380.36	16.74	2 936.18	9.14	2 678.50	8.34	1 166.05	3.63
珠江	58 646.70	40 486.67	69.03	18 160.03	30.97	11 768.79	64.81	2 823.40	15.55	1 921.52	10.58	1 020.63	5.62	625.69	3.44
元江	74 050.98	51 289.65	69.26	22 761.33	30.74	13 058.71	57.37	3 713.83	16.32	2 905.36	12.76	1 759.70	7.73	1 323.73	5.82
澜沧江	88 431.25	69 122.67	78.17	19 308.58	21.83	11 242.34	58.23	3 504.57	18.15	2 118.23	10.97	1 535.75	7.95	907.69	4.70
怒江	33 385.01	24 738.55	74.10	8 646.46	25.90	4 456.19	51.54	1 608.75	18.61	1 310.17	15.15	859.03	9.93	412.32	4.77
独龙江	18 991.21	15 273.48	80.42	3 717.73	19.58	2 579.84	69.39	586.22	15.77	231.22	6.22	202.95	5.46	117.50	3.16
合计	383 210.02	278 482.28	72.67	104 727.74	27.33	63 078.39	60.23	17 617.13	16.82	11 422.68	10.91	8 056.56	7.69	4 552.98	4.35

第二节　动态变化及原因

一、动态变化

从全省层面看，云南省土壤侵蚀面积总体呈下降趋势，面积由 1987 年的 146 430.09km^2 减少到 2015 年的 104 727.74km^2，侵蚀面积减少 41 702.35km^2，占比减少了 10.88 个百分点，减少比较明显的有楚雄、红河、昭通、曲靖、昆明等市（州）。各土壤侵蚀强度分级中，轻度侵蚀和中度侵蚀面积呈下降趋势，强烈侵蚀、极强烈侵蚀和剧烈侵蚀面积有所增加。其中轻度侵蚀面积减少 23 072.59km^2，减少了 6.02 个百分点，主要集中在红河、普洱、昆明、玉溪等市（州）；中度侵蚀面积减少 33 995.14km^2，减少了 8.87 个百分点，主要集中在文山、曲靖、楚雄、昭通等市（州）；强烈侵蚀面积增加 3577.04km^2，增加了 0.93 个百分点，主要集中在普洱、临沧、红河、文山等市（州）；极强烈侵蚀面积增加 7504.26km^2，增加了 1.96 个百分点，主要集中在昭通、临沧、昆明、玉溪等市（州）；剧烈侵蚀面积增加 4284.08km^2，增加了 1.12 个百分点，主要集中在红河、昭通、临沧、文山等市（州）。云南省土壤侵蚀面积对比见图 5-2，面积百分比对比见图 5-3。

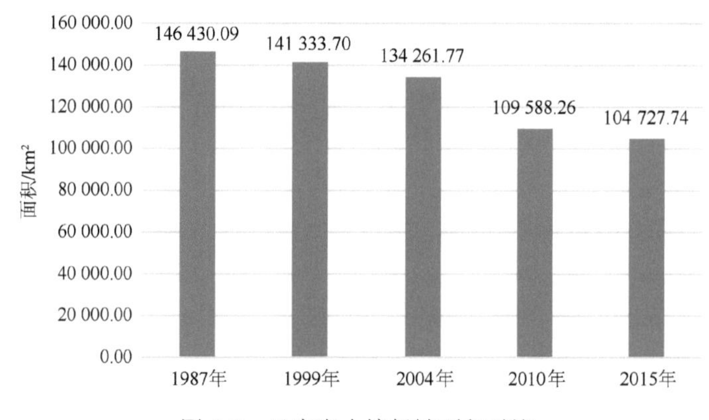

图 5-2　云南省土壤侵蚀面积对比

从流域层面看，1987 年到 2015 年，金沙江流域、珠江流域、元江流域、澜沧江流域、怒江流域、独龙江流域的土壤侵蚀面积分别减少 14 845.71km^2、5546.52km^2、10736.15km^2、6713.33km^2、2243.79km^2 和 1616.85km^2，占比分别减少了 13.54 个百分点、10.10 个百分点、14.03 个百分点、7.56 个百分点、6.68 个百分点和 8.47 个百分点。其中轻度侵蚀面积减少最大的是元江流域，减少 7798.15km^2，减少了 10.24 个百分点；减少最少的是独龙江流域，减少 332.79km^2，减少了 1.73 个百分点。中度侵蚀面积减少最大的是金沙江流域，减少

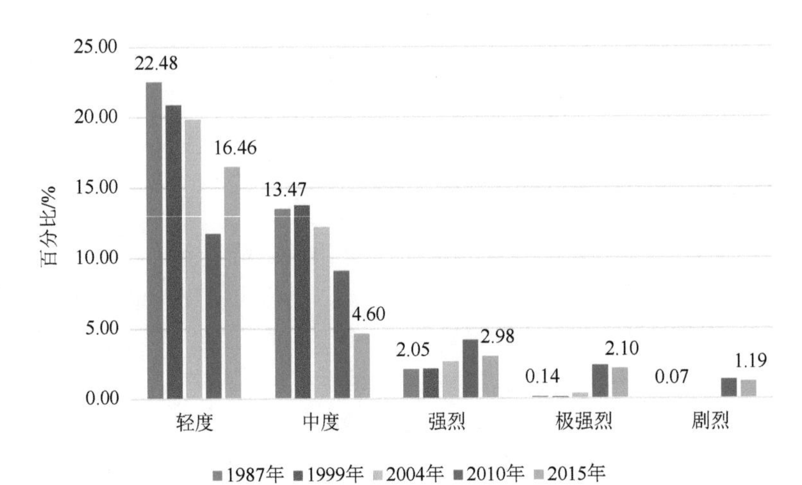

图 5-3 云南省土壤各级侵蚀强度面积占总面积百分比对比

11 780.71km²,减少了 10.75 个百分点;减少最少的是独龙江流域,减少 1345.71km²,减少了 7.07 个百分点。强烈侵蚀面积增加最大的是珠江流域,增加 1581.07km²,增加了 2.69 个百分点;增加最少的是怒江流域,增加 721.66km²,增加了 2.16 个百分点。极强烈侵蚀面积增加最大的是金沙江流域,增加 2239.39km²,增加了 2.04 个百分点;增加最少的是独龙江流域,增加 202.95km²,增加了 1.07 个百分点。剧烈侵蚀面积增加最大的是元江流域,增加 1323.73km²,增加了 1.79 个百分点;增加最少的是独龙江流域,增加 113.49km²,增加了 0.60 个百分点。云南省六大流域土壤侵蚀强度对比见图 5-4～图 5-10。

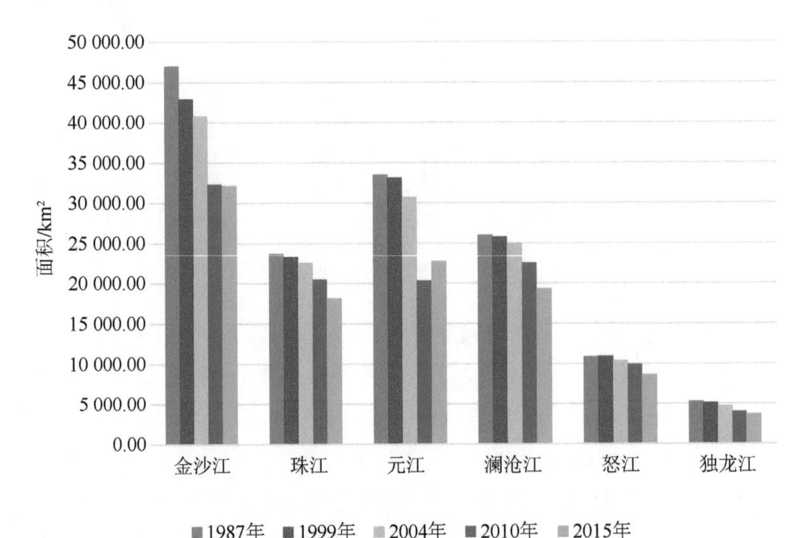

图 5-4 云南省六大流域土壤侵蚀面积对比

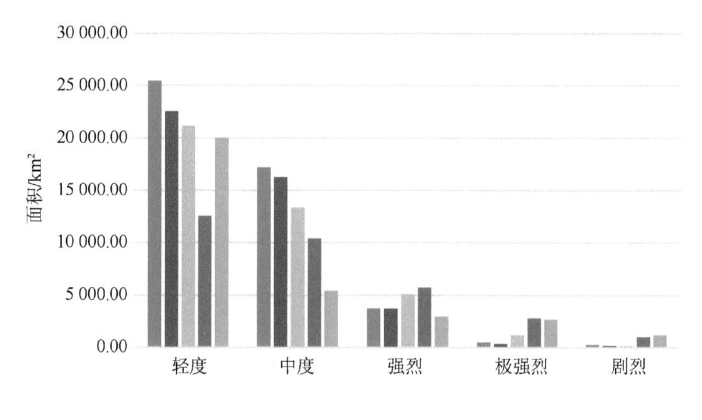

图 5-5　金沙江流域土壤侵蚀面积分布对比

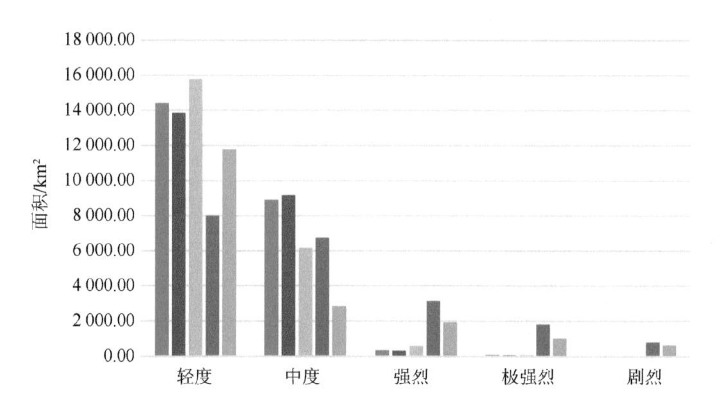

图 5-6　珠江流域土壤侵蚀面积分布对比

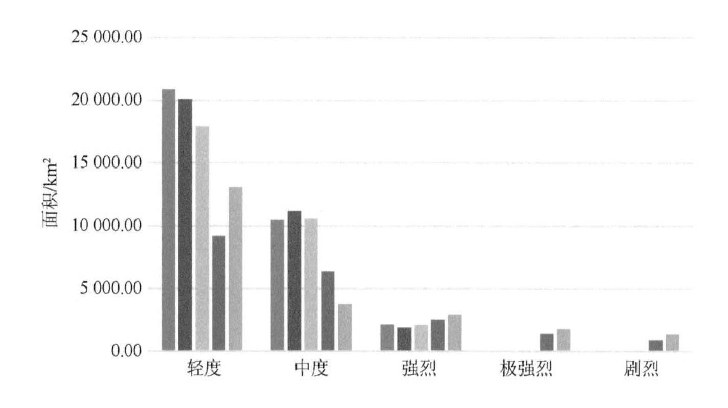

图 5-7　元江流域土壤侵蚀面积分布对比

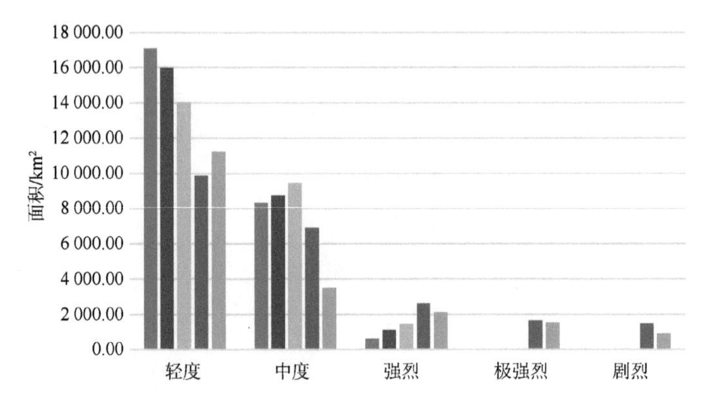

图 5-8　澜沧江流域土壤侵蚀面积分布对比

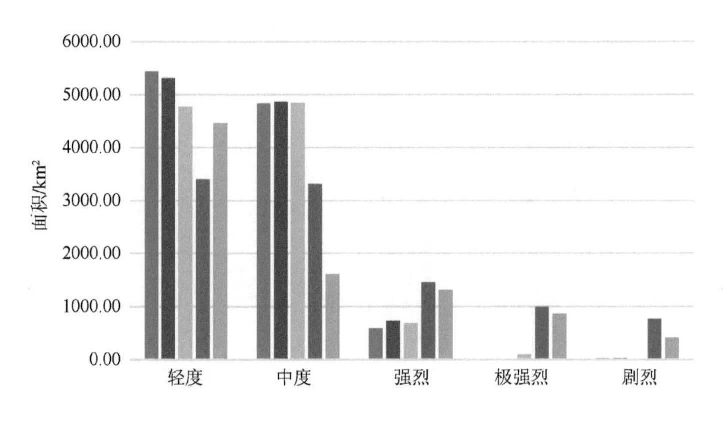

图 5-9　怒江流域土壤侵蚀面积分布对比

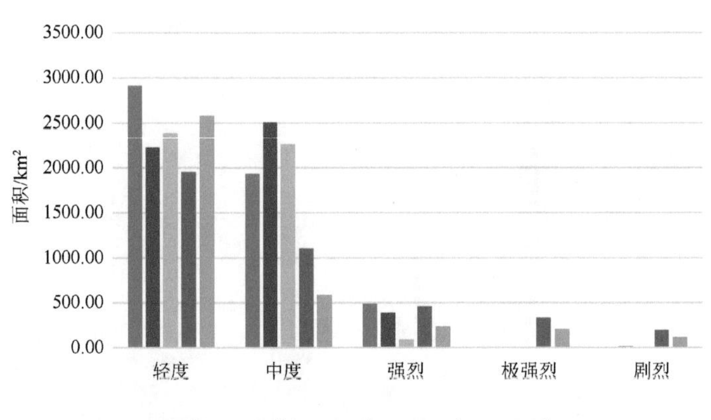

图 5-10　独龙江流域土壤侵蚀面积分布对比

二、原因分析

（一）技术路线改进和创新

（1）前 3 次调查主要以遥感影像为主要信息源，利用地理信息系统软件，采用人机交互勾绘，实现图斑面积的生成和统计，调查结果受人为因素影响较大。后 2 次调查利用中国土壤流失方程定量计算土壤水力侵蚀模数，分析评价土壤侵蚀强度和面积。调查方法由目视解译的定性判读转变为全面精细定量计算，受人为因素影响小，调查结果相对客观。

（2）前 3 次调查仅考虑了土地利用、植被覆盖度和坡度 3 个因素，后 2 次调查充分考虑了降雨量、土壤、坡长、坡度、土地利用及水土保持措施等因素，土壤侵蚀影响因素更为全面，区别在于 2010 年采用的方法为抽样调查，而 2015 年采用的是全覆盖的区域调查。

（3）前 3 次调查未考虑水土保持工程措施对土壤侵蚀的影响，2010 年仅对抽样单元的工程措施进行了全面调查。而 2015 年基于 0.5m 高分辨率遥感影像，在云南省范围内解译了水平梯田、坡式梯田、隔坡梯田、水平阶 4 种水土保持工程措施，工程措施总面积 65 409.48km^2，构建了云南省水土保持工程措施数据库，从而能真实体现工程措施的水土保持效应。这些措施广泛分布在不同的地形坡度上，在相同坡度范围内，有工程措施的耕地土壤侵蚀强度均明显低于无措施耕地；15°以上无措施坡耕地的土壤侵蚀以强烈及以上为主，而 15°以上有措施耕地的土壤侵蚀仍以轻度和中度侵蚀为主。随着坡度增加，工程措施的水土保持效应愈加明显。从调查结果看，各类水土保持工程措施发挥了重要的水土保持效应，是土壤侵蚀面积减少的主要原因。

（二）数据资料精度大幅提高

（1）根据《土壤侵蚀分类分级标准》（SL 190—2007）中“面蚀（片蚀）分级指标”，坡度是判读土壤侵蚀强度的重要依据。但受资料条件限制，2015 年调查主要利用了 1∶1 万、等高距为 5m 的地形图。经计算，云南省地形坡度以大于 15°为主，占土地总面积 74.82%，而且耕地与土地的坡度组成基本一致，无措施耕地面积占比随坡度增加而增加。按照“面蚀（片蚀）分级指标”，中度侵蚀对应 8°～15°的地形，云南省的土地总面积和耕地面积都相对较少，这也是中度侵蚀面积差异较大的原因；而强烈、极强烈和剧烈对应 15°～25°、25°～35°的陡坡和大于 35°的极陡坡，土地面积占比分别高达 27.07%、28.06%和 19.69%，导致 2010 年和 2015 年两次调查强烈、极强烈和剧烈侵蚀对应面积存在差异。可见地形数据精度的提高，是调查各级侵蚀强度面积差异较大的重要原因。尽管 2015 年调查没有以面蚀分级指标作为强度分级标准，但调查结果仍然客观反映了坡度对侵蚀强度的影响，符合以坡度为依据的面蚀分级标准。

（2）土地利用和水土保持措施是影响土壤侵蚀的重要因素，土地利用图斑和工程措施图斑是确定土壤侵蚀强度分级的基本单元，解译精度直接关系到成果精度。2015 年调查利用 0.5m 分辨率遥感影像解译土地利用和工程措施，解译精度为 20m×20m，土地利用图斑 7 871 681 个，工程措施图斑 1 416 646 个。调查解译精度更高、内容更全面，能准确解译出小块陡坡耕地、无措施陡坡耕地等地块，而这些地块正好是强烈以上侵蚀的分布区。从调查成果看，强烈以上侵蚀主要为 15°以上陡坡无措施耕地，侵蚀强度的空间分布与 15°以上陡坡无措施耕地的空间分布极为吻合，主要分布在昭通、普洱、临沧、文山及红河等地。

影像分辨率、地形图精度的提高，提高了土壤侵蚀强度计算及强度分级的精度和准度，导致强烈以上侵蚀面积增加。

（三）水土流失治理及生态环境保护成效明显

1. 突出重点，加大投入，水土流失治理成效显著

"十一五"以来，云南省组织实施"长治""珠治"和国债水土保持项目、世界银行贷款项目、农业综合开发项目、坡耕地综合治理项目、国家水土保持重点治理工程、石漠化综合治理项目、生态清洁型小流域建设项目等一系列水土保持项目，治理水土流失面积达 3.11 万 km^2。随着各项水土保持措施作用的发挥，治理成效逐步显现，水土流失得到有效治理和控制，生态环境明显改善，是全省土壤侵蚀总面积和中轻度侵蚀面积减少的原因之一。

2. 政策驱动，经济发力，生态环境保护取得实效

在"退耕还林""天然林保护""以电代柴"等一系列改善农村群众生产生活条件政策的支持下，群众的水土保持意识和积极性明显提高。同时随着经济社会各项事业迅速发展，农村生产生活条件得到极大改善，广大农村基本告别了烧柴生活，实现了以清洁能源代柴护林，以林涵水保生态的发展之路，利益驱使的人为破坏现象明显减少。加之云南省大部分区域自然条件较好，自然修复能力强，在政策、经济、自然恢复能力等多重因素作用下，生态环境明显改善，有效抑制了土壤侵蚀的发生，是土壤侵蚀面积降低的重要原因。

（四）生产建设活动造成的人为水土流失严重

随着经济社会的发展和城镇化进程的加快，人类生产建设活动随之加剧。据统计，"十一五""十二五"期间，云南省共编报水土保持方案 2.41 万件，大量的公路、铁路、房地产修建及矿山开采、城镇建设等项目也是造成强烈、极强烈和剧烈侵蚀面积增加的重要原因。

第六章　土壤侵蚀防治对策

第一节　总 体 思 路

按照云南省主体功能区规划，综合考虑水土流失防治现状和趋势，以维持和提高水土保持功能为目标，提出云南省水土保持总体思路。

1. 预防保护

保护林草植被和治理成果，强化生产建设活动和项目水土保持管理，在重要江河源头区、生态屏障带、重要水源地、石漠化地区和九大高原湖泊等区域，实施封育保护，促进自然修复，全面预防水土流失。

2. 综合治理

在水土流失地区，开展以小流域为单元的山水田林路综合治理，加强坡耕地、石漠化的综合整治，以及重要水源、河湖保护和水质改善。重点实施坡耕地水土流失综合整治、西南诸河高山峡谷水土流失综合治理、金沙江中下游水土流失治理、滇东岩溶石漠化综合治理、生态清洁型小流域建设等工程。

3. 监测监管

完善水土保持监测站点（网），强化水土保持动态监测，实现水土保持监测信息化。建立健全水土保持综合监管体系，创新体制机制，建立和完善水土保持社会化服务体系，提升水土保持公共服务水平。

第二节　主 要 对 策

（1）滇中高原区，包括昆明和玉溪。重点加强高原湖泊和饮用水源地保护，结合城市河道治理、河湖连通等工程，开展滨河滨湖植被保护带建设，建设生态清洁小流域。实施坡耕地水土流失治理、区域面源污染防治、人居环境整治及沟道整治工程。搞好城镇周边地带生态修复，植树种草，疏林地补植补种，对现有林地、疏幼林地进行封山育林，增强水源涵养能力。以小流域为单元，着重建设坡面水系及小型水利水保工程，拦截、分流和蓄积地表径流。加强生产建设项目综合监管，加大高原湖泊保护，限制或禁止在湖泊保护区进行生产建设活动，开展以阳宗海、抚仙湖、杞麓湖、异龙湖和星云湖为重点的水土流失综合治理工程。

（2）滇东高原区，主要为曲靖。重点保护与建设江河源头区水源涵养林，培育和合理利用森林资源，维护重要水源水质。搞好山区生态修复，营造水土保持林和水源涵养林，对现有林地、疏幼林地进行封山育林，提高林草覆盖率，增强水源涵养能力，提升生态系统稳定性。实施小型水利水保工程、沟道治理和坡耕地水土流失治理工程，改善农业生产条件。

（3）滇东北中低山区，主要为昭通。重点实施坡耕地、小流域综合治理工程，建设坡面水系工程，拦截、分流、蓄积、排泄坡面径流，防止冲刷和泥沙下泄。发挥水土保持的带动作用，引导产业结构调整，促进农业发展，增加农民收入。注重不合理农林开发、新型农业化和土地流转造成的水土流失综合治理。加强植被保护，扩大林草面积，提高林草覆盖率。实施沟道治理，采取沟头防护和沟道拦挡、排导及固岸削坡等措施，预防滑坡、崩塌、泥石流等自然灾害。

（4）滇东南岩溶区，主要为文山。重点加强石漠化和坡耕地综合整治，保护耕地资源，建设小型蓄水工程，提高水资源调蓄和利用效率，改善农业生产条件，促进群众脱贫致富。保护和建设林草植被，实施陡坡耕地退耕还林还草，营造水土保持林，恢复植被，提高林草覆盖率。

（5）滇南中低山区，主要为红河。重点加强基本农田建设，配套小水塘、水池、水窖等小型蓄水工程，改善生产条件，调整农业种植结构，增加农民收入。对现有林地实施生态修复工程，以退耕还林还草、封山育林为重点，实施补植补种和封山育林管护等措施，增强区域水源涵养能力。实施生态修复及综合治理工程，加强生态环境及生物多样性保护，加大封山育林和防护林建设。加强农村能源建设，改善能源结构，减少对薪材的需求和对植被的破坏。实施沟道治理，采取沟头防护和沟道拦挡、排导及固岸削坡等措施，预防滑坡、泥石流等自然灾害。

（6）滇西南中低山区，包括普洱、临沧和西双版纳。重点加强坡耕地水土流失综合治理，配套坡面水系工程和小型集雨引蓄工程，保护耕地资源，发挥水土保持带动作用，引导产业结构调整，促进区域现代化农业发展。对陡坡耕地实行退耕还林还草，加强森林植被的保护及生态修复，实施天然林保护、防护林建设和中幼林抚育等措施，维护和提升区域生态系统稳定，控制热区经济作物种植造成的水土流失影响。保护和恢复热带雨林，保护生物多样性，治理坡耕地及橡胶园等林下水土流失。在适宜治理地区建设经济林、水土保持高效林，配套建设蓄水设施。开展生态维护重点治理工程，实施坡改梯工程，加强农村能源建设，改善能源结构，减少薪材需求和植被破坏。加强生产建设活动综合监管，限制或禁止在生态脆弱地区开展生产建设活动。实施沟道治理，采取沟头防护和沟道拦挡、排导及固岸削坡等措施，预防滑坡、泥石流等自然灾害。

（7）滇西中低山区，包括楚雄、大理、丽江、保山和德宏。重点实施小流域综合治理，配套建设坡面水系工程，拦截、分流和蓄积地表径流。发挥水土保持带动作用，引导产业结构调整，促进区域农业发展，增加农民收入。注重经济产业林和不合理农林开发带来的水土流失治理，加强生态环境保护和自然修复，植树种草，疏林地补植补种，对现有林地、疏幼林地进行封山育林，扩大林草覆盖面积，提升生态系统稳定性，增强区域水源涵养能力，维护和修复金沙江干热河谷植被。加强农村能源建设，改善能源结构，减少薪材需求和植被破坏。加强对高原湖泊和饮用水水源地的保护，建设生态清洁型小流域。实施坡耕地水土流失治理、区域面源污染防治、人居环境整治及沟道整治工程。实施沟道治理，采取沟头防护和沟道拦挡、排导及固岸削坡等措施，预防滑坡、崩塌、泥石流等自然灾害。加强生产建设项目综合监管，加强洱海、程海保护，限制或禁止在保护区进行开采等活动，开展以洱海、程海为重点的高原湖泊水土流失综合治理。

（8）滇西北中高山区，包括怒江和迪庆。重点加强自然保护区和天然林的保护，实施封禁治理及生态修复措施，保护生物多样性。加强草场保护，建设人工草地，治理退化草场，提高江河源头区水源涵养能力，构筑高原水源涵养生态维护预防带。加强生产建设活动监管，限制或禁止在生态脆弱地区开展生产建设活动。加强河谷区小流域综合治理，实施生态维护重点工程。加强农村能源建设，改善能源结构，减少薪材需求和植被破坏。

参 考 文 献

蔡继清, 任志勇, 李迎春. 2002. 土壤侵蚀遥感快速调查中有关技术问题的商榷[J]. 水土保持通报, 22(6): 45-47.
陈雷. 2002. 中国的水土保持[J]. 中国水土保持, 4: 4-6.
陈明, 张寿鹏. 2000. 云南省水土流失变化趋势分析[J]. 中国水土保持, 7: 6-7.
龚子同. 2007. 土壤发生与系统分类[M]. 北京: 科学出版社.
郭乾坤, 刘宝元, 朱少波, 等. 2013. 中国主要水土保持耕作措施因子[J]. 中国水土保持, 10: 22.
郭索彦, 李智广. 2009. 我国水土保持监测的发展历程与成就[J]. 中国水土保持科学, 7(5): 19-24.
郭索彦, 刘宝元, 李智广, 等. 2014. 土壤侵蚀调查与评价[M]. 北京: 中国水利水电出版社.
国务院第一次全国水利普查领导小组办公室. 2010. 第一次全国水利普查培训教材之六: 水土保持情况普查[M]. 北京: 中国水利水电出版社.
颉耀文, 陈怀录, 徐克斌. 2002. 数字遥感影像判读法在土壤侵蚀调查中的应用. 兰州大学学报: 自然科学版, 38(2): 157-162.
冷疏影, 冯仁国, 李锐, 等. 2004. 土壤侵蚀与水土保持科学中的研究领域与问题[J]. 水土保持学报, 18(1): 1-6.
刘宝元, 刘瑛娜, 张科利, 等. 2013. 中国水土保持措施分类[J]. 水土保持学报, 27(2): 80.
刘巽浩, 韩湘玲, 等. 1987. 中国耕作制度区划[M]. 北京: 北京农业大学出版社.
刘震. 2013. 谈谈全国水土保持情况普查及成果运用[J]. 中国水土保持, 10: 4-7.
潘炳酋, 姚宗文. 1992. 云南种植业区划[M]. 昆明: 云南科技出版社.
全国土壤普查办公室. 1993-1996. 中国土种志[M]. 第一卷至第六卷. 北京: 中国农业出版社.
王宇. 2006. 云南山地气候[M]. 昆明: 云南科技出版社.
王振颖, 何远梅. 2017. 基于抽样调查资料估算区域土壤侵蚀量[J]. 中国水土保持科学, 15(1): 15-21.
谢云, 赵莹, 张玉平, 等. 2013. 美国土壤侵蚀调查的历史与现状[J]. 中国水土保持, 10: 53-60.
杨勤科, 李锐, 曹明明. 2006. 区域土壤侵蚀定量研究的国内外进展[J]. 地球科学进展, 21(8): 849-856.
杨胜天, 朱启疆. 2000. 人机交互式解译在大尺度土壤侵蚀遥感调查中的作用[J]. 水土保持学报, 14(3): 88-91.
袁春明, 郎南军, 温绍龙. 2003. 云南省水土流失概况及其防治对策[J]. 水土保持通报, 23(2): 60-63.
云南省土壤普查办公室. 1989. 云南省第二次土壤普查数据资料集[Z].
云南省土壤普查办公室. 1991. 云南省 1∶75 万土壤图[Z].
云南省土壤普查办公室. 1994. 云南土种志[M]. 昆明: 云南科技出版社.
曾大林, 李智广. 2000. 第二次全国土壤侵蚀遥感调查工作的做法和思考[J]. 中国水土保持, 1: 28-31.
张俊民, 蔡凤歧, 何同康. 1995. 中国土壤[M]. 北京: 商务印书馆.
张喜旺, 周月敏, 李晓松, 等. 2010. 土壤侵蚀评价遥感研究进展[J]. 土壤通报, 41(4): 1010-1017.
中华人民共和国水利部. 2007. 土壤侵蚀分类分级标准[S]. 北京: 中国水利水电出版社.

周为峰, 吴炳方. 2006. 区域土壤侵蚀研究分析[J]. 水土保持研究, 13(1): 265-268.
朱艳艳, 陈奇伯, 赵成, 等. 2018. 新时期云南省水土流失综合防治区域布局[J]. 中国水土保持科学, 16(1): 103-108.
Barton A P, Fullen M A, Mitchell D J, et al. 2004. Effects of soil conservation measures on erosion rates and crop productivity on subtropical Ultisols in Yunnan Province, China. Agric Ecosyst Environ, 104(2): 343-357.
Duan X W, Rong L, Zhang G L, et al. 2015. Soil productivity in the Yunnan Province: spatial distribution and sustainable utilization[J]. Soil and Tillage Research, 147: 10-19.
Duan X W, Shi X N, Li Y B, et al. 2017. A new method to calculate soil loss tolerance for sustainable soil productivity in farmland[J]. Agronomy for Sustainable Development, 32(7): 1-13.
Lal R. 2001. Soil degradation by erosion[J]. Land Degrad Dev, 12: 519-539.
Liu B Y, Nearing M A, Shi P J, et al. 1994. Slope length effects on soil loss for steep slopes[J]. Soil Science Society of America Journal, 64(5): 1759-1763.
Liu B Y, Zhang K L, Xie Y. 2002. An empirical soil loss equation[C]. In proceedings 12th international soil conservation organization conference (Vol. Ⅱ). Beijing: Tsinghua University Press: 21-25.
Liu S L, Dong Y H, Li D, et al. 2013. Effects of different terrace protection measures in a sloping land consolidation project targeting soil erosion at the slope scale[J]. Ecol Eng, 53: 46-53.
Maetens W, Poesen J, Vanmaercke M. 2012. How effective are soil conservation techniques in reducing plot runoff and soil loss in Europe and the Mediterranean[J]. Earth-Sci Rev, 115: 21-36.
Marques M J, García-Muñoz S, Muñoz-Organero G, et al. 2010. Soil conservation beneath grass cover in hillside vineyards under Mediterranean climatic conditions (Madrid, Spain)[J]. Land Degrad Dev, 21: 122-131.
McCool D, Brown L C, Foster G R, et al. 1989. Revised slope length factor for the universal soil loss equation[J]. Transactions of ASAE, 32(5): 1571-1576.
Merritt W S, Letcher R A, Jakema A J. 2003. A review of erosion and sediment transport model[J]. Environ Modell Softw, 18: 761-799.
Milliman J D, Syvitski J P M. 1992. Geomorphic/tectonic control of sediment discharge to the ocean: the importance of small mountainous rivers[J]. J Geol, 100: 525-544.
Millward A A, Mersey J E. 1999. Adapting the RUSLE to model soil erosion potential in a mountainous tropical watershed[J]. Catena, 38: 109-129.
Renard K G, Foster G R, Weesies G A, et al. 1997. RUSLE—A Guide to Conservation Planning with the Revised Universal Soil Loss Equation[Z]. USDA Agricultural Handbook, No. 703.
Schertz D L, Moldenhauer W C, Livingston S J, et al. 1989. Effect of past soil erosion on crop productivity in Indiana[J]. Journal of Soil and Water Conservation, 44: 604-608.
Sharpley A N, Williams J R. 1990. EPIC-Erosion/Productivity Impact Calculator: 1. Model Documentation. USDA Technical Bulletin Number 1768[M]. Washington DC: USDA-ARS.
Weesies G A, Livingston S J, Hosteter W D, et al. 1994. Effect of soil erosion on crop yield in Indiana: results of a 10 year study[J]. Journal of Soil and Water Conservation, 49(6): 597-600.
Wischmeier W H, Johnson C B. 1971. A soil erodibility nomograph for farmland and conservation sites[J]. Journal of Soil and Water Conservation, 26(5): 189-193.
Wischmeier W H, Smith D D. 1965. Rainfall-Erosion Losses from Cropland East of the Rocky Mountains Guide for Selection of Practices for Soil and Water Conservation. Agriculture Handbook 282[M]. Washington DC: USDA-ARS.